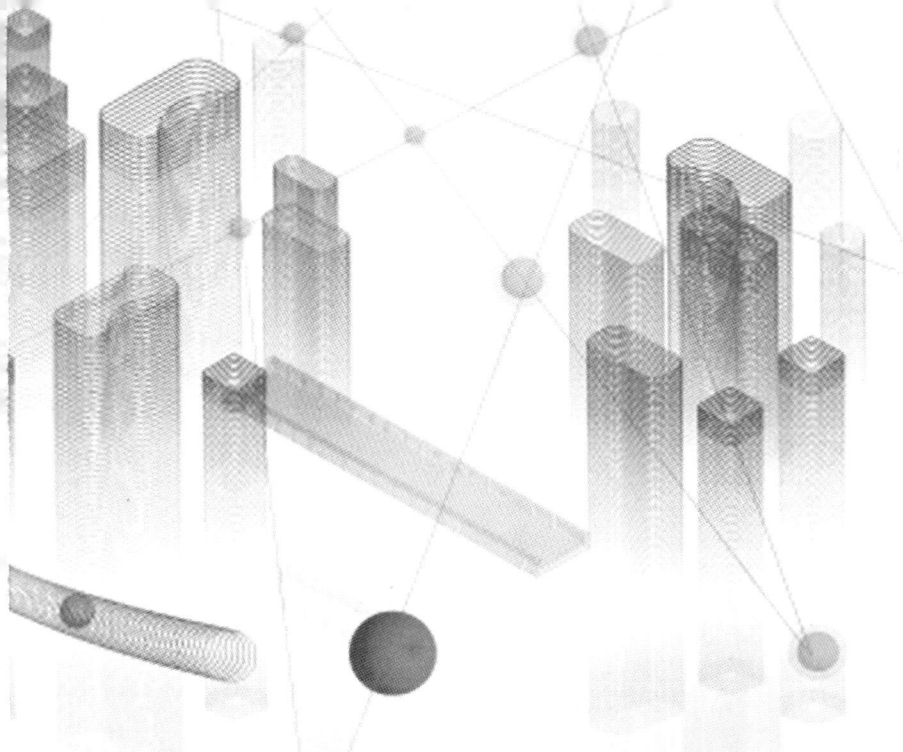

普通高等教育融媒体立体化教材

工程训练
（含报告册）

文小燕　周　丹　王　衡◎主　编
杨志军　郑朝霞　熊先云◎副主编
　　　　　　　　张祖涛◎主　审

西南交通大学出版社
·成都·

图书在版编目（CIP）数据

工程训练：含报告册.1，工程训练 / 文小燕，周丹，王衡主编. —成都：西南交通大学出版社，2023.7（2025.8 重印）

ISBN 978-7-5643-9038-9

Ⅰ.①工… Ⅱ.①文… ②周… ③王… Ⅲ.①机械制造工艺－高等学校－教材 Ⅳ.①TH16

中国版本图书馆 CIP 数据核字（2022）第 227084 号

Gongcheng Xunlian (Han Baogaoce)

工程训练（含报告册）

主编　文小燕　周　丹　王　衡

责任编辑	张华敏
特邀编辑	杨开春　陈正余
封面设计	吴　兵

出版发行	西南交通大学出版社 （四川省成都市金牛区二环路北一段 111 号 　西南交通大学创新大厦 21 楼）
邮政编码	610031
营销部电话	028-87600564　028-87600533
网址	http://www.xnjdcbs.com
印刷	四川森林印务有限责任公司

成品尺寸	185 mm × 260 mm
总印张	15.5
总字数	385 千
版次	2023 年 7 月第 1 版
印次	2025 年 8 月第 3 次
套价（全 2 册）	46.50 元
书号	ISBN 978-7-5643-9038-9

课件咨询电话：028-81435775
图书如有印装质量问题　本社负责退换
版权所有　盗版必究　举报电话：028-87600562

前 言

为了适应工程教育改革、加强新工科建设的需要，切实培养学生处理复杂工程问题的能力，我们根据教育部高等学校工程训练教学指导委员会的有关文件精神，结合目前"工程训练"教学的实际情况，编写了本书。

智能手机、移动互联网等技术的普及和发展，改变了知识的传播方式。信息技术与教育教学的融合不断深入，信息化教学作为一种全新的教学方式，拓展了教学的时空，丰富了教学的内容，也对教材的内容、形式和功能提出了新的要求。为了突破"工程训练"教学的传统模式，满足教师课内课外教学、学生线上线下学习等新需求，本书将传统纸质媒体与新兴数字媒体相融合，加入了大量的微课、设备操作视频等内容，是一本新形态融媒体一体化教材，特点是利用不同媒体的互补优势，充分展示教材内容，服务教学过程，为学生提供信息化和个性化的教学内容。

全书共分五章，内容包括绪论、传统制造技术、先进制造技术、机电控制技术、综合训练、创新实践。考虑到对不同专业学生的要求有所不同，书中加"*"的内容为有关专业的拓展训练内容。

本书由西南交通大学教师文小燕、周丹、王衡任主编，西南交通大学教师杨志军、郑朝霞、熊先云任副主编。参加编写还有西南交通大学教师王莉、张小珍、李娟、韩金龙、何志平、霍广卿、杨佳、董雅玲、吕爱芬、陈晓刚、郑乔、陈林秀、王淑伟、龚丽、陈小勤、谢敏。具体编写分工如下：王莉编写绪论，郑朝霞和熊先云编写第一章，杨志军编写第二章，周丹编写第三章，文小燕编写第四章，王衡编写第五章。全书由文小燕负责统稿，西南交通大学张祖涛教授担任主审。

本书的出版得到了西南交通大学教材出版基金和四川省产教融合示范项目"交大-九州电子信息装备产教融合示范"项目的资助。

本书在编写过程中引用并参考了兄弟院校的有关教学资料和教材，在此表示衷心的感谢。

由于编者水平所限，书中不妥之处在所难免，敬请读者批评指正。

编 者

2022 年 10 月

智媒体数字资源目录

序号	章	资源名称	资源类型	页码
1	第一章 传统制造技术	混砂方法	视频	P9
2		整模造型	视频	P10
3		分模造型	视频	P10
4		挖砂造型	视频	P11
5		活块造型	视频	P12
6		手工造型工具	视频	P12
7		熔炼设备	视频	P15
8		浇注、落砂、清理	视频	P15
9		手工电弧焊引弧	视频	P19
10		手工电弧焊操作	视频	P19
11		手工钨极氩弧焊	视频	P21
12		点焊	视频	P21
13		焊接机器人	视频	P22
14		箱式实验电阻炉	视频	P32
15		全固态感应加热设备	视频	P33
16		洛氏硬度计	视频	P33
17		里氏硬度计	视频	P34
18		手工自由锻	视频	P34
19		游标卡尺的使用	视频	P37
20		游标卡尺的读数	视频	P38
21		外径千分尺的读数	视频	P38
22		内径百分表的使用	视频	P39
23		三坐标测量	视频	P41
24		车床结构	视频	P44
25		三爪卡盘使用方法	视频	P46

续表

序号	章	资源名称	资源类型	页码
26	第一章 传统制造技术	车床常用附件	视频	P46
27		车外圆和台阶	视频	P48
28		车端面	视频	P48
29		切槽	视频	P49
30		车锥面	视频	P50
31		铣床的结构	视频	P55
32		铣床常用附件	视频	P56
33		铣刀	视频	P58
34		铣平面	视频	P60
35		铣斜面	视频	P60
36		铣台阶	视频	P61
37		铣沟槽	视频	P61
38		钻孔	视频	P70
39		螺纹加工	视频	P71
40		锯削	视频	P73
41		锉削	视频	P75
42		典型零件的装配	视频	P76
43	第二章 先进制造技术	认识数控机床	视频	P81
44		编程简介	视频	P82
45		编程示例	视频	P84
46		零件加工	视频	P86
47		CAXA制造工程师自动编程	视频	P92
48		数控铣床操作步骤	视频	P92
49		电火花线切割简介	视频	P94
50		图形绘制	视频	P94
51		用HF软件生成走丝路径	视频	P95
52		数控电火花线切割加工	视频	P99
53		数控雕刻机	视频	P101
54		建模中的一些常见操作	视频	P102
55		固定加工材料双色板	视频	P106
56		确定工件原点.	视频	P108
57		确定其他加工参数	视频	P108
58		建模软件JDpaint简介	视频	P110

续表

序号	章	资源名称	资源类型	页码
59	第二章 先进制造技术	常见平面雕刻方法	视频	P110
60		杯子建模	视频	P113
61		花瓶建模	视频	P113
62		吊牌建模	视频	P114
63		切片软件	视频	P115
64		3D打印实际操作	视频	P116
65		3D打印相关资料	视频	P118
66		激光的产生	视频	P119
67		激光的传导	视频	P120
68		激光的应用	视频	P120
69		S6040型雕刻机	视频	P121
70		RDWorks软件的安装与设置	视频	P121
71		RDWorks软件的基本操作	视频	P122
72		位图的选择与处理	视频	P123
73		工艺参数设置	视频	P123
74		开启机床	视频	P123
75		加工操作	视频	P123
76		金属切割加工	视频	P126
77		焊接加工	视频	P126
78		内雕加工	视频	P127
79	第三章 机电控制技术	自锁电路动态演示	视频	P130
80		互锁电路动态演示	视频	P131
81		KM动态演示	视频	P132
82		PLC学习资料	文档	P133
83		常用元器件	文档	P136
84		电阻阻值的标识方法	文档	P137
85		电容容值的标识方法	文档	P138
86		IC管脚顺序识别方法	文档	P140
87		万用表的使用方法	文档	P140
88		焊接工具介绍	文档	P141
89		五步焊接法	文档	P141
90		电子焊接常见焊点	文档	P141
91		课程导入和Arduino介绍	视频	P145

续表

序号	章	资源名称	资源类型	页码
92	第三章 机电控制技术	Arduino 项目举例	视频	P145
93		Arduino 控制器、相关元件及编程环境介绍	视频	P145
94		仿真简介	视频	P149
95		示例及流水灯	视频	P149
96		微动开关控制发光二极管	视频	P149
97		串口输出的应用	视频	P149
98		测量模拟端口电位器的电压	视频	P150
99		电位器给 LED 调光	视频	P151
100		电位器调节舵机	视频	P151
101		调试液晶屏和温湿度传感器	视频	P151
102		温湿度数据采集器的制作要求	视频	P151
103		ETRobot 机器人简介	文档	P154
104		Arduino IDE 安装教程	视频	P155
105		Mixly 安装教程	视频	P156
106		电机控制例程	视频	P156
107		HC-SR04 超声波测距传感器的工作原理和控制例程	视频	P157
108		LCD1602 液晶显示屏的工作原理及控制例程	视频	P158
109		蜂鸣器的工作原理及控制例程	视频	P158
110		光电开关的工作原理及控制例程	视频	P158
111		声强传感器的工作原理及控制例程	视频	P159
112		红外测距传感器的工作原理及控制例程	文档	P159
113		电机测速控制例程	文档	P160
114		PCB 简介	视频	P161
115		PCB 的设计流程及加工工艺流程	视频	P162
116		原理图绘制	视频	P162
117		CAM 数据处理	视频	P171
118		DM300 型雕刻机参数设置	视频	P179
119	第四章 综合训练	足球机器人实训	视频	P182
120		巡线机器人实训	视频	P186

本书数字会员使用说明：
1. 请使用微信扫描封底二维码，关注"交大 e 出版"微信公众号。
2. 点击商品链接或开通链接进入会员开通页面，选择"使用购物码支付"，输入刮层下的 12 位序列号并确认退出。
3. 至此，您已开通本书数字会员，可使用微信扫描书中任意二维码，免费畅享本书所有数字资源。

目 录

绪 论 ………………………………………………………………………………… 001

第一章 传统制造技术 ……………………………………………………………… 005
  实训一 铸 造 …………………………………………………………………… 006
  实训二 焊 接 …………………………………………………………………… 017
  实训三 热处理 …………………………………………………………………… 027
  实训四 机械测量技术 …………………………………………………………… 036
  实训五 车削加工 ………………………………………………………………… 043
  实训六 铣削加工 ………………………………………………………………… 054
  实训七 钳 工 …………………………………………………………………… 065

第二章 先进制造技术 ……………………………………………………………… 079
  实训一 数控车削 ………………………………………………………………… 080
  实训二 数控铣削 ………………………………………………………………… 088
  实训三 数控电火花线切割 ……………………………………………………… 093
  实训四 数控雕刻 ………………………………………………………………… 101
  实训五 3D 打印 ………………………………………………………………… 111
  实训六 激光加工 ………………………………………………………………… 119

第三章 机电控制技术 ……………………………………………………………… 128
  实训一 电气控制基础 …………………………………………………………… 129
  实训二 电子制作 ………………………………………………………………… 137
  实训三 开源硬件编程 …………………………………………………………… 144
  实训四 模块化机器人 …………………………………………………………… 154
  实训五 PCB 加工 ………………………………………………………………… 161

第四章　综合训练 ·· 180

　　综合训练一　足球机器人 ·· 181

　　综合训练二　巡线机器人 ·· 185

第五章　创新实践 ·· 189

附录　教育部认可的学科竞赛目录及大赛官网 ·· 196

参考文献 ·· 198

绪　论

"工程训练"课程是为本科生开设的一门实践性技术基础课，是学生学习工艺知识、培养工程意识、提高工程实践能力的重要实践教学环节。本课程依托工程训练中心实践教育基地，以模拟实际工业环境为背景，以机械、电子、信息、控制等工业基本制造方法和综合训练项目为载体，采用模块化、理论教学与实践教学相结合、以实际操作训练为主的教学方式，建立以强化制造工程基础，注重多学科交叉，以提高工程实践能力和创新能力为核心的人才培养模式。学生通过本课程的学习可以获得机械制造工艺和电子工艺的基本知识，建立工程意识；在培养一定操作技能的基础上增强工程实践能力；在劳动观点、创新意识、理论联系实际的科学作风等基本素质方面受到培养和锻炼。通过基础训练、综合训练和创新实践，培养学生处理复杂工程问题的能力，为培养综合创新型与复合应用型人才打下基础。

一、工程训练教学目标

"工程训练"课程是一门实践教育课程，其目的是引导学生广泛涉猎不同学科领域，获得工程实践知识，建立工程意识，训练操作技能，了解生产实际，获得生产技术及管理知识，进行工程师基础素质训练。根据我国工程实践教学的发展和创新人才的培养要求，课程教学目标如下：

(一) 学习工艺知识

工程训练是学生在教师的指导下通过独立的实践操作，建立起对制造过程的感性认识。在实训中，学生学习机械制造和电子制造主要加工方法及其主要设备的结构、工作原理和操作方法，正确使用各类工具、夹具、量具及工艺元件。通过这些具体、生动而实际的知识的学习，使学生对工程问题从感性认识上升到理性认识，为学生以后学习相关专业课程及毕业设计等打下良好的基础。

(二) 增强实践能力

为了培养学生的工程实践能力，强化工程意识，本科人才培养方案中安排了各种实验、实训、设计等实践性教学环节和课程，其中工程训练是最重要的实践课程之一。在实训中，学生通过直接参加生产实践，亲自操作各种机器设备，使用各种工具、夹具、量具、刀具等独立完成简单零件的制作过程，使学生对简单零件具有初步的选择加工方法和分析加工工艺的能力。用理论指导实践，以实践验证和充实理论，培养工程师应具备的基础知识和基本技能。

(三) 提高综合素质

"工程训练"课程是在生产实践中的现场教学,它不同于理论教学,它是生产、教学、科研相结合的实践教学。它的教学内容丰富多样,对大多数学生来说是第一次接触实际工程环境,是对学生进行思想作风教育的良好时机与场所。学生必须遵守纪律与各项规章制度,加强劳动观念,爱惜公共财产,建立经济观点与质量意识等。这一方面弥补了学生在实践知识上的不足,增加了在以后学习和工作中所需要的工艺技术、知识与技能;另一方面使学生初步树立起工程意识、劳动观念、集体观念、组织纪律性和爱岗敬业精神,从而提高学生的综合素质。

(四) 培养创新意识和创新能力

在工程训练中,学生需要用到几十种设备,了解、熟悉和掌握其中一部分设备的结构、原理和使用方法,学习一些基本的制造工艺。在学习过程中,经常会遇到新鲜事物,时常会产生新奇想法,要善于把这些新鲜感和好奇心转变为提出问题和解决问题的动力。同时,这些基础工艺知识的学习为以后的创新孵化提供了实践方法和基本技能,培养同学们的综合创新实践能力。

二、工程训练教学要求

"工程训练"是一门实践性很强的课程,不同于一般的理论课程。它没有系统的理论、定理和公式,除了一些基本原则以外,大都是一些具体的生产经验和工艺知识。工程训练主要的学习课堂不是教室,而是工厂或实验室;主要的学习对象不是书本,而是具体的生产过程,学习的指导者是现场的教学指导人员。因此学生的学习方法主要是在实践中学习,要注重在生产过程中学习工艺知识和基本技能,并能理论联系实际融会贯通。同时,应及时完成实训报告,加强理论知识的巩固。

"工程训练"的教学要求如下:

(1) 了解制造的一般过程和基础知识,熟悉零件的常用加工方法及其所用的主要设备与工具,了解新工艺、新技术、新材料在现代制造中的应用。

(2) 初步具有对简单零件选择加工方法和进行工艺分析的能力,在主要加工工艺方面应能独立完成简单零件的加工,并培养一定的工艺实践能力。

(3) 培养学生的安全意识、生产质量和经济观念、理论联系实际和认真细致的科学作风,以及热爱劳动、尊重劳动者和爱护公物等基本素质。

(4) 加强预习环节,学生每次实训前必须完成实训项目〔预习要求及思考题〕中的"课前预习要求"内容。

三、工程训练成绩评定办法

(1) "基础训练"实训总成绩满分为 100 分。
(2) "综合训练"实训总成绩满分为 100 分。

（3）"基础训练"+"综合训练"实训总成绩满分为100分，其中"基础训练"和"综合训练"各占50%。

（4）学生必须完成教学计划规定的所有实训项目内容，该门课程才能合格。

四、工程训练学生实训守则

为了进一步加强和规范工程训练教学管理，提高教学质量，根据有关文件精神，特制定本守则。参加工程训练中心实训的学生应严格遵守本守则。

(一) 排(选)课与请假制度

（1）按排课执行教学计划的由工程训练中心统一排课；按选课执行教学计划的，学生要按时选课。排（选）课结果公布（提交）后或过了排（选）课开放时间，排（选）课结果不能更改。特殊情况需向工程训练中心教务办公室提出申请，办理相关调课手续。

（2）学生应严格执行排（选）课计划，排（选）课后无故缺课者，第二学期（学年）重修缺课工种。只有按教学计划完成所有实训工种，该门课程才能合格。

（3）因病不能按时上课者，应提前向工程训练中心教务办公室请假并提供医院证明材料；有特殊事项不能到课者，提前向工程训练中心教务办公室请假并提供所在学院盖章的证明材料；紧急情况不能提前请假者，事后补办相应手续。经工程训练中心同意请假者，由工程训练中心统一安排补课。

(二) 安全要求

（1）应通过预习熟知实训工种的安全要求。

（2）不准穿拖鞋、凉鞋、高跟鞋、吊带服等进入实训场所；操作设备时必须穿好全套实训服并戴好有关防护用品，扎好袖口，头发长的同学必须戴工作帽。

（3）实训期间严格遵守学校、工程训练中心有关安全规章制度，按照各实训工种的安全要求操作，听从老师统一安排，不得擅自操作设备。

（4）实训必须在指定地点、设备上进行；未经允许不准动用他人设备和工、卡、量具等；不准任意开动电闸、开关；发生问题，立即报告上课老师。在操作设备时思想要高度集中，不准聊天、打闹，禁止背着书包操作设备。

（5）发生安全事故必须及时报告上课老师。

（6）文明实训，保持实训工位、场地的整洁。实训完成后，将设备、场地环境清扫干净，关闭电源，经老师检查并签字同意后方可结束离开。综合训练及创新项目等开放的场地若两次以上因学生原因未打扫设备、场地卫生，将不再提供使用；不打扫设备、场地卫生的学生，不得再次入场加工。

(三) 上课纪律

（1）每次实训前需认真预习实训工种对应的预习内容。上课前老师将检查预习情况，未完成预习内容者不得参加实训。

（2）迟到 15 分钟及以上者，不得参加当天的实训；中途离开实训工种场地、未经老师许可提前结束离开的按无故缺课处理。

（3）在实训场地内禁止吸烟、吃东西、玩手机，禁止戴耳机上课，不做与实训无关的事。

（4）实训中应注意节约，降低原材料及低值易耗品的消耗，在保证实训质量的情况下尽量降低实训成本。

（5）尊重老师、虚心学习、听从指挥、服从分配。对实训安排或对老师有意见，可以直接向老师提出，也可向工程训练中心领导报告，还可向所在学院或教务处反映。

（6）实训需要使用工具、量具、工件的，按老师要求办理借还手续，不得乱拿工具、量具和工件，原则上不能将工具、量具等从一个工种场地带到另一工种场地，更不得将公物据为己有。因自身保管、使用不当等原因丢失或损坏工具、量具和工件的必须照价赔偿。

（7）实训中应按操作规程和老师要求使用设备，发生因违反操作规程而造成的设备损坏应作出经济赔偿。

(四) 其 他

（1）实训期间必须携带学生证（一卡通）。

（2）每次实训必须带上教材、实训报告、实训日志等。未带教材、实训报告者，以及实训报告中未完成有关预习要求内容者，不得参加实训。未带实训报告和日志的，课后补齐，当天的实训报告成绩记零分。

（3）实训开始前按班统一领取实训服，实训结束后按班统一归还。实训服丢失必须照价赔偿。

第一章　传统制造技术

传统制造技术分为冷加工制造技术（切削加工）和热加工制造技术。

铸造、焊接、热处理为传统制造（热加工）的实训工种。通过各工种的实训，学生将了解到各工种的加工范围、内容、工艺、特点以及在机械制造中的具体应用。

铸造实训主要使学生了解铸造的种类、特点、铸造成型基本工艺以及铸造在工业生产中的应用，掌握砂型铸造两箱整模造型的操作方法和工具使用，体验铸铝件从混砂开始到铸件清理的全过程。

焊接实训主要使学生了解焊接的分类、特点、焊接工艺方法、坡口形式、接头形式的选择，以及焊接在工业生产上的应用，掌握手工电弧焊的操作要点并操作 6 mm × 100 mm × 50 mm 冷轧钢板平焊焊缝、对接接头形式、I 形坡口的焊接，拓展学习钨极氩弧焊、压力焊、点焊和 ABB 焊接机器人的焊接原理、设备组成、焊接过程及特点、适用范围等。

热处理实训主要使学生了解热处理的作用、主要服务对象、热处理工艺和常规质量检测方法，以及热处理在机械制造中的作用，掌握热处理实训设备的使用，操作 ϕ20 mm × 120 mm 的 45 号钢高频感应加热后正火或淬火工艺，用洛氏硬度计分别测试工件软、硬两种状态的硬度并进行比较，体验退火、正火和淬火的工艺过程及"趁热打铁"基本过程。

切削加工技术是利用切削刀具或工具去除毛坯上多余的材料，以获得所需要的尺寸精度、形状精度、位置精度和表面粗糙度的零件的加工方法。它一般在常温下进行，传统上也称为冷加工。目前，除了用精密铸造、精密锻造等方法直接获得零件成品外，绝大多数零件均需经过切削加工获得。

切削加工通常分为机械加工（简称机加工）和钳工。机械加工通过操纵机床对工件进行切削加工，如车、铣、刨、磨、镗、齿形加工等。钳工一般是指手持工具进行的装配、维修或切削加工。利用钻床进行的钻削加工按理应归为机械加工，但通常是由钳工来完成的。

质量检验是制造工程链中的重要一环，对零部件进行检验的依据是零件图样和检验卡。质量检验的方式有很多种，按检验数量分为全数检验和抽样检验；按质量特性值分为计数检验和计量检验；按检验性质分为理化检验和官能检验；按检验后检验对象的完整性分为破坏性检验和非破坏性检验；按检验的地点分为固定检验和流动检验。

实训一 铸 造

【实训目的】

（1）了解铸造在工业生产中的应用以及铸造的种类、特点和铸造成型工艺过程。
（2）掌握两箱整模造型的基本操作。

【实训设备及工具】

序号	名称	规格型号	备注
1	工业电炉	GR2-15	熔炼铸铝
2	卧式冷室压铸机	J1116B	压力铸造设备
3	辗轮式混砂机	S1110	知识拓展
4	小铁铲、压勺、两头圆、砂勺、砂春、直浇棒、起模针、气孔针、手风器、刷子、铁棒、刮板		砂型铸造造型

【实训基础知识】

一、铸造概述

铸造是将熔融的合金溶液注入预先制备好的铸型中使之冷却凝固而获得具有一定形状、尺寸和性能要求的毛坯或零件的制造过程。铸造生产出的产品称为铸件。铸造是机械制造业的基础，是现代制造业中获得成型毛坯的应用最广泛的方法。铸件在工业产品中所占的比重相当大，如机床、内燃机中，铸件占总质量的70%~90%，拖拉机和农用机械中占50%~70%。随着铸造技术的发展，各种铸件在公共设施、生活用品、工艺美术和建筑等国民经济领域中被广泛采用。

随着科学技术的进步，许多精密铸造，如熔模铸造、压力铸造、离心铸造等，在生产中被广泛应用。铸造生产技术的新成就，改善了劳动条件，提高了铸造质量、精度等级和生产效率，使铸造生产呈现出新的面貌。

二、铸造的分类

铸造方法很多，常见的分类方法如图1-1-1所示。

```
       ┌ 砂型铸造 ┌ 手工造型 → 整模造型、分模造型、活块造型、挖砂造型（假箱造型）
       │         └ 机械造型 → 振压式造型、低压微振造型、高压造型、射压造型、抛砂造型
铸造 ──┤
       └ 特种铸造 → 熔模铸造、金属型铸造、压力铸造、低压铸造、离心铸造、消失模铸造、陶瓷型铸造
```

图1-1-1 铸造的分类

三、铸造的工艺参数

铸造的工艺参数是铸造生产时进行铸造工艺设计要注意把握的技术要点，主要包括以下几方面：

(一) 浇注位置和分型面

浇注位置：浇注时铸件在铸型中所处的状态（姿态）和位置，也就是说，哪个部位在上或在下，哪个面朝上、呈侧立状态或朝下。

分型面：铸型上型与下型的接触面。在图 1-1-2 中，分型面为粗线表示处。

分型面和浇注位置的选择原则见表 1-1-1。

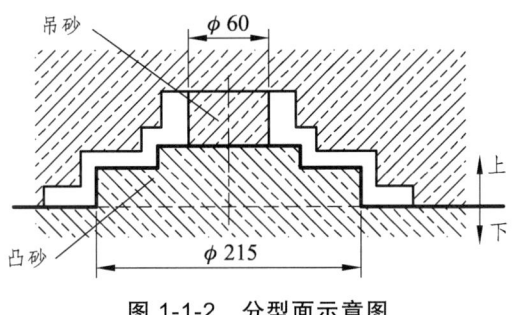

图 1-1-2　分型面示意图

表 1-1-1　分型面和浇注位置选择原则

分型面的选择原则	1. 为便于造型，分型面最好是平面，且应设在铸件最大水平截面处，并尽可能减少分型面的数量
	2. 尽可能使整个铸件或铸件的加工面和加工基准面置于同一砂箱内
	3. 便于起模，方便检查铸件壁厚、不易错箱、有利于砂芯的固定与排气等
	4. 尽量减少砂芯、活块数量，避免吊芯
浇注位置的选择原则	1. 尽量减少砂芯、活块数量，避免吊芯
	2. 铸件的大平面应尽可能朝下，以减少缺陷和加工余量
	3. 铸件的重要面或薄壁部分应处于型腔的底面或侧面，以保证金属液能顺利充满
	4. 铸件的厚实部分应放在上部或侧面，以便于放置冒口和冷铁进行补缩

(二) 加工余量

铸件上为切削加工而增大的尺寸称为加工余量。加工余量的大小与铸件大小、合金种类及造型方法有关。

(三) 拔模斜度

为便于起模，凡是垂直于分型面的模样表面都要加上 0.5°~3°的拔模斜度（起模斜度）。

(四) 铸造圆角

铸件相邻表面之间的夹角应尽可能做成圆角，以消除砂型上较难捣实的、脆弱的、易于损坏的、尖锐的角和边,防止铸件应力集中而引起裂纹。一般中小铸件的铸造圆角半径为 3~5 mm。

(五) 铸造收缩率

液体金属冷凝后要收缩,所以模样应比铸件尺寸大一个收缩量,其大小一般由合金的线收缩率和铸件结构来确定,灰口铸铁一般为 0.7%~1%,铸钢为 1.6%~2%,铸造铝合金为 1%~1.2%。

(六) 型芯、芯头及芯座

型芯:铸件上不方便用模型直接铸出的内腔或妨碍起模的凸台或凹槽等,可用型芯做出。型芯由芯盒制成。

芯头及芯座:型芯通过芯头固定在铸型的芯座上,芯座应稍大于芯头。芯座和芯头在制作模型和芯盒时分别做出。

四、砂型铸造

砂型铸造就是用型砂和芯砂紧实成铸型进行铸造的方法,俗称翻砂,它是最基本的铸造方法。

(一) 砂型铸造的工艺过程

砂型铸造的工艺过程如图 1-1-3 所示。

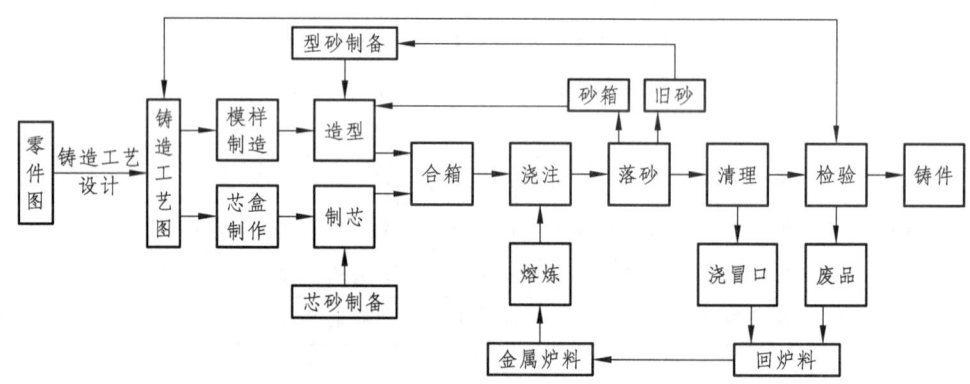

图 1-1-3 砂型铸造的工艺过程

(二) 砂型铸造的特点

1. 砂型铸造的优点

(1) 用铸造方法可以制成形状复杂的毛坯,如箱体、气缸、机座、机床床身等。
(2) 铸件的形状和尺寸与零件很接近,因此节省了金属材料和加工工时。
(3) 铸造所用的原材料大多来源广泛、价格低廉,而且可以直接利用报废的机件、废钢和切屑,在一般情况下,铸造设备需要的投资也较少,因而铸件的成本比较低廉。
(4) 绝大部分金属均能用铸造的方法制成铸件。

2. 砂型铸造的缺点

（1）废品率较高。
（2）其力学性能不如同类材料的锻件高。
（3）劳动条件较差。

五、型（芯）砂的组成、性能要求及配制

制造砂型铸型的材料称为造型材料，分型砂和芯砂两种。型砂用于制造砂型、形成铸件外部轮廓，芯砂用于制造砂芯、形成铸件内部孔腔。型砂、芯砂主要由原砂、黏结剂、水和附加物按一定比例混合制成。黏结剂有黏土、水玻璃、桐油、合脂等，用黏土作为黏结剂的型（芯）砂称为黏土砂。

(一) 型(芯)砂性能要求

造型材料的好坏对造型工艺及铸件质量有很大影响。为满足铸造生产工艺要求，型砂、芯砂应具备一定的性能要求。

（1）强度：型（芯）砂抵抗外力破坏的能力。强度过低，易造成塌箱、冲砂、砂眼等缺陷；强度过高，易使型（芯）砂透气性和退让性变差。

（2）可塑性：型（芯）砂在外力作用下变形，去除外力后能完整地保持已有形状的能力。可塑性好，造型操作方便，制成的砂型形状准确、轮廓清晰。

（3）透气性：型（芯）砂能让气体通过而逸出的能力。若透气性不好，易在铸件内部形成气孔等缺陷。

（4）耐火性：型（芯）砂抵抗高温热作用的能力。耐火性差，铸件易产生黏砂。

（5）退让性：铸件在冷凝时，型（芯）砂可被压缩的能力。退让性不好，铸件易产生内应力或开裂。

（6）溃散性：型（芯）砂在浇注后容易溃散的性能。溃散性对清砂效率和劳动强度有显著的影响。

（7）回用性（复用性）：指型（芯）砂在使用后保留原有性能的能力。黏土砂的复用性与原砂和黏土的性质有关。反复使用时，其中砂粒体积膨胀和收缩而破碎细化，黏土丧失结构水或丧失重新获得层间水的能力成为死黏土。钠基膨润土复用性最好，活化处理的钙基膨润土次之，普通黏土又次之，钙基膨润土最差。

铸造性能好的型（芯）砂应具有一定的强度、可塑性，良好的耐火性、透气性、溃散性及一定的退让性和回用性。

(二) 型(芯) 砂的配制

配制型（芯）砂的常用设备是辗轮式混砂机。配制型砂时，一般将新砂、旧砂、粘结剂、附加物等材料按一定配比放入混砂机中，先干混 2~3 min，再加水湿混 10 min 左右，卸砂，堆放 4~5 h 进行自然调匀。配好的型砂需经检测合格后才能使用。使用前还需过筛或用松砂机进行松砂，使型砂松散好用。

芯砂的配制与型砂的配制方法一样，只是不能加入旧砂。

混砂方法

六、常见造型方法及其工具

(一) 常见造型方法

1. 整模造型

整模造型的模样是整体的，分型面是平面，铸型型腔全部在半个铸型内。这种方法造型简单，铸件不会产生错型缺陷，适用于铸件最大截面在一端且为平面的铸件。整模造型过程如图 1-1-4 所示。

整模造型

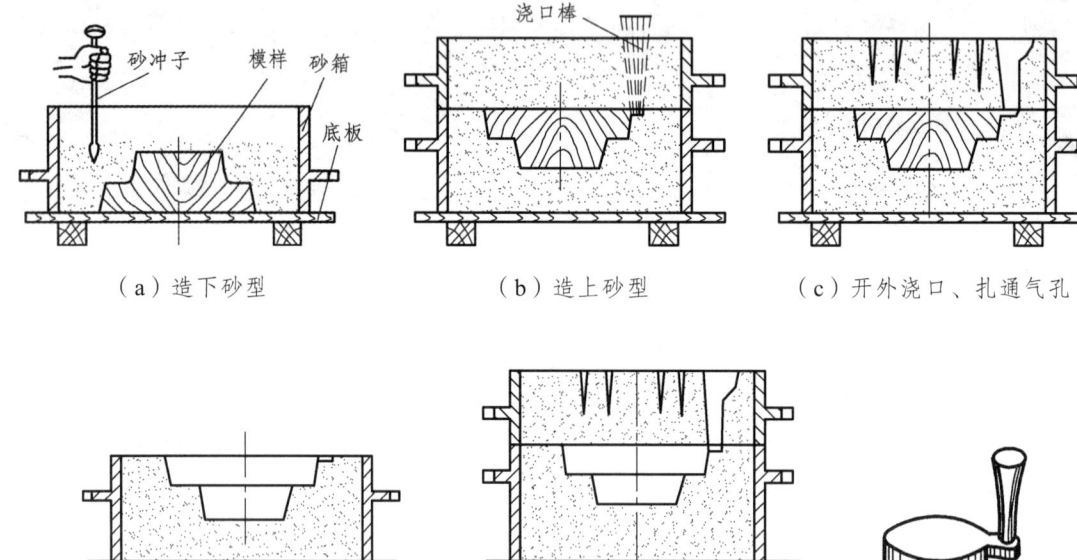

（a）造下砂型　　（b）造上砂型　　（c）开外浇口、扎通气孔

（d）起出模样　　（e）合型　　（f）带浇口铸件

图 1-1-4　整模造型

2. 分模造型

将模样沿最大截面处分成两半，型腔位于上、下两个砂箱内，这种方法称为分模造型。其造型简单省工，常用于最大截面在中部的铸件。分模造型过程如图 1-1-5 所示。

分模造型

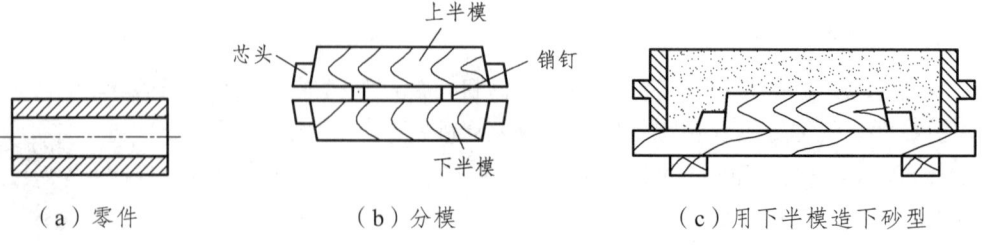

（a）零件　　（b）分模　　（c）用下半模造下砂型

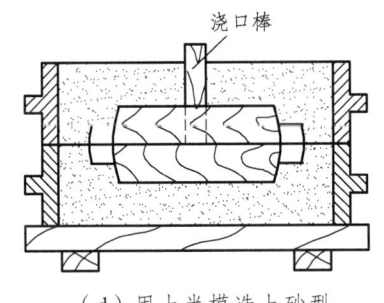
（d）用上半模造上砂型

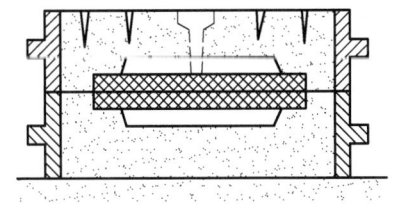
（e）起模、放砂芯、合型

（f）落砂后带浇口的铸件

图 1-1-5　分模造型

3. 挖砂造型

有些铸件如手轮、法兰盘等，最大截面不在端部，而模样又不能分开时，只能做成整模放在一个砂型内，为了起模，需在造好下砂型翻转后，挖掉妨碍起模的型砂至模样最大截面处，其下型分型面被挖成曲面或有高低变化的阶梯形状（称不平分型面），这种方法称为挖砂造型。挖砂造型过程如图 1-1-6 所示。

挖砂造型

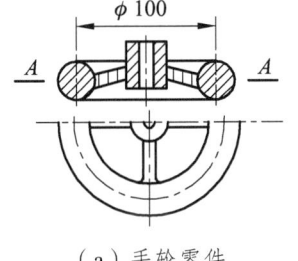

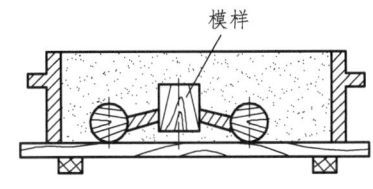

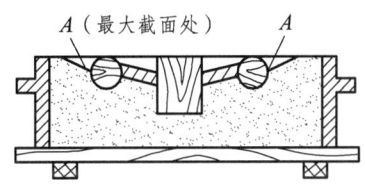

（a）手轮零件　　　　　　（b）放置模样、开始造下型　　　（c）反转、最大截面处挖出分型面

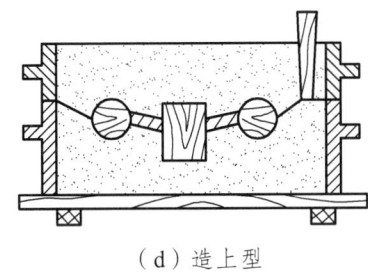

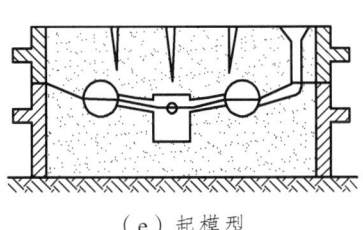

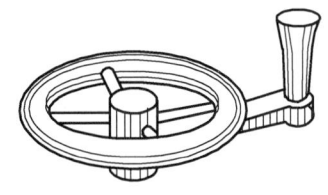

（d）造上型　　　　　　　　（e）起模型　　　　　　　（f）落砂后带浇口的铸件

图 1-1-6　挖砂造型

因挖砂造型效率低，当需要大批量生产此类铸件时，可采用假箱造型，这种方法是利用高度紧实的硬砂预先制好半个铸型代替底板，即假箱，如图 1-1-7 所示。

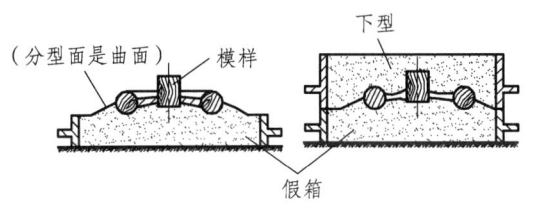

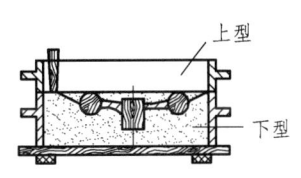

（a）模样放在假箱上　　　（b）造下形　　　（c）翻下型，待造上型

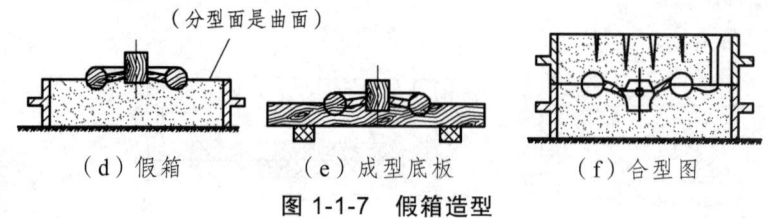

(d)假箱　　　(e)成型底板　　　(f)合型图

图 1-1-7　假箱造型

4. 活块造型

在制模时将铸件上妨碍起模的小凸台、肋条等这些部分做成活动的（即活块），起模时，先起出主体模样，然后再从侧面取出活块，这种方法称为活块造型。其造型费时，对工人技术水平要求高，主要用于单件、小批生产带有突出部分、难以起模的铸件。活块造型过程如图 1-1-8 所示。

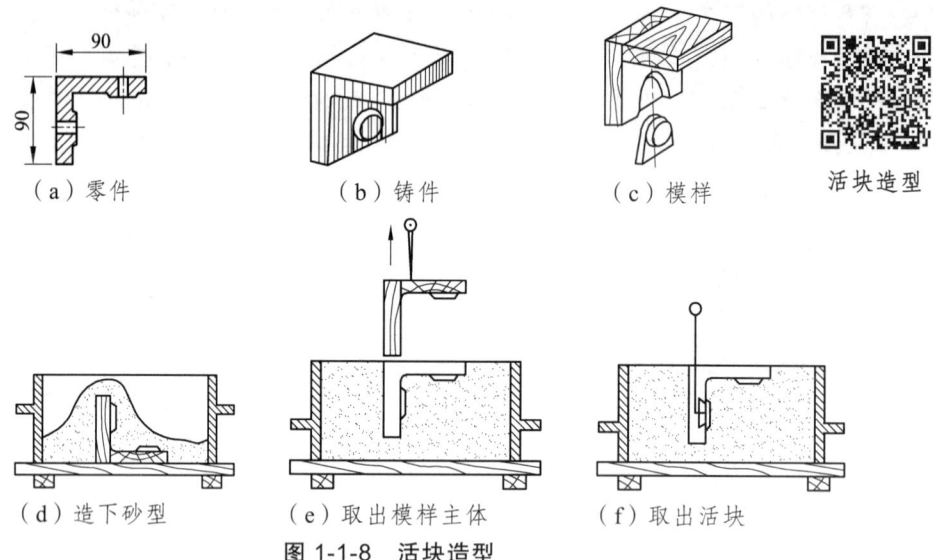

(a)零件　　　(b)铸件　　　(c)模样　　　活块造型

(d)造下砂型　　(e)取出模样主体　　(f)取出活块

图 1-1-8　活块造型

(二) 造型工具

制造铸型用的工具称为造型工具。常用的造型工具有砂春、通气针、起模针、手风器、墁刀、两头圆等，如图 1-1-9 所示。其中：图（a）为直浇道棒，用于做直浇道；图（b）为砂春，用于春实型砂；图（c）为通气针，用于制作起排气作用的通气孔；图（d）为起模针，用于取出模型；图（e）为墁刀，用于修平面及挖沟槽；图（f）为两头圆，用于修凹的曲面；图（g）为砂勾，用于修深的底部或侧面及钩出砂型中散砂；图（h）为手风器，用于吹分型砂，以免进入眼睛。

手工造型工具

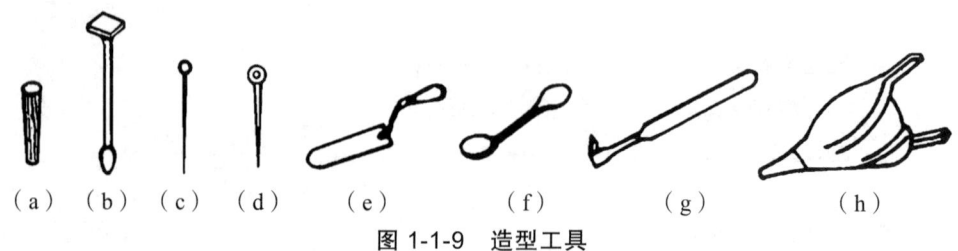

(a)　(b)　(c)　(d)　(e)　(f)　(g)　(h)

图 1-1-9　造型工具

七、浇注系统

将熔融金属从浇包注入铸型的操作称作浇注。浇注操作不当,会使铸件产生气孔、冷隔、浇不足、缩孔和夹砂等缺陷。浇注时,金属液流入铸型所经过的通道称浇注系统。浇注系统一般包括外浇口、直浇道、横浇道和内浇道,如图 1-1-10 所示。浇注系统的主要作用是调节铸件冷凝顺序和温度,及时补充铸件所需要的金属。

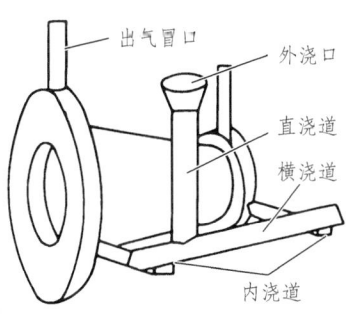

图 1-1-10 浇注系统组成

浇注系统各部分的作用如下:

(1)外浇口:外浇口呈漏斗形承接金属液,减缓金属液的冲击力,将金属液平稳地引入型腔,并具有分离熔渣和防止气体卷入浇道的作用。

(2)直浇道:多为圆锥垂直通道,其高度决定金属液静压力大小,底部需做出球面缓冲坑。

(3)横浇道:多为梯形截面的水平通道,设在内浇道的上方起分流、挡渣、减速的作用。

(4)内浇道:多为扁梯形或三角形,直接与铸型型腔相通,起控制金属液流入型腔方向、流速,调节铸件各部分冷却速度及凝固顺序的作用,是控制铸件质量的关键环节。

(5)出气冒口:为防止铸型腔中金属液在冷凝过程中产生体积收缩形成缩孔,往往在铸件的顶部或原实部位放置冒口以补充铸件的收缩,冒口具有补缩、排气和集渣的作用。

八、铸件的缺陷分析

铸件常见缺陷有气孔、砂眼、渣眼、缩孔、裂纹、黏砂、夹砂、胀砂、冷隔、浇不足、缩松、缺肉、肉瘤、错箱、偏芯等,见表 1-1-2。

表 1-1-2 常见铸造缺陷分析

缺陷名称	缺陷简图	缺陷特征	产生的主要原因
气孔		铸件表面或内部出现的内壁光滑的孔洞,多为圆形、椭圆形或梨形	1. 型砂透气性差; 2. 型砂过湿,起模、修型时刷水偏多; 3. 型芯通气道堵塞或型芯未干; 4. 浇注系统不正确,气体排不出
砂眼		铸件表面或内部存在形状不规则的、含有砂粒的小孔洞	1. 型砂强度不够或局部型砂没捣实,掉砂; 2. 型腔或浇口内残留散砂; 3. 合箱操作不当,致砂松落; 4. 浇注系统不合理冲坏砂型

续表

缺陷名称	缺陷简图	缺陷特征	产生的主要原因
渣眼		铸件表面或内部存在形状不规则的熔渣	1. 浇注时挡渣不好； 2. 浇注温度偏低，熔渣未完全浮起，残留在金属液内； 3. 浇注系统不合理，挡渣作用差
缩孔		铸件最后凝固处有或明或暗的孔洞，孔壁粗糙，形状不规则	1. 浇冒口和冷铁设置不当，补缩不足； 2. 铸件壁厚不均匀，无法有效补偿； 3. 浇注温度过高，金属液收缩过大； 4. 金属液中气体或磷含量偏高
夹砂		铸件表面有片状的金属突出物，边缘锐利，表面粗糙，金属片与铸件之间夹有一层型砂	1. 铸件结构不合理； 2. 湿态强度较低，局部型砂过紧，水分过多； 3. 浇注温度过高； 4. 浇注速度过慢
黏砂		铸件表面沾着一层难以清除的砂粒，铸件表面粗糙。常发生在厚大断面、内角或凹槽部	1. 型砂紧实度不够； 2. 浇注温度过高； 3. 型砂耐火性差； 4. 涂料不好或脱落； 5. 金属液中碱性氧化物过多
浇不足		铸件残缺，形状不完整，常产生于远离浇口部位	1. 金属液流动性差； 2. 浇注温度太低； 3. 浇注速度太慢； 4. 铸件壁太薄； 5. 浇注系统设计不合理
错箱		铸件的一部分与另一部分在分型面处错开	1. 合箱时上下砂箱未对准，发生错位； 2. 造型时上下模定位不好，有错移； 3. 上下砂箱未夹紧
冷隔		铸件上有未完全融合的浅坑或缝隙，边缘呈圆角	1. 浇注温度过低； 2. 浇注速度太慢或断流； 3. 铸件壁太薄； 4. 浇口太小或位置不当； 5. 金属液流动性差
裂纹		铸件开裂。热裂裂纹断面氧化严重，呈暗蓝色，呈曲折形状，不规则；冷裂裂纹断面发亮有金属光泽，不氧化或轻微氧化，成连续直线状	1. 铸件结构不合理，薄厚差别大，冷却不一致； 2. 型（芯）砂退让性差，阻碍铸件收缩，产生大的内应力； 3. 浇注系统设计不合理，铸件各部分收缩不均匀； 4. 金属液化学成分不当，收缩大
偏芯		铸件的孔偏斜或轴心线偏移	1. 型芯变形或位置偏斜； 2. 烧道位置不合理或下芯时定位不牢，金属液冲歪型芯； 3. 合箱操作不当碰歪型芯； 4. 制模时型芯头偏心

九、熔炼铝合金的设备

铸造铝合金的熔炼炉种类较多，常用的有坩埚炉、感应炉及反射炉等。其中，电阻坩埚炉带有电子电位差计，能对炉温进行准确控制，炉内含杂质和气体少，合金的成分容易控制，因而熔炼的合金质量高。其缺点是耗电量大，成本较高。它主要用于对质量要求较高的铝、铜合金的熔炼。电阻坩埚炉结构示意如图 1-1-11 所示。

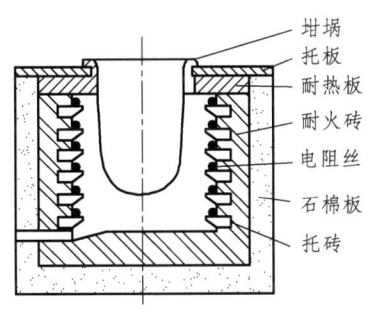

熔炼设备

图 1-1-11 电阻坩埚炉结构示意图

十、铸件的落砂和清理

将铸件从砂型中取出的过程叫落砂。落砂后，从铸件上清除表面黏砂和多余金属（包括浇冒口、飞翅、毛刺和氧化皮等）的过程称为清理。清理工作主要包括下列内容：

浇注、落砂、清理

（1）切除浇冒口：铸铁件性脆，可用铁锤敲掉浇冒口；铸钢件要用气割切除；有色金属铸件则需锯掉。

（2）除芯：从铸件中去除芯砂和芯骨的操作叫除芯。除芯可用手工、振动出芯机或水力清砂装置进行。

（3）清砂：落砂后除去铸件表面黏砂的操作叫清砂。小型铸件广泛采用清理滚筒和喷砂器来清砂；大、中型铸件可用抛丸室等机器清砂。生产量不大时可用手工清砂。

（4）铸件的修理：它是最后磨掉在分型面或芯头处产生的飞翅、毛刺和残留的浇冒口痕迹的操作。一般采用各种砂轮、手凿及风铲等工具来进行。

（5）铸件的热处理：由于铸件在冷却过程中难免会出现不均匀组织和粗大晶粒等非平衡组织，同时又难免会存在铸造热应力，故清理以后要进行退火、正火等热处理。

十一、特种铸造方法简介

（1）熔模铸造：用易熔材料（如蜡料）制成模样，然后在表面涂覆多层耐火材料，待硬化干燥后，将蜡模熔去，而获得具有与蜡模形状相应空腔的型壳，再经焙烧后进行浇注而获得铸件的一种方法。

（2）金属型铸造：将液体金属浇入用金属材料制成的铸型中，以获得铸件的方法。

（3）压力铸造：是使液态或半液态金属在高压的作用下，以极高的速度充填压型，并在压力作用下凝固而获得铸件的一种方法。

（4）低压铸造：是液体金属在压力的作用下，完成充型及凝固过程而获得铸件的一种铸造方法。压力一般为 20～60 kPa，故称为低压铸造。

（5）离心铸造：是将液体金属浇入旋转的铸型中，使之在离心力的作用下，完成充填铸型和凝固成型的一种铸造方法。

【实训内容】

（1）学习铸造基础知识。
（2）学习砂型铸造的工具使用及混砂方法。
（3）操作混砂、整模造型、浇注、落砂清理。
（4）了解 J1116B 型卧式冷室压铸机。

【安全操作规程及注意事项】

（1）实训前必须检查所用工具、砂箱、底板等是否完好，破损的要找老师修整或更换后方能使用。实训过程中管理好自己的造型用具，不要乱放。
（2）造型时不可用嘴吹型砂，以免型砂进入眼睛。
（3）实训过程中不要触摸加热中的熔化炉，避免被烫伤；不要擅自打开控制柜柜门，禁止触摸电气线路及电器元件，以免触电。
（4）浇注现场不得拥挤、打闹。
（5）落砂时拿取铸件前应注意其是否冷却，防止烫伤。
（6）清理铸件时要注意安全，避免伤人。
（7）实训结束后将所有工具、砂箱清理归位。

【预习要求及思考题】

一、课前预习要求

（1）预习本工种的全部内容。
（2）了解铸造的定义、分类、特点和应用。
（3）了解铸造的工艺过程。
（4）了解常见的砂型铸造的造型方法。
（5）了解常见的铸造缺陷及产生原因。

二、思考题

（1）如何选择铸造工艺方法？
（2）为什么铸造是毛坯生产中的重要方法？
（3）为什么熔模铸造是最有代表性的精密铸造方法？它有哪些优越性？

实训二 焊 接

【实训目的】

（1）了解焊接基础知识以及焊接在工业生产上的应用。
（2）掌握手工电弧焊的操作要点。
（3）学习钨极氩弧焊、压力焊（点焊）和 ABB 焊接机器人的设备组成、特点及焊接过程等知识。

【实训设备及工具】

序号	名称	规格型号	备注
1	手工直流电弧焊机	ZX7-400	
2	氩弧焊焊机	YC-300WX	知识拓展
3	压力焊点焊机	DZ-63 型	知识拓展
4	ABB 工业焊接机器人	IRB1410	知识拓展
5	防护面罩、防护手套、焊枪、敲渣榔头等		

【实训基础知识】

一、焊接概述

在机械工业中，使两个或两个以上零件连接在一起的方法有：螺钉连接、铆钉连接、焊接。螺钉连接、铆钉连接都是机械连接，特点是变形小，可使两种不同金属或使焊接性能差的金属连接在一起。焊接是通过加热或加压（或两者并用），使两块分离的金属达到原子和分子间结合，形成永久性连接的一种方法，连接后不可拆卸。焊接具有节省金属材料、简化加工及装配工序、过程简单、接头牢固、劳动强度低、生产率高等特点。焊接件的厚度不受限制，焊缝能达到油密、气密和水密。焊接技术在机械、锅炉、压力容器、管道、电力、造船、航空、建筑及国防等领域均得到广泛的应用。

根据焊接过程的特点，焊接可分为三大类，如图 1-2-1 所示。

熔化焊：利用一定热源将焊接件接头处局部加热到熔化状态形成焊缝。

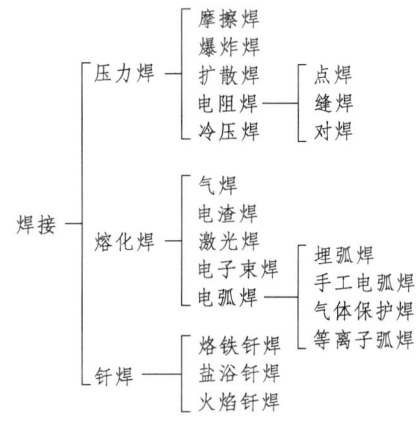

图 1-2-1 焊接的分类

压力焊：通过电源同时加压或加热（不加填充金属）使原子或分子之间结合。

钎焊：将熔点比母材低的钎料作填充金属，适当加热熔化后连接母材。

二、常见焊接技术

(一) 手工电弧焊

手工电弧焊是以手工操作的焊条和被焊接的工件作为两个电极，利用焊条与焊件之间的电弧热量熔化金属进行焊接的方法。焊接时，只需把手弧焊机的两根输出电缆线，一根接工件，另一根接焊钳，焊钳夹持焊条，操作者带上面罩，便可引弧焊接。

手工电弧焊设备简单、操作灵活方便、成本低，对焊接接头的装配尺寸要求不高，可在各种条件下进行各种位置的焊接，是目前生产中应用最广的焊接方法。但手工电弧焊在焊接时有强烈的弧光和烟尘、劳动条件差、生产率低，对工人的技术水平要求较高，焊接质量也不够稳定。

1. 手工电弧焊焊条

焊条是手工电弧焊的焊接材料，由焊芯和药皮两部分组成，见图 1-2-2。焊条的长度和直径是指焊芯的长度和直径，焊条的规格通常以焊条的直径（即焊芯直径）表示，常用的有 φ3.2 ~ φ4.5 mm 等几种，焊条长度为 350 ~ 450 mm。通常根据焊件厚度、接头形式、焊接位置、焊道层数来选择焊条直径。

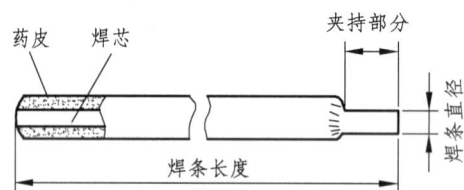

图 1-2-2 电焊条组成示意图

焊芯是焊条内的金属丝，其作用一是作为焊机电极传导电流，产生电弧；二是作为焊缝的填充金属，熔化后填入焊缝间隙，与熔化的母材一起组成焊缝。

药皮（涂料）是压涂在焊芯表面的涂料层，主要由矿物类、铁合金类和黏结剂等材料按一定比例配制而成，药皮具有造气、造渣、稳弧、脱氧及渗合金的作用。

2. 焊机的种类

焊机可分为交流弧焊机、直流弧焊机两类。

交流弧焊机：是一种特殊的降压变压器，结构简单、造价便宜、使用可靠、维修方便，但焊接电弧不太稳定。

直流弧焊机：又分旋转式和整流式两种，旋转式是由一台三相电动机拖动与其同轴的直流发电机组成，这类焊机由于耗能多、噪声大，已逐步被整流式所取代。整流式弧焊机通过一个整流器，将交流电变成直流电，具有电弧稳定、飞溅小等优点。

实训操作的手工电弧焊设备为 ZX7-400 型直流弧焊机（见图 1-2-3），初级电压 380 V，工作电压 36 V，空载电压 70 V，额定电流 400 A，电流调节 30～400 A。

图 1-2-3　ZX7-400 型直流弧焊机

3. 手工电弧焊操作

焊接时，使焊接材料（焊条、焊丝等）引燃电弧的过程叫引弧。引弧时，先将焊条末端与工件表面接触形成短路，然后迅速将焊条提起 3～6 mm，电弧即被引燃。引燃电弧后即产生了焊接电弧，焊接电弧是一种发生在焊条与工件之间强烈而持久的气体放电现象，是所有电弧焊接方法的热源。利用电弧放电产生的热量来加热、熔化焊条（焊丝）和母材，使之形成焊接接头，实现连接金属的目的。在焊接时为确保焊接的焊缝质量，焊接电弧的长度不能超出焊条直径。手工电弧焊操作时电弧放电，可产生高温和耀眼弧光，温度可达 6 000 K，使焊条与工件间形成液态金属，冷却后形成焊缝。焊接电弧及焊缝形成过程示意如图 1-2-4 所示。

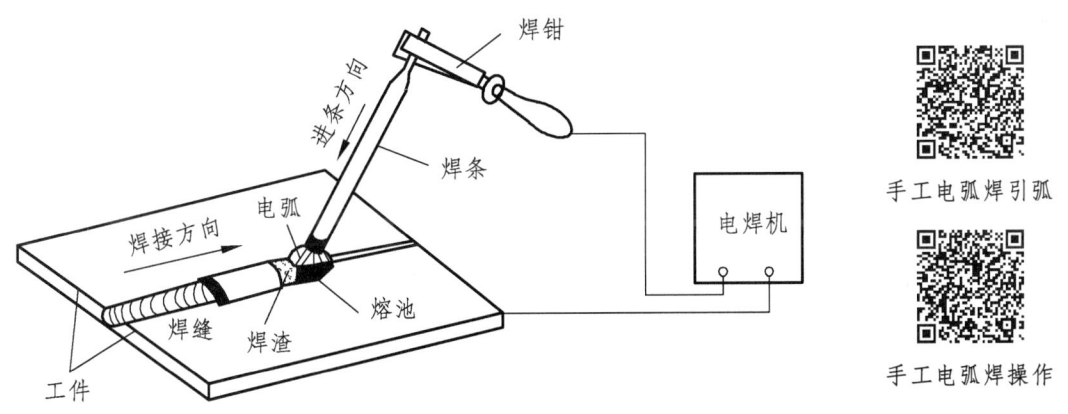

图 1-2-4　焊接电弧及焊缝

通常手工电弧焊的引弧方法有两种：敲击引弧（直击引弧）和摩擦引弧（划擦引弧）。

敲击引弧：即焊条撞击到母材后迅速抬到一定高度引燃电弧。敲击引弧的操作要领：将焊条末端对准焊件，然后将手腕下弯，使焊条轻碰一下焊件后迅速提起 2～4 mm，即引燃电弧。引弧后，手腕放平，使电弧长度保持在与所用焊条直径相适应的范围内，使电弧稳定燃烧。

摩擦引弧：类似于划火柴，易掌握，也易操作。摩擦引弧的操作要领：先将焊条末端对准焊件，然后将手腕扭转一下，像划火柴一样将焊条在焊件表面轻轻划擦一下，引燃电弧。再迅速将焊条提起 2～4 mm，使电弧引燃，并保持电弧长度，使之稳定燃烧。在操作中如遇到引弧时焊条与焊件黏住时，可将焊条左右摆动几下，即可使焊条脱离。如仍取不出来，应立即将焊钳脱离焊条，待焊条冷却后再用手掰下来。

焊接操作时，引燃电弧后，在热源作用下，焊件上形成的具有一定形状的液态金属部分被称为焊接熔池。焊接熔池温度场分布不均匀，体积小，冷却速度快，电弧下的熔池金属在电弧力的作用下克服重力和表面张力被排向熔池尾部，随着电弧前移，熔池尾部金属冷却并结晶形成焊缝。

(二) 气焊

气焊是利用可燃气体与氧混合燃烧的火焰作为热源来熔化母材和填充金属而焊接的一种方法。气焊火焰温度较低、热量分散，适用于焊接薄板和有色金属。气焊设备由氧化瓶、乙炔发生器或乙炔瓶、回火防止器、减压器、焊炬、焊嘴等组成，如图1-2-5所示。

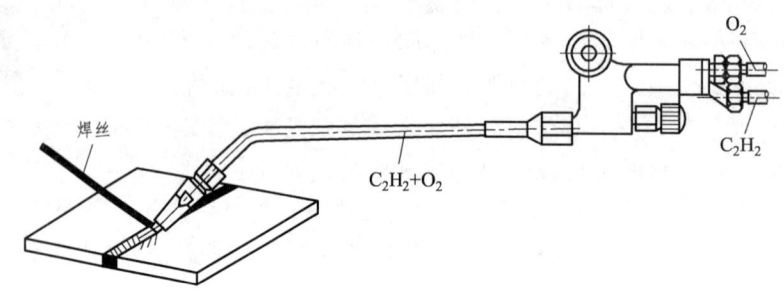

图 1-2-5　气焊示意图

调整氧乙炔混合比，可得到三种不同性质的气焊火焰：

（1）中性焰：是氧气乙炔混合比为1.1~1.2时燃烧形成的火焰，由焰心、内焰、外焰三部分组成。中性焰燃烧后的气体中既无过剩氧，也无过剩的乙炔，中性焰的最高温度在距焰心2~4 mm处，为3 050~3 150 ℃，中性焰适用于焊接一般低碳钢、不锈钢、紫铜、铝及铝合金等。

（2）碳化焰：是氧气与乙炔的混合比小于1.1时燃烧形成的火焰，火焰中含有过剩的碳，具有较强的还原作用，也有一定的渗碳作用。由于碳化焰对焊缝金属具有渗碳作用，故碳化焰只适用含碳较高的高碳钢、铸铁、硬质合金的焊接。碳化焰的最高温度为2 700~3 000 ℃。

（3）氧化焰：是氧气与乙炔的混合比大于1.2时燃烧形成的火焰。火焰中有过量的氧，在尖形焰芯外面形成一个氧化性的富氧区，故氧化焰通常焊接黄铜，氧化焰的最高温度为3 100~3 300 ℃。

在气焊操作时，偶尔会发生回火现象，回火是因氧气系统中混入了乙炔或乙炔系统中混入了氧气，这种氧气和乙炔的混合气体燃烧速度很快，超过了工作时氧气和乙炔的混合气体燃烧的速度，致使火焰向焊炬、割炬内部燃烧而形成回火。发生回火时，应迅速关闭乙炔阀，再关闭氧气阀，以确保安全。

气焊工艺参数包括焊丝直径、焊嘴倾角、焊接速度、火焰能率、火焰性质。

气焊操作技术有左焊法、右焊法。

(三) 手工钨极氩弧焊

钨极氩弧焊是以氩气作为保护气体的气体保护焊，属于电弧焊。焊接时，电弧在氩气流中燃烧，氩气从喷嘴喷出保护熔池，钨极焊丝的末端不与空气接触，用钨极和工作之间产生的电弧热来熔化母材和焊丝，待冷却后凝固连接成一体。

氩弧焊的优点有：氩气保护效果好，电弧稳定，飞溅小，焊缝质量好，焊后变形小，易于实现机械化和自动化。但氩气成本高，氩弧焊设备复杂，目前主要用于铝、镁、钛及其合金和耐热钢、不锈钢等的焊接。

氩弧焊分熔化极和非熔化极两种，如图1-2-6所示。

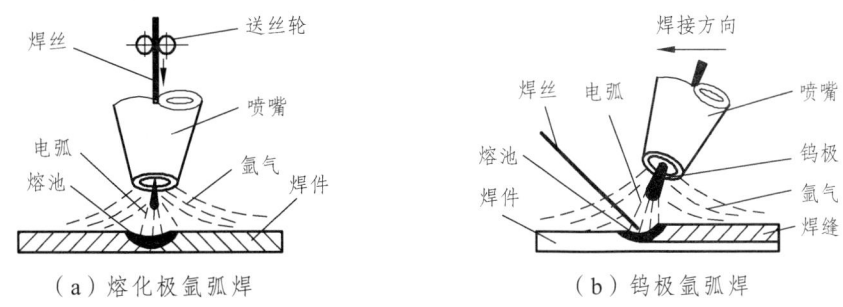

图 1-2-6 氩弧焊示意

熔化极：又可分为自动熔化极氩弧焊和半自动熔化极氩弧焊，自动或半自动焊接采用直流焊接电源。

非熔化极：又分为手工钨极氩弧焊和自动钨极氩弧焊，采用交流或直流焊接电源。焊接实训使用的设备为手工钨极氩弧焊。

手工钨极氩弧焊设备主要由焊接电源、控制系统、气路系统、焊枪及水冷却系统组成。手工钨极氩弧焊电源分为直流、交流或交直流两用三种，电源应满足如下要求：电源必须具有陡降或垂直陡降外特性；交流氩弧焊时，为使电弧容易引燃并稳定地燃烧，应采用高频振荡器或脉冲稳弧器引弧、稳弧；交流电源必须配备消除直流分量的装置。

手工钨极氩弧焊

(四) 压力焊——点焊

工件组合后通过电极施加压力，利用电流通过接头的接触面及产生的电阻热进行焊接的方法叫作压力焊，压力焊可分为点焊、缝焊和对焊等。

点焊：焊件以搭接形式装配接头，并压紧在两电极之间，利用电阻热熔化母材金属，形成焊点的电阻焊方法，如图1-2-7所示。点焊多用于薄板的连接，如飞机蒙皮、航空发动机的火烟筒、汽车驾驶室外壳等。

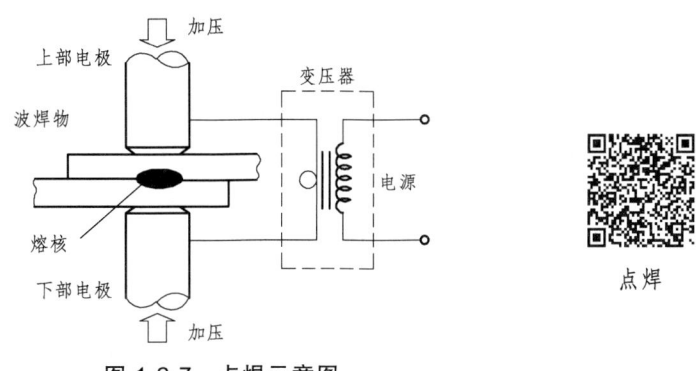

图 1-2-7 点焊示意图

点焊

点焊机的主要部件包括机架、焊接变压器、电极与电极臂、加压机构及冷却水路等。焊接变压器的次级只有一圈回路，上、下电极与电极臂既用于传导焊接电流，又用于传递动力，冷却水路通过变压器、电极等部分。焊接时，应先通冷却水，然后接通电源开关。

电极的材料、形状、安装及表面都直接影响焊接过程、焊接质量和生产率。电极材料常用紫铜、镉青铜、铬青铜等制成。电极的形状多种多样，主要根据焊件形状确定。安装电极时，要注意上、下电极表面保持平行。电极平面要常用砂布或锉刀修整，保持清洁。

点焊的工艺过程为开通冷却水；将焊件表面清理干净，装配准确后，送入上、下电极之间，施加压力，使其接触良好；通电使两工件接触表面受热，局部熔化，形成熔核；断电后保持压力，使熔核在压力下冷却凝固形成焊点；去除压力，取出工件。

焊接电流、电极压力、通电时间及电极工作表面及尺寸等点焊工艺参数对焊接质量有重大影响。

三、先进焊接技术

随着焊接技术的迅速发展，新材料和新结构的出现，新的焊接方法和焊接工艺已运用到焊接领域中，如真空电子束焊、激光焊等。这些新技术包括通过改进普通焊接方法和工艺来提高焊接质量和效率，如窄间隙焊、三丝埋弧焊等；采用计算机或示教器控制焊接过程，如焊接机器人等。在焊接实训中，我们通过讲解演示 ABB 工业焊接机器人（型号 IRB1410，见图 1-2-8）来了解先进焊接技术。

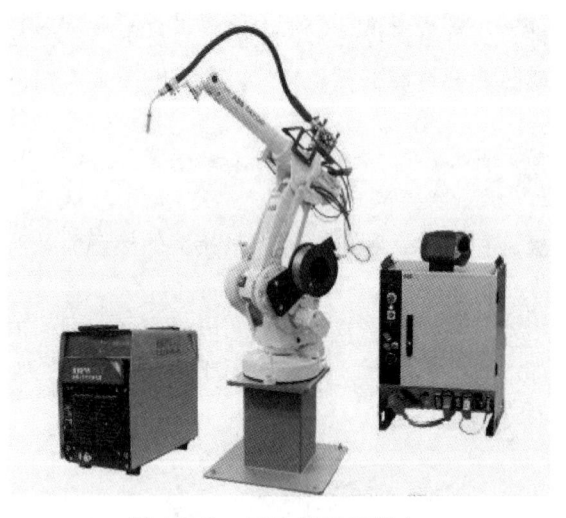

焊接机器人

图 1-2-8　ABB 焊接机器人

工业焊接机器人是指从事自动弧焊的焊接工业机器人，是一种多用途、可重复编程自动控制操作机的先进智能焊接操作设备，主要应用于各类汽车、批量零部件等焊接生产。

ABB 工业焊接机器人由三部分组成：机械手、控制器和 EhaveCM350 焊机。

ABB 焊接机器人通过 ArcWare 来控制焊接的整个过程，可对焊接设备、焊接系统和焊接传感器进行设置，焊接机械手是由 6 个转轴组成的 6 杆开链机构，理论上可以达到运动范围内的任何一点，每个转轴均带有一个齿轮箱，均由 AC 伺服电机驱动。

ABB焊接系统的配置组成和特点：
（1）在焊接过程中实时监控焊接的过程，检测焊接是否正常。
（2）错误发生时，ArcWare自动将错误代码和处理方式显示在示教器上。
（3）只需要对焊接系统进行基本的配置即可以完成对焊机的控制。

焊接时，操作人员通过控制器操作机器人，机器人基本焊接语句指令如图1-2-9所示。

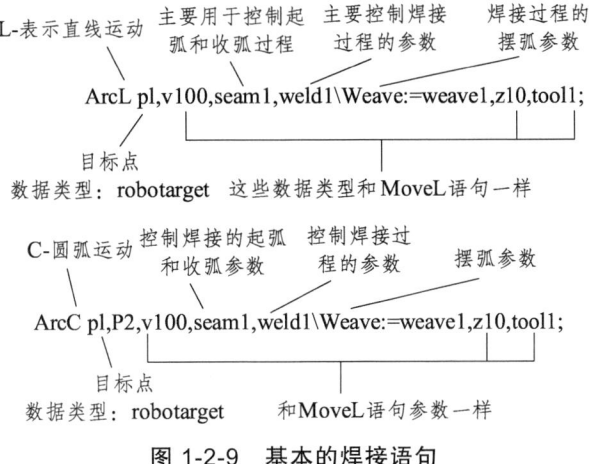

图1-2-9 基本的焊接语句

四、焊接工艺参数

焊接工艺参数是指焊接时为保证焊接质量而选定的多个物理量的总称，通常包括焊条选择、焊接电流、电弧电压、焊接速度、焊接层数等。

五、焊接接头形式和坡口形状及焊缝的空间位置

(一) 焊接接头形式

常见接头形式有对接接头、搭接接头、角接接头、T形接头，如图1-2-10所示。

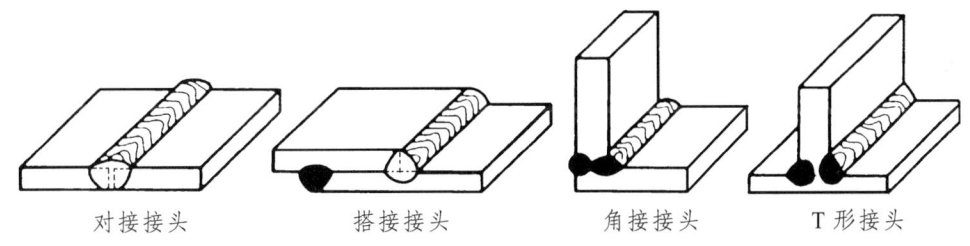

图1-2-10 手工电弧焊常用的接头形式

(二) 焊接坡口形状

当焊件较厚时，为了保证焊透，焊接之前要把两个焊件间待焊处加工成所需的形状，称为坡口。常见的坡口形状有I形、V形、X形和U形，如图1-2-11所示。坡口的加工可采用机械加工或气体火焰切割等方法完成。

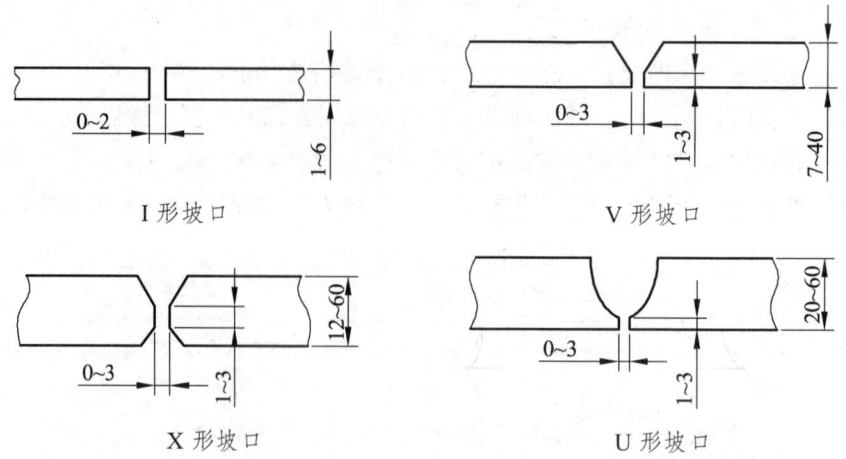

图 1-2-11 对接接头常见的坡口形状

焊件较薄时，只需将被焊工件间留一定间隙，就能焊透。6 mm 以下的焊件对接时，一般可不开坡口直接焊接。坡口形式的选择与板厚的关系：

V 形：材料厚度为 7~40 mm。

X 形：材料厚度为 12~60 mm。

U 形：材料厚度为 20~60 mm。

I 形：可不开坡口直接焊接，焊接时留 1~2 mm 间隙。

(三) 焊缝的空间位置

实际生产中，一条焊缝可以在空间的不同位置施焊，焊缝所处的空间位置分为四类：平焊、立焊、横焊和仰焊。图 1-2-12 所示为角接接头焊缝空间位置。其中平焊操作方便，易于保证质量和提高生产率。横焊、立焊、仰焊这几种焊接位置比较困难，熔化的金属受重力影响使焊缝下坠，成型困难，易产生各种缺陷，因此宜采用细焊条（一般 4 mm 以下，立焊比平焊小 10%~15%，横焊、仰焊比平焊小 5%~10%）、短弧焊，同时配合正确的焊条角度。

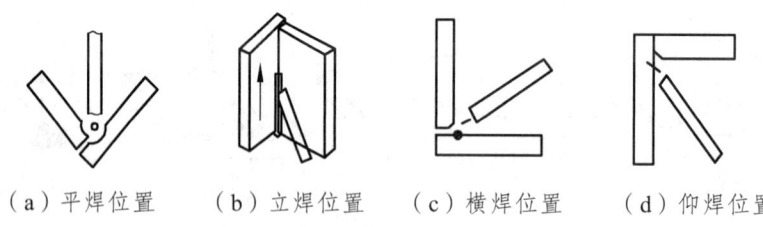

(a) 平焊位置　　(b) 立焊位置　　(c) 横焊位置　　(d) 仰焊位置

图 1-2-12 角接接头焊缝空间位置

六、焊接缺陷分析及检测方法

常见的焊接缺陷有焊缝尺寸及形状不符合要求、咬边、夹渣、未焊透、气孔、裂纹、烧穿、弧坑等，其中裂纹是最严重的缺陷。手工电弧焊常见的焊接缺陷如图 1-2-13 所示。

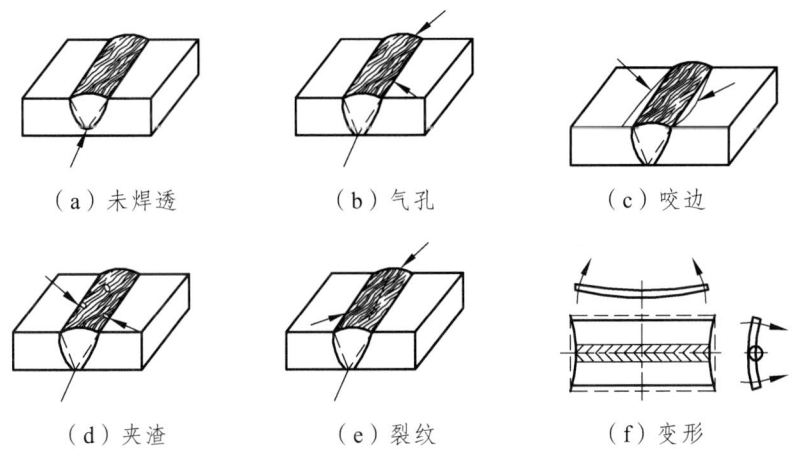

图 1-2-13 手工电弧焊常见的焊接缺陷

缺陷产生的主要原因：材料选择不当、焊接工艺不正确及焊接操作不当等都是焊接缺陷产生的原因。常见焊接缺陷及产生的原因和防止措施见表 1-2-1。

表 1-2-1 常见焊接缺陷及产生原因和防止措施

缺陷名称	产生原因	防止措施
尺寸和外形不符合要求	运条不当，焊接规范和坡口尺寸选择不好	选择恰当的坡口尺寸、装配间隙和焊接规范
咬边	焊条角度和摆动不正确、焊接电流过大、焊接速度太快	选择正确的焊接电流和焊接速度，掌握好运条方法，焊接角度和弧长
焊瘤	焊接电流太大、电弧太长、焊接速度慢、焊接位置及运条不当	采用平焊，选择正确的焊接规范，掌握好运条方法
烧穿	坡口间隙大、电流大、焊速慢、操作不当	合理装配间隙，焊接要规范，掌握好运条方法
未焊透	焊速快、电流小、坡口小、间隙窄、焊坡不干净	焊接合理规范，正确选用坡口形式、尺寸和间隙，多清理，正确操作
夹渣	前道焊缝熔渣未清干净、电流小、焊速快、焊缝面不干净	焊层清渣、坡口干净、工艺规范

焊接质量检测是保障工件焊接质量的重要措施，主要包括以下几种检测方法：

（1）外观检测：表面缺陷检验。

（2）致密检测：水压检验、气压检验、煤油检验。

（3）无损检测：磁粉检测、渗透检验、射线检验、超声波检验、其他无损检测。

【实训内容】

（1）学习焊接基础知识。

（2）学习手工电弧焊操作要点和规范。

（3）进行引弧和手工电弧焊操作练习。

（4）用 6 mm×100 mm×50 mm 的冷轧钢板进行焊接，要求平焊焊缝、对接接头形式、I 形坡口。

（5）拓展学习钨极氩弧焊、压力焊（点焊）和 ABB 焊接机器人的焊接原理、设备组成、焊接过程及特点、适用范围等相关知识。

（6）*学习并操作手工电弧焊的点连接焊件。

（7）*利用给定材料自主设计创意作品，并用手工电弧焊完成制作。

【安全操作规程及注意事项】

（1）弧焊设备的外壳必须接零或接地，以免由于漏电而造成触电事故。

（2）焊钳应有可靠的绝缘。中断工作时，焊钳应放在安全的地方，防止焊钳与焊件之间产生短路而烧坏弧焊机。

（3）焊工应穿戴好工作服、手套、绝缘鞋，以防止弧光灼伤皮肤。

（4）为确保安全，严禁在有水的地面操作。

（5）焊工必须使用有电焊防护玻璃的面罩。

（6）焊件必须平稳、固定，放置好才能施焊。

（7）焊接完成后，使用其他辅助工具挪动焊接后的零件，以免被烫伤。

【预习要求及思考题】

一、课前预习要求

（1）预习本工种的全部内容。

（2）了解焊接分类、特点以及焊接在工业生产上的应用。

（3）了解焊接工艺方法、接头形式、坡口形状及焊缝空间位置。

（4）了解常见的焊接缺陷及产生的原因。

二、思考题

（1）电弧焊操作时应注意哪三个度？如何掌握？

（2）熔化焊有哪几种？钎焊的方法有哪些？

（3）怎样才能学好手工电弧焊？

（4）焊接中，焊接参数应如何选择？

实训三 热处理

【实训目的】

(1) 了解热处理的作用、主要服务对象、热处理工艺、常规质量检测方法及在机械制造中的应用。

(2) 了解钢铁材料基本知识。

(3) 了解手工自由锻基本过程。

【实训设备及工具】

序号	名称	规格型号	备注
1	12 kW 中温箱式实验电阻炉	SX2-12-10	
2	12 kW 高温箱式实验电阻炉	SX2-12-12	
3	20 kW 全固态感应加热设备	HFP-20C	
4	洛氏硬度计	HR-150A	
5	手工自由锻操作台	自制	
6	15 kW 中温箱式电阻炉	RX3-15-9	知识拓展
7	里氏硬度计	TIME5306	知识拓展
8	冷却槽、钳子、钩子、手锤等		

【实训基础知识】

一、钢铁材料基本知识

金属材料分为两大类：黑色金属和有色金属。

黑色金属：是指铁（Fe）及铁基合金，一般指钢和铸铁，通常又叫钢铁材料。以铁为基体金属、以碳为主要合金元素形成的合金材料是碳素钢或铸铁（灰口铸铁）；为改善钢铁材料性能再有意识地加入其他合金元素，就形成合金钢或合金铸铁。理论上，纯铁的含碳量小于 0.02%，钢的含碳量在 0.02% ~ 2.11% 之间，铸铁的含碳量大于 2.11%。

除黑色金属以外的各种金属及合金称为有色金属，如铜、铝等。

(一) 钢的分类

钢的种类繁多，可按不同方法分类，主要有以下几种：

(1) 按化学成分分：

碳素钢：以铁为基体，碳为主要合金元素，如 45 钢。

合金钢：在碳素钢基础上加入其他合金元素以改善钢铁材料的性能，如 40Cr。

按化学成分的含碳量分，又分为低碳钢、中碳钢和高碳钢。含碳量小于 0.25% 的为低碳钢，含碳量在 0.25% ~ 0.6% 的为中碳钢，大于 0.6% 的为高碳钢。

（2）按用途分：

结构钢：主要用于工程及建筑领域，如船舶、钢结构等，通常做成型材（板材、线材等）；用于机械制造领域，制造各种机器零件，如弹簧、齿轮、主轴等。

工具钢：主要用于制造量具、刃具、工具、模具等。

特殊性能钢：在特殊环境下能保证其稳定性能，如不锈耐酸钢，主要用于化肥、石油、化工等工业部门。耐热钢，具有高温化学稳定性和高温强度，用于医疗、高温零件。

（3）按质量分：普通质量钢、优质钢、高级优质钢。

（4）按专门用途分：滚动轴承钢、桥梁钢等。

(二) 钢的编号方法

钢的编号一般有以下几点规律：

（1）碳含量（C%）及合金元素含量（M%）用数字表示，碳含量在最前面，合金元素含量标在相应的元素符号后面，如 3Cr2W8V 中的数字 3 表示碳含量，数字 2 表示合金元素 Cr 的含量。

（2）结构钢的平均碳含量用 2 位数表示，单位含碳量为 0.01%，如 45 钢平均碳含量为 0.45%。

（3）工具钢的平均碳含量用 1 位数表示或不标出，单位含碳量为 0.1%，含碳量未标出的表示平均碳含量不小于 1%，如 3Cr2W8V 的平均碳含量为 0.3%，Cr12 的平均碳含量为不小于 1%。

（4）合金元素平均含量以 1% 为单位，小于 1.5% 的不标出，特殊情况有 GCr15（Cr 含量为 1.5%），如 3Cr2W8V 中 Cr 的平均含量为 2%，V 的平均含量小于 1.5%。

（5）高级优质钢在牌号后加 A，如 38CrMoAlA。

几个常用的标记符号：

G——滚动轴承钢，如 GCr15。

T——碳素工具钢，如 T7、T8。

A——甲类钢，如 A3（新标准为 Q235，普通碳素钢，只保证基本性能不保证化学成分）。

ZG——铸钢，如 ZG45。

二、热处理基本知识

(一) 热处理概述

热处理是将钢材在固态下进行加热、保温和冷却，改变其内部的显微组织，从而获得所需机械性能的一种热加工工艺。热处理主要服务对象是钢铁材料。热处理工艺曲线如图 1-3-1

所示，图中可以看出热处理工艺的三要素：加热、保温和冷却。常用热处理的分类如图 1-3-2 所示。

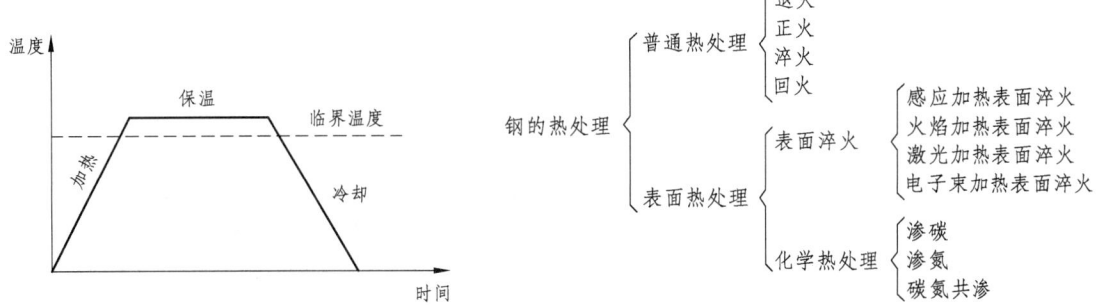

图 1-3-1 热处理工艺曲线示意图　　　　图 1-3-2 常用热处理分类

热处理是机械制造中的重要工艺之一，与其他加工工艺相比，热处理一般不改变工件的外形和整体的化学成分，而是通过改变工件内部的显微组织，或改变工件表面的化学成分，显著提高钢的力学性能，改善工件的使用性能，延长工件使用寿命。因此，热处理在机械制造中应用很广，如汽车、拖拉机中有 70%～80% 的零件要进行热处理，各种刀具、量具、模具、工具等几乎 100% 要进行热处理。

(二) 普通热处理基本工艺

普通热处理基本工艺包括退火、正火、淬火和回火。如图 1-3-3 所示，冷却方式不同，导致冷却速度不同，构成不同的热处理基本工艺；热处理后的产品硬度也不同，通常冷速越快，热处理后的工件越硬。

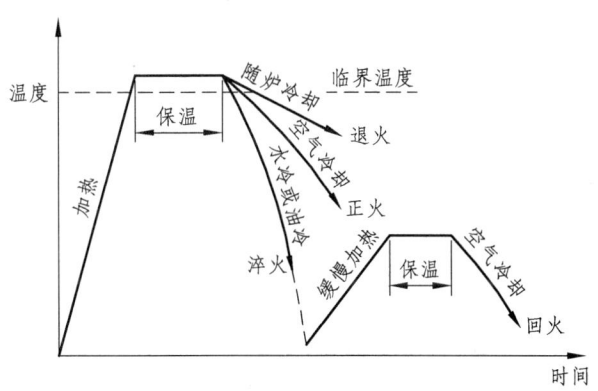

图 1-3-3 热处理基本工艺示意图

1. 退　火

退火是将钢材加热到一定温度，充分保温后随炉缓慢冷却的热处理工艺。退火既可消除和改善前道工序残留的组织缺陷和内应力，保持尺寸稳定和减小变形，又可降低硬度，提高塑性和韧性，改善切削加工性能，为后续切削加工和最终热处理做组织准备，属于半成品热处理，又称预先热处理。

2. 正火

正火是将钢材加热到一定温度，充分保温后出炉空冷、喷雾或风冷的热处理工艺。正火的主要目的是消除大部分组织缺陷，使组织均匀化，调整钢材硬度，改善切削性能。正火工艺简单、操作方便、生产周期较短、成本低，是一种经济的热处理工艺。它既可作为预备热处理，同时对一些使用性能要求不高的中碳钢零件，正火又可代替调质处理作为最终热处理使用。

3. 淬火

淬火是将钢件加热到一定温度，充分保温后在水、油或其他冷却液中快速冷却的热处理工艺。淬火后的钢件具有很高的硬度，有很大的淬火应力，组织不稳定，工件易变形和开裂。因此，淬火状态的工件不能直接使用，必须经过后续的回火处理才能使用，也就是说工件淬火后必须回火。

钢中的碳含量也决定钢材淬火后的硬度，一般情况下含碳量越高，淬火后工件硬度越高。

4. 回火

回火是将淬火后的钢材重新加热到临界温度以下的某一温度，充分保温后冷却到室温的热处理工艺。回火目的是消除淬火应力，调整工件硬度、强度、塑性和韧性，保证零件的尺寸稳定性。回火决定了钢在使用状态的组织和性能，是非常关键的一道工序。零件淬火后配合不同工艺的回火，使零件内部形成不同的显微组织，最终使零件具有不同的性能。按回火温度不同，回火分为低温回火、中温回火和高温回火。通常回火温度越高，硬度越低，塑性、韧性越好。

低温回火：回火温度在 250 ℃ 以下，目的是消除淬火应力，保持工件高的硬度和耐磨性，常用于刃具、量具、渗碳件及表面淬火的零件等。

中温回火：回火温度在 250～500 ℃ 之间，目的是得到较高的弹性和屈服点以及适当的韧性，常用于弹簧、锻模、冲击工具等。

高温回火：回火温度在 500 ℃ 以上，它使零件硬度大幅度降低，得到强度、塑性和韧性都较好的综合力学性能。高温回火广泛用于重要结构件的热处理。

淬火和高温回火的组合称为调质。零件经调质处理后具有良好的综合机械性能，不仅可以作为一些零件的最终热处理，也可作为一些精密零件或表面淬火件的预先热处理。

(三) 表面热处理

金属的表面热处理是指通过改变金属材料表面组织结构来实现零件所需性能的热处理方法。当零件要求表面具有高硬度、高耐磨性和良好的抗疲劳性能，而心部保持原有的组织和韧性时，可采用表面热处理强化技术来实现。表面热处理通常分为表面淬火和表面化学热处理。

1. 表面淬火

钢的表面淬火是利用加热设备将钢的表面快速加热到淬火温度，然后进行淬火的热处理工艺。表面淬火实现了工件表面淬硬而心部硬度不变，提高工件的耐磨性和抗疲劳性。按加热介质不同，常用的表面淬火有感应加热表面淬火、激光加热表面淬火、电子束加热表面淬火和火焰加热表面淬火等。

感应加热表面淬火是利用电磁感应原理,将工件放在感应线圈内,交变电流通过线圈产生交变磁场,使工件表面形成涡流,从而实现表面层快速加热而淬火的方法。图1-3-4所示为感应加热原理示意图。根据感应加热设备产生的交变电流频率不同,通常又可分为高频感应加热、中频感应加热和工频感应加热等,淬硬层越薄,采用的频率越高。

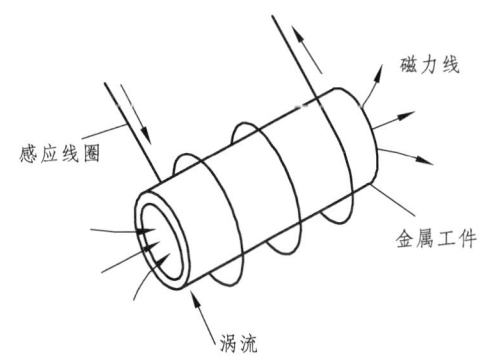

图 1-3-4 感应加热原理示意图

感应加热表面淬火的特点是淬火表层组织细、性能好,淬硬层深度易于控制,加热速度快、时间短,生产率高,工件表面氧化、脱碳极少,变形也小,容易实现自动化。但设备费用昂贵,适用于形状简单的工件大批量生产。

激光加热表面淬火、电子束加热表面淬火和火焰加热表面淬火分别利用激光、电子束和乙炔-氧气的混合气体燃烧火焰进行工件表面加热完成工件表面淬火工艺。

2. 化学热处理

化学热处理是将钢件置于活性介质中加热并保温,高温状态下活性介质渗入零件表层,从而改变其表面化学成分、组织和性能的工艺过程。化学热处理能最大限度地发挥渗层潜力,达到工件心部与表层在组织结构、性能等方面的最佳配合,主要是提高钢件表面的硬度、耐磨性、抗蚀性、抗疲劳强度和抗氧化性等。通常在进行化学热处理前后需配合其他合适的热处理工艺。常用的化学热处理有渗碳、渗氮、碳氮共渗和渗金属等。

(四)综合举例

许多工艺并不是单独使用的,一件产品的完成需要多种工艺的配合。例如车床的轴大多用45钢制成,通常需要经过以下工艺过程:

下料→粗加工→调质→精加工→局部表面淬火→回火→磨削→成品。

(五) 热处理质量检测

热处理产品质量常用硬度值衡量,其主要质量检测手段是硬度测试。金属的硬度是指金属材料对压痕等局部塑性变形的抵抗能力,是表示金属材料表面抵抗硬物压入能力的指标,是金属材料最常用的性能指标之一。相同的材料,经不同的热处理工艺处理后,其内部的显微组织不同,硬度也不同。常用的硬度有布氏硬度(HB)、维氏硬度(HV)和洛氏硬度(HR),分别用相应的硬度计来测量。相对而言,应用较为广泛的是洛氏硬度。

上述三种硬度计多固定在台面上,不便移动,适合小件及试块的测量。肖氏硬度计、里氏硬度计等是便携式硬度计,适合大型、重型工件的现场测量。

三、手工自由锻

锻造是将金属材料加热到一定温度,使用一定设备或工具使其发生塑性变形,以获得一定形状和尺寸的毛坯或零件的成形方法。按成形方式的不同,锻造分为自由锻造和模型锻造两类。自由锻按设备和操作方式又可分为手工自由锻和机器自由锻。手工自由锻操作灵活，工具和锻件形状较简单，锻件精度、材料利用率和生产效率较低，只能生产小型锻件。在现代工业生产中，手工自由锻已逐渐被机器自由锻所取代。

锻件在切削加工前，一般要进行热处理。热处理能消除锻造残余应力，使锻件的内部组织进一步细化和均匀，改善锻件力学性能，降低锻件硬度，便于切削加工。常用的锻后热处理方法有正火、退火和球化退火等。

四、实训热处理设备

(一) 箱式炉

12 kW 中温箱式实验电阻炉（型号 SX2-12-10）、12 kW 高温箱式实验电阻炉（型号 SX2-12-12）和 15 kW 中温箱式电阻炉（型号 RX3-15-9），通常简称为箱式炉，是利用电阻丝为加热元件，利用空气传导热量来加热工件。温度测控通过热电偶和温度控制系统来实现。箱式炉的特点是加热时间长、易氧化脱碳，适合大件、批量产品。其外观及结构分别如图 1-3-5、图 1-3-6 和图 1-3-7 所示。

图 1-3-5　15 kW 中温箱式电阻炉

图 1-3-6　12 kW 箱式实验电阻炉

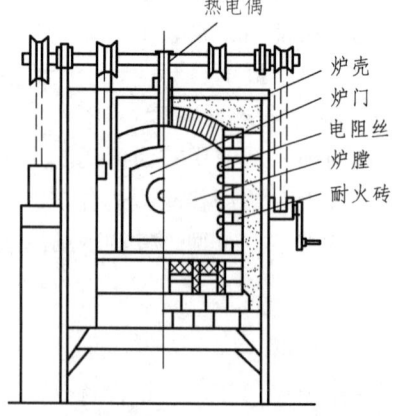

图 1-3-7　箱式炉结构示意图

箱式实验
电阻炉

12 kW 箱式实验电阻炉是实训操作时用于加热工件的设备，15 kW 中温箱式电阻炉属于工业用炉，是用于观察及拓展的学习内容，目的是使学生了解工业生产上热处理加热设备的结构和特点，与实验电炉比较，分析二者的异同点，将学生视野从实训延伸到工业生产上。

(二) 感应加热设备

20 kW 全固态感应加热设备（型号 HFP-20C）见图 1-3-8，是热处理实训用于工件表面淬火的加热设备。它是利用电磁感应原理，通过线圈实现对工件的快速加热。

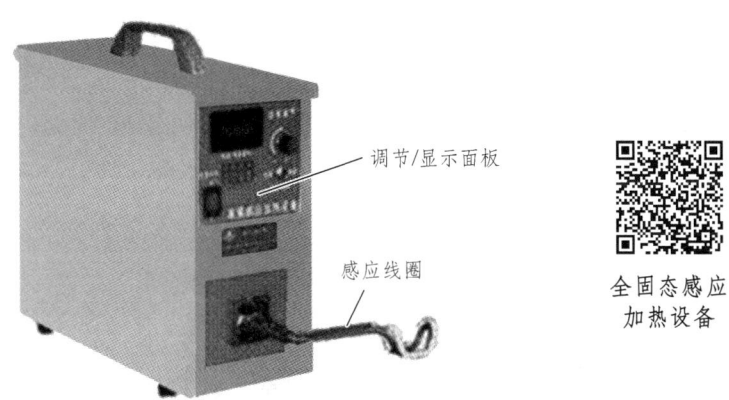

图 1-3-8　全固态感应加热设备

(三) HR-150A 型洛氏硬度计

HR-150A 型洛氏硬度计如图 1-3-9 所示，是实训操作用于测试工件硬度的仪器，有三种载荷，分别对应不同的洛氏硬度标尺，见表 1-3-1。这是一种纯机械结构、手动操作的硬度测试仪器，它稳定、可靠、耐用、数据准确、测试效率高，可由表盘直接读出 HRA、HRB、HRC 数值，可测定黑色金属、有色金属等的洛氏硬度。该仪器是洛氏硬度计中最常用的机型之一。

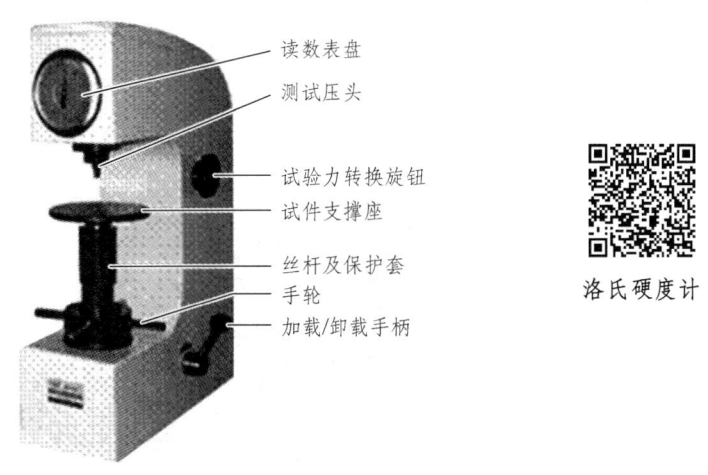

图 1-3-9　HR-150A 型洛氏硬度计

表 1-3-1　HR-150A 洛氏硬度计试验力与标尺的对应关系

标尺	HRA	HRB	HRC
试验力/N（kgf）	588（60）	980（100）	1 471（150）

实训操作时测试的是 150 kg 载荷的 HRC，测试压头为 120°顶角的金刚石圆锥压头，如图 1-3-10 所示。

(四) TIME5306 型里氏硬度计

图 1-3-10　金刚石圆锥压头

里氏硬度计是便携式硬度计，它携带方便、检测灵活、功能强大，适用于大件及重型件的硬度测量。TIME5306 里氏硬度计如图 1-3-11 所示，特点是具有多达 5 种的自定义材料功能，通过硬度对比试验形成自己专属的硬度转换关系；配备集成热敏式打印机和 OLED 显示屏；通过 USB 接口可配备上位机软件，测量数据能以 Word 或 Excel 形式传输到上位机；可同时显示里氏硬度及所需转换的硬度；可切换到出口版的硬度转换表。

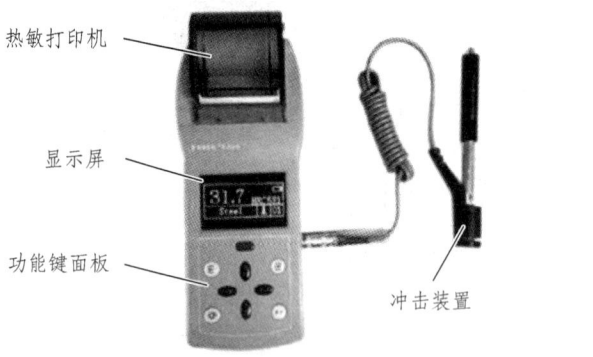

图 1-3-11　TIME5306 型里氏硬度计

里氏硬度计

(五) 手工自由锻操作台

手工自由锻是实操内容，利用手锤将加热后的材料在砧铁上进行锻打，使其发生塑性变形，其操作台及工具如图 1-3-12 所示。

图 1-3-12　手工自由锻操作台及工具

手工自由锻

【实训内容】

（1）学习热处理实训基础知识。
（2）学习热处理实训设备操作。
（3）学习箱式炉退火、正火和淬火工艺。
（4）45 圆钢感应加热后执行正火或淬火工艺。
（5）用洛氏硬度计分别测试正火和淬火状态的工件硬度（HRC），并进行比较。
（6）操作手工自由锻，体验趁热打铁的过程。
（7）TIME5306 型里氏硬度计讲解与演示。
（8）观察及拓展学习 15 kW 中温箱式电阻炉结构特点。

【安全操作规程及注意事项】

热处理是高温操作，操作现场特别要注意烫伤！
（1）实训中不要随意打开控制柜柜门，不要触摸里面的电线及电气元件，以免触电。
（2）要依次操作，给操作者一个独立的操作空间。
（3）箱式电阻炉加热过程中未经允许不要随意打开炉门；开启炉门时炉门内侧要朝向里面，禁止朝向外面，防止烫伤。
（4）工件出炉冷却前，应先检查冷却时行走的通道上是否有杂物，如有，必须清理干净。操作时学生不能站在冷却行走通道上。
（5）用钳子夹取工件冷却时要夹牢，并提醒其他同学注意烫伤。
（6）抓取热处理后的工件时要戴手套，防止余热烫伤。
（7）操作硬度计前应检查加载手柄的位置，禁止在加载状态下操作硬度计。
（8）操作硬度计时不能戴手套。
（9）手工锻时应先轻敲掉工件表面的氧化皮，然后再进行正常的锻打。

【预习要求及思考题】

一、课前预习要求

（1）预习本工种的全部内容。
（2）了解钢材基本知识以及钢材编号方法。
（3）了解热处理的目的及热处理常见基本工艺。
（4）了解热处理硬度测试。
（5）了解手工自由锻的基本知识。

二、课后思考题

（1）解释为什么要"趁热打铁"。
（2）分析适合弹簧的硬度区间。

实训四　机械测量技术

【实训目的】

（1）了解机械测量技术的基本知识和常用测量仪器的使用方法。
（2）了解三坐标测量仪的基本原理和使用方法。
（3）掌握游标卡尺、外径千分尺、内径百分表的使用方法、操作规范和相关标准。
（4）掌握简单零件的测绘方法。

【实训设备及工具】

序号	名称	型号规格	备注
1	游标卡尺	0～150 mm	常规尺寸测量
2	外径千分尺	0～50 mm	外尺寸精确测量
3	内径百分表	20～50 mm	内尺寸精确测量
4	三坐标测量仪	海克斯康	接触式测量

【实训基础知识】

机械测量技术是利用各种不同精密度的量具和仪器，检验各种不同工件的几何外形或几何公差，它是评判零件是否合格的重要技术手段，也是工科基础内容。通过常规量具和现代测量仪器的学习，掌握机械测量的基本规范和原则，能独立完成简单的测绘任务。

一、机械测量的基本概念

（1）机械测量：利用不同精密度的量具和仪器，检验不同工件的几何外形或几何公差的程序，以确定量值为目的的一组操作。任何一个测量过程必须有被测对象和所采用的计量单位。

（2）长度单位：米（m）、分米（dm）、厘米（cm）、毫米（mm）、微米（μm）、纳米（nm）、皮米（pm）。

（3）测量误差：测量结果和被测量的真值的差值。

（4）表面粗糙度：指加工表面具有的较小间距和微小峰谷的不平度，其两波峰或两波谷之间的距离很小，它属于微观几何形状误差，表面粗糙度越小，则表面越光滑。表面粗糙度与表面特征和加工方法的对比见表1-4-1。

表 1-4-1　表面粗糙度

表面特征	表面粗糙度（Ra）数值/μm	加工方法
微见刀痕	12.5、6.3、3.2	精车、精刨、精铣、粗铰、粗磨
看不见加工痕迹，微辨加工方向	1.6、0.8	精车、精磨、精铰、研磨

二、量具的选择原则

(一) 被测对象的外形

根据被测工件要测量的项目，如外长度尺寸、内长度尺寸、角度、锥度、圆弧等选择量具。

(二) 被测对象的批量

根据被测工件的批量选择量具。批量很小甚至只有一两件时应选用通用量具；批量较大时，应考虑使用专用量具，或高效机械化、自动化的专用量具。

(三) 被测对象的特点

根据被测部位、材料、质量、刚性和表面粗糙度等选择量具，较软材料不能选用测量力较大的量具，粗糙表面不能选用测量面精度等级较高的量具。

【实训内容】

一、游标卡尺

游标卡尺的结构如图 1-4-1 所示。

游标卡尺的使用

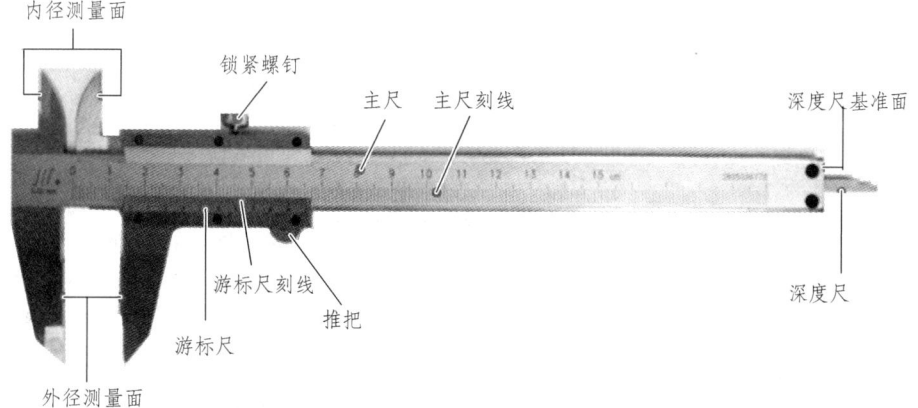

图 1-4-1　游标卡尺的结构

(一) 使用方法

通过往复移动游标尺，从主尺与游标尺刻度读取测量面之间的距离（可测外部尺寸、内部尺寸、深度尺寸、台阶尺寸）。

（1）使用前，检查卡尺是否清洁，测定面和刻度之间滑动是否顺畅。

（2）对齐尺身和游标零位，间隙应小于 0.006 mm。

（3）主尺和游标间配合紧密但卡尺仍能顺利滑动，各测定面完好无损。

(二) 游标卡尺读数示例(见图 1-4-2)

（1）主尺读数：17 mm（读到游标尺零刻线的位置）。

（2）游标尺读数：0.4 + 1 × 0.02 = 0.42（mm）（游标尺与主尺某刻线对齐的位置）。

（3）最终读数：17 + 0.42 = 17.42（mm）。

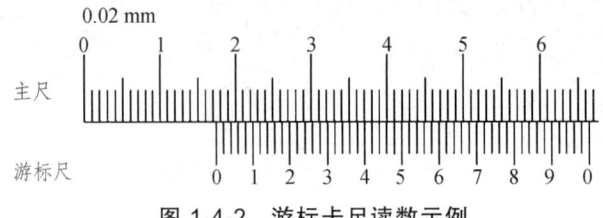

图 1-4-2　游标卡尺读数示例

游标卡尺的读数

二、外径千分尺

外径千分尺的结构如图 1-4-3 所示。

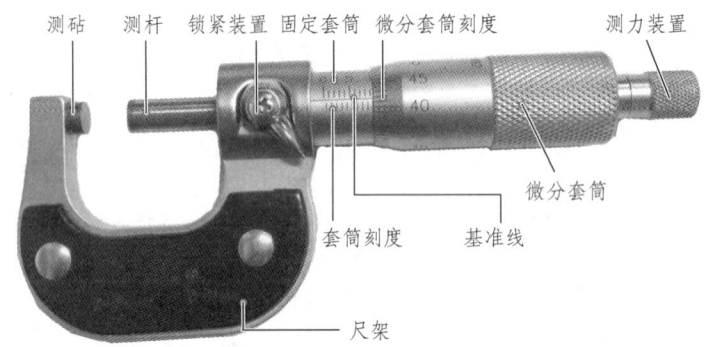

图 1-4-3　外径千分尺的结构

外径千分尺的读数

(一) 使用方法

（1）测量前，要擦干净千分尺的测量面和工件的被测表面，避免产生误差。

（2）测量时，当两个测量面将要接触被测表面时，就不要旋转微分筒，只旋转测力装置的转帽，等棘轮发出"咔咔"响声后，再进行读数。

（3）调节距离较大时，应该旋转微分筒，而不应该旋转测力装置的转帽，只有当测量面快接触到被测表面时才用测力装置，这样既节约调节时间，又防止棘轮过早磨损。

（4）不允许猛力转动测力装置，否则测量面靠惯性冲向被测件，测力急剧增大，测量结果不会准确，而且测微螺杆也容易被咬住而损伤。

（5）退尺时，应旋转微分筒，不要旋转测力装置，以防拧松测力装置，影响零位。

(二) 外径千分尺读数示例(见图 1-4-4)

（1）通过螺旋传动，将被测尺寸转换为丝杠的轴向位移和微分套筒的圆周位移，从固定套筒刻度和微分套筒刻度上读取测量头和测杆测量面间的距离。

（2）固定套筒最小刻度间隔：1 格 = 0.5 mm。

（3）微分套筒最小刻度间隔：1 格 = 0.01 mm。

（4）微分套筒旋转一周，测杆轴向位移为 0.5 mm，即固定套筒刻度 1 格。

最终读数：6 + 0.500 = 6.500（mm）。

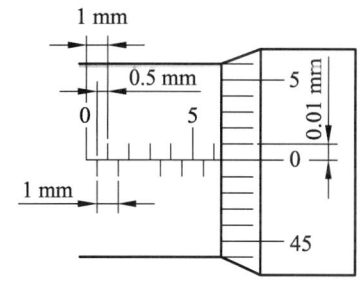

图 1-4-4　外径千分尺读数示例

(三) 使用注意事项

1．测量前

（1）擦干净两个测砧面，转动测力装置，使两测砧面接触，接触面上应没有间隙和漏光现象，保证微分套筒和固定套筒对准零位。

（2）转动测力装置时，微分筒应能自由灵活地沿着固定套筒活动，无任何卡滞和不灵活的现象。

（3）擦干净零件被测量表面，以免影响测量精度。

2．测量时

（1）用千分尺测量零件时，应当手握测力装置的转帽来转动测微螺杆，使测砧表面保持标准的测量压力，当听到"咔咔"的声音，即可开始读数。要避免因测量压力不等而产生测量误差。

（2）绝对不允许用千分尺测量带有研磨剂和粗糙的零件表面，以免损伤量具测量面。

（3）绝对不允许用力旋转微分筒来增加测量压力，使测微螺杆过分压紧零件表面，这样会影响千分尺精度，造成质量事故。

三、内径百分表

内径百分表结构如图 1-4-5 所示。

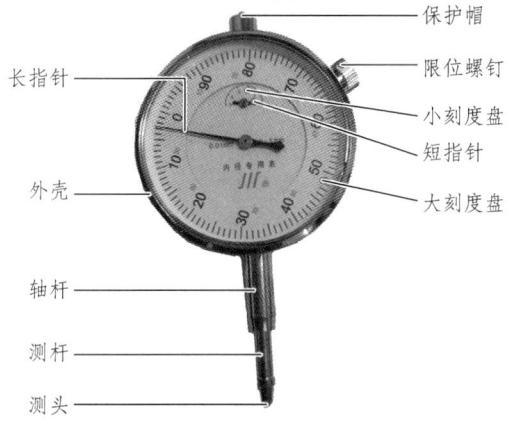

内径百分表的使用

图 1-4-5　内径百分表结构示意图

(一) 用　途

内径百分表用于测量圆柱形内孔尺寸和几何形状误差；使用要点：测量方法为比较测量法，必须与内径块或外径千分尺配合使用；各种规格的内径百分表均有配套的可换测头。

(二) 使用方法

1. 测量前校正零位（百分表调零）

（1）用游标卡尺测量孔径（如 19.82 mm），将测量结果圆整到所测内径尺寸相近的整数值，并保留小数点后 3 位（名义值，如 19.900 mm），将外径千分尺调至名义值并锁紧，作为校零的基准。

（2）用游标卡尺粗测活动测头与固定测头之间的间距，通过调整固定测头上垫片的位置，使其比名义尺寸大 0.3 mm，如 20.20 mm。

（3）一手握内径百分表，一手握千分尺，将测头放在千分尺内（活动测头先进，固定测头后进）进行左右摆动校准，百分表测杆尽量垂直于千分尺。调整百分表大表盘，并将表针置零，拧紧限位螺钉。

2. 测量孔径

（1）测量内孔的方法与使用环规调零方法一致。

（2）读数时，如果百分表正好指在零位，说明被测孔与名义孔径一致。

（3）若小于名义孔径，指针顺时针方向转动（从指针偏移量在刻度盘上读取测量值，将名义尺寸减去读数值所得结果即为测量值）；反之，逆时针方向转动，偏离值为两者之差，读数方法与百分表相同（将读取的数值加上名义孔径的尺寸即为测量值）。

四、三坐标测量仪

三坐标测量仪的结构如图 1-4-6 所示。

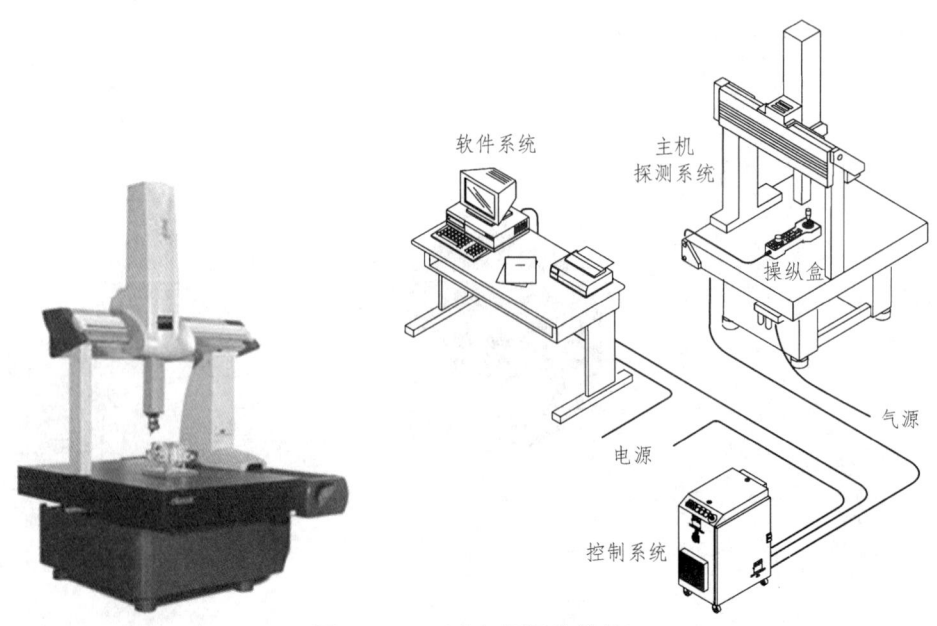

图 1-4-6　三坐标测量仪结构

(一) 三坐标测量仪的组成

三坐标测量仪的测量是基于空间点坐标的采集和计算。它由4部分组成：主机机械系统（X、Y、Z三轴或其他）、测头系统、电气控制硬件系统、数据处理软件系统（测量软件）。

(二) 三坐标测量仪应用

三坐标测量仪可以对工件进行形位公差的检验和测量，判断该工件的误差是不是在公差范围之内。

逆向工程设计，对一个物体的空间几何形状以及三维数据进行采集和测绘，提供点数据。再用软件进行三维模型构建的过程。

三坐标测量

(三) 三坐标检测产品的工作流程

（1）认真理解图纸，了解加工工艺。
（2）了解加工基准、设计基准、测量基准，明确各基准之间的关系。
（3）了解被测要素的类别，设计测量方案。
（4）测量方案实施（使用者、用哪台设备、怎样装夹、环境要求、方法、注意点）。
（5）测量结果处理，对有异议的结果需再次测量评定，出检测报告。
（6）清理工作台面。

五、简单零件测绘

(一) 零件测绘的一般步骤

（1）绘制零件草图。
（2）测量零件尺寸，并将其标注在零件草图上。
（3）尺寸圆整与技术要求的注写。
（4）绘制工程图，标注尺寸和粗糙度等数据。

(二) 零件测量的基本要点

（1）严谨、细致地测量每一组数据。
（2）正确使用量具，确保所测结果的准确性。

(三) 工程图的基本要点

（1）对图纸的总体要求：投影正确，视图选择与配置恰当，图面洁净，字体工整，尺寸齐全，清晰，合理，表面粗糙度与公差配合选用恰当，标注正确，标题栏符合要求。
（2）视图关系正确，三个视图布局合理，区分粗细线型、中心线、虚线。
（3）对台阶孔进行局部剖视，准确表达出过渡斜面、剖面、边界线，并标注大孔的深度。
（4）正确测量上表面粗糙度。
（5）长度尺寸、台阶孔直径用游标卡尺测量，左右通孔直径用内径百分表测量，轴径用外径千分尺测量。

（6）1:1绘图，工程图线长精确到毫米，尺寸标注符合标准，测量结果与所用量具相互对应。

简单零件的测绘示例如图1-4-7所示。

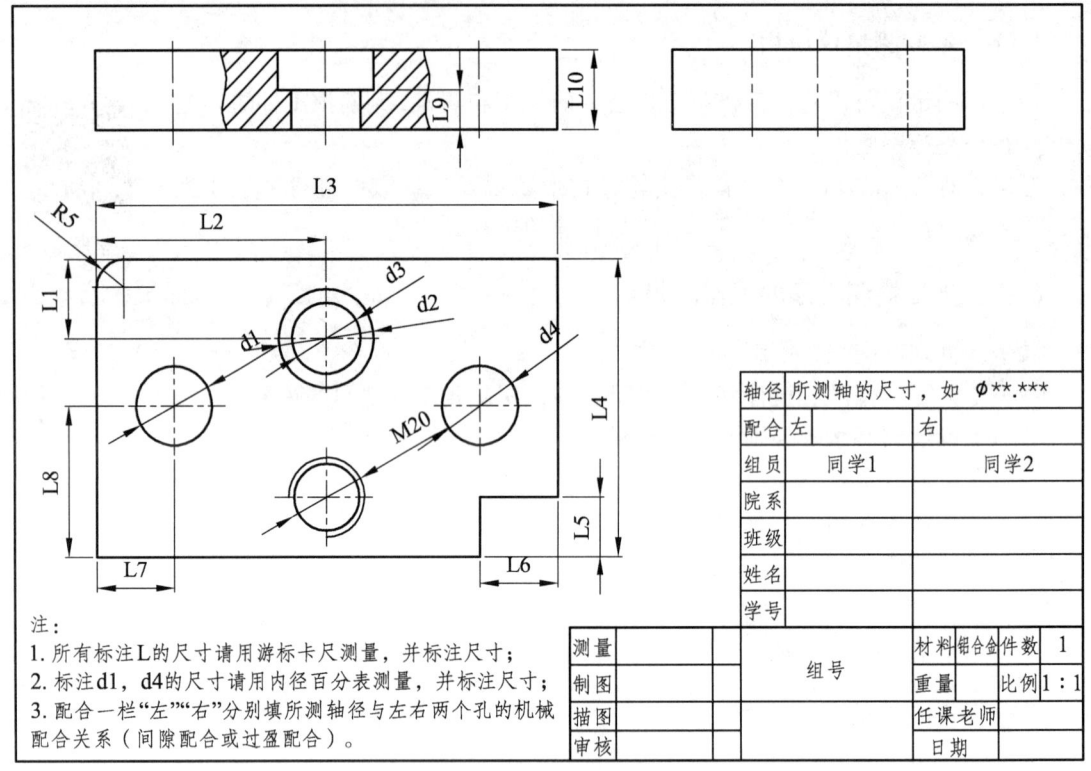

图1-4-7　简单零件测绘图形

【安全操作规程及注意事项】

（1）标准块轻拿轻放，避免掉落伤人。

（2）量具使用结束后放回专用的盒子内保存。

（3）三坐标测量仪的导轨面和测量台面不允许有异物，不允许用手触摸。

【预习要求及思考题】

一、课前预习要求

预习本工种的全部内容。

二、思考题

比较中西方机械测量的发展历史，分析我国的优势、劣势和未来的发展方向。

实训五　车削加工

【实训目的】

（1）了解普通车床的种类、型号、工作原理、基本构造及安全操作规程。
（2）了解常用车刀的种类、结构及其装夹和使用方法。
（3）熟悉车削常用工夹量具的用途和使用方法。
（4）熟悉基本车削加工工艺和加工过程。

【实训设备及工具】

序号	名　称	规格型号	备　注
1	普通卧式车床	C6132 或 C616（ϕ320×750）	由床身、变速箱、主轴箱、进给箱、光杠和丝杠、溜板箱、刀架、尾座等组成
2	三爪卡盘		可自动定心，适于快速夹持截面为圆形、正三边形、正六边形的工件
3	游标卡尺	0～150 mm	测量工件尺寸
4	45°外圆车刀	四方刀片	主要用于车外圆、端面和倒角等
	90°外圆车刀	三角刀片	主要用于车外圆、端面和台阶等
	切断刀	3 mm 或 4 mm	主要用于切槽或切断

【实训基础知识】

一、概　述

车削加工是在车床上利用工件的旋转运动和刀具的移动来完成对工件的切削加工。车削时，工件的旋转为主运动，刀具的移动为进给运动。车床上能加工各种回转体表面和部分端平面，其主要加工范围如图 1-5-1 所示。车削加工精度一般为 IT11～IT6，表面粗糙度 Ra12.5～0.8。

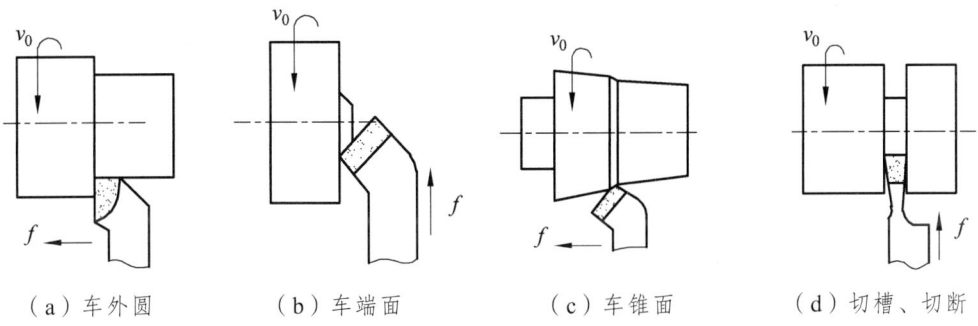

（a）车外圆　　（b）车端面　　（c）车锥面　　（d）切槽、切断

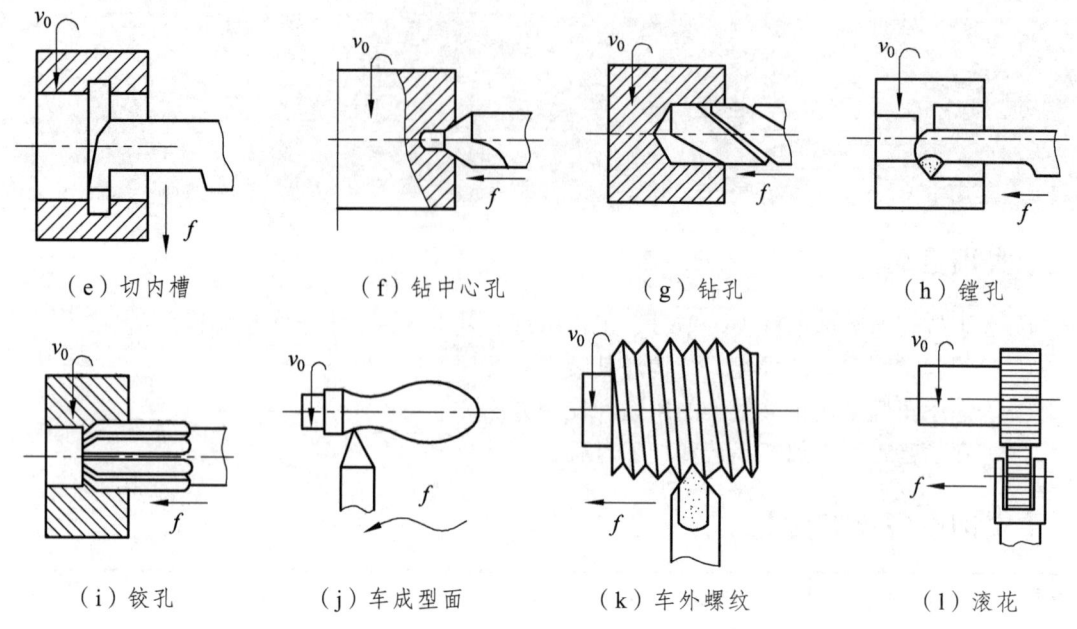

图 1-5-1　车削的主要加工范围

(一) 普通车床

车床的种类很多，主要有普通卧式车床、立式车床、转塔车床、自动及半自动车床、仪表车床、数控车床等，其中卧式车床应用最广。C6132 车床是最常用的普通卧式车床之一，其外形如图 1-5-2 所示，主要由以下几部分组成：

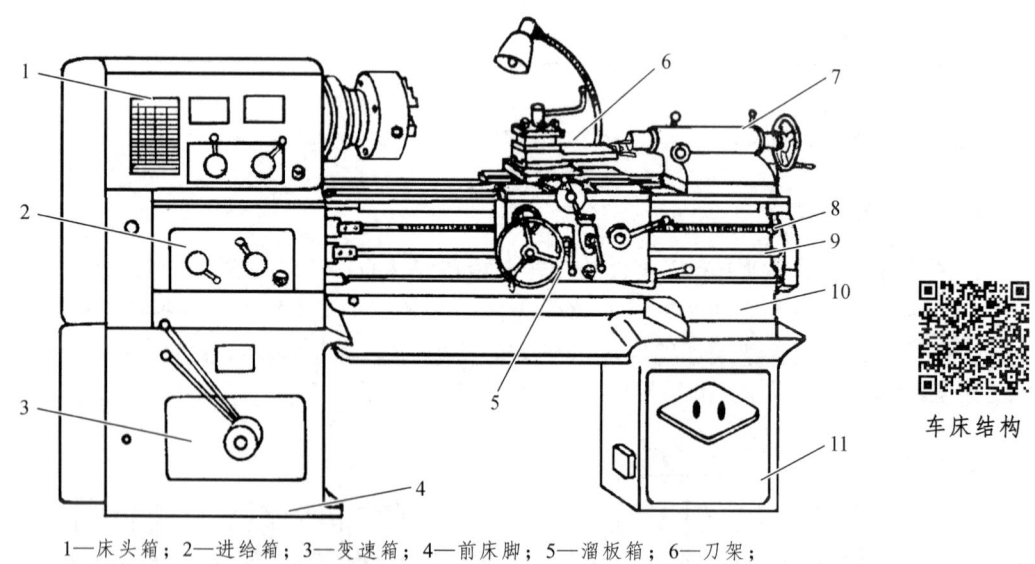

1—床头箱；2—进给箱；3—变速箱；4—前床脚；5—溜板箱；6—刀架；
7—尾架；8—丝杠；9—光杠；10—床身；11—后床腿。

图 1-5-2　C6132 车床结构

（1）床身。用来支承和连接各主要部件，并保证车床各部件间有正确的相对位置。床身上的内外两组导轨用来引导大拖板和尾架在移动时的导向定位。

（2）变速箱。电机通过变速箱内的齿轮变速机构可传出 6 种不同的转速，并传递至主轴箱。

（3）主轴箱。又称床头箱，内装空心主轴（方便装夹长棒料）及主轴变速机构。主轴前端安装卡盘。变速机构使主轴获得不同转速。主轴通过传动齿轮带动挂轮旋转，将运动传给进给箱。

（4）进给箱。内装进给运动的变速机构，使光杠或丝杠获得不同的转速，从而取得不同的进给量或螺纹导程。

（5）光杠和丝杠。将进给箱的运动传给溜板箱。自动进给时用光杠，车削螺纹时用丝杠。

（6）溜板箱。与大拖板连在一起，通过齿轮齿条机构或丝杠螺母机构，将光杠或丝杠的旋转运动变成刀具的纵、横向移动。

（7）刀架。由大刀架（大拖板）、横刀架（中托板）、转盘、小刀架（小托板）和方刀架组成。大刀架带动车刀沿床身导轨作纵向移动；横刀架带动车刀沿大刀架上的导轨做横向移动；转盘用螺钉固定在横刀架上，松开螺母，可使转盘在水平面内扳转任意角度；小刀架可沿转盘上的导轨做短距离移动；方刀架用于装夹车刀。

（8）尾架。安装在床身导轨上，可沿导轨纵向移动并固定在所需位置。用于配合主轴箱支撑工件或工具，由尾座体、底座、套筒等组成。在尾座套筒的锥孔里可装上顶尖，用来支顶较长的工件，装上钻头类的孔加工工具可进行各种孔的加工。

(二) 车床附件及工件装夹

车床常用附件有三爪卡盘、四爪卡盘、顶尖、中心架、跟刀架、花盘、弯板和心轴等。

1. 三爪卡盘

三爪卡盘是车床的常用夹具，它的结构如图 1-5-3 所示。当卡盘扳手插入三个小锥齿轮中的任一方孔中转动时，均能带动大锥齿轮旋转。大锥齿轮通过背面的平面螺纹带动与之啮合的三个卡爪同时做向心（夹紧）或离心（放松）移动，从而夹紧或松开工件。三个卡爪若换成反爪，可用来装夹直径较大的工件。

（a）三爪卡盘的外形

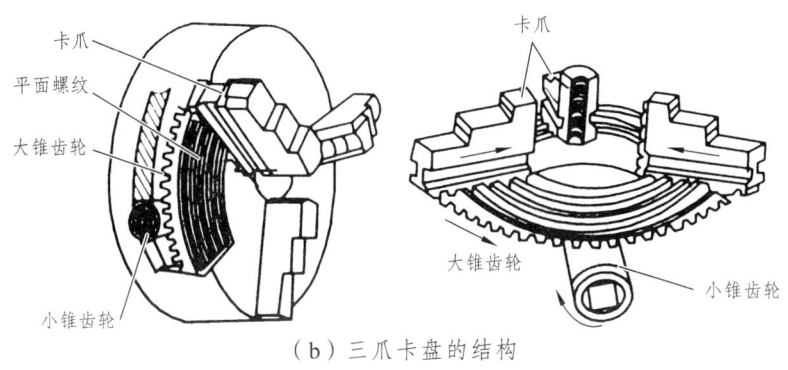

（b）三爪卡盘的结构

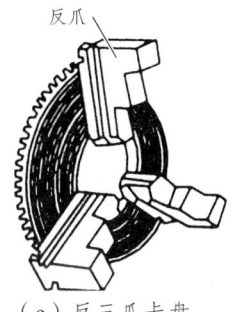

（c）反三爪卡盘

图 1-5-3　三爪卡盘

使用三爪卡盘装夹工件的方法如下：

（1）将毛坯在 3 个卡爪间放正，轻轻夹紧，用手转动卡盘，检查并调整工件中心使之与主轴中心重合，再用力夹紧工件，并随即取下卡盘扳手，以免开车时飞出伤人。

三爪卡盘使用方法

（2）使主轴低速回转，检查工件有无偏摆，若出现偏摆则立即停车，用小锤轻敲找正，然后再夹紧工件。

（3）在车削行程内，用手移动刀架和转动卡盘，检查刀架与卡盘或工件是否有干涉。

三爪卡盘能自动定心，装夹工件方便，定心精度 0.05~0.15 mm，适用装夹截面积为圆形、正三边形或正六边形的工件。但是，三爪卡盘不能获得高的定心精度，夹持力较小。

2. 四爪卡盘

四爪卡盘（见图 1-5-4）的每一个卡爪后面均有一个丝杆螺母机构，可独立做向心或离心移动。因此，它不但可以装夹圆形工件，还可装夹各种矩形、椭圆形和其他不规则工件。把四个卡爪调头安装到卡盘体上，则起到"反爪"的作用，可装夹直径较大的工件。四爪卡盘装夹工件时常用划针盘或百分表找正。

图 1-5-4　四爪卡盘

3. 其他附件

（1）顶尖，有固定顶尖（死顶尖）和活动顶尖（活顶尖）两种。车削较长的或细长轴类零件时常采用双顶尖方式装夹工件。

（2）中心架，用于切削细长轴时为了防止轴因切削力而发生弯曲变形，或又重又长的轴需车削端面或在端面钻孔、镗孔时支撑工件。使用时紧固在床身导轨上。

车床常用附件

（3）跟刀架，用于车削刚度差的细长光轴。使用时紧固在大刀架上，随大刀架一起移动。

（4）心轴，对于盘套类零件，当外圆、孔、端面之间的位置精度要求较高又无法在一次装夹中全部加工完成时，可利用精加工过的孔把工件装在心轴上加工。

（5）花盘及弯板，主要用于加工大而扁或形状不规则的零件。

(三) 车刀及其安装

1. 车刀的种类

车刀的种类很多，按刀头材质可分为高速钢与硬质合金车刀。

按结构形式可分为：

（1）整体式：刀头和刀体用相同材料做成整体，材料通常为高速钢。

（2）焊接式：将硬质合金刀片焊接在碳钢刀体上。

（3）机夹式：将刀片用机械夹固的方法紧固在刀体上，包括机夹重磨式和机夹可转位式。

按用途可分为外圆车刀、端面车刀、内孔车刀、切断刀、切槽刀、螺纹刀、滚花刀、成型车刀等。钻头和铰刀也是车床上的常用刀具。

2. 车刀的组成

车刀由刀头和刀杆组成。刀头是车刀的切削部分，刀杆用来将车刀固定在方刀架上。车刀的切削部分由三面两刃一尖构成，如图1-5-5所示。

（1）前刀面：刀具上切屑流出时所经过的表面。

（2）主后刀面：刀具上与工件切削表面相对的表面。

（3）副后刀面：刀具上与工件已加工表面相对的表面。

（4）主切削刃：前刀面与主后刀面的交线，它担负着主要的切削任务。

（5）副切削刃：前刀面和副后刀面的交线，它担负着少量切削任务，但不很明显。

（6）刀尖：主切削刃与副切削刃的交点，实际使用中常磨成一段过渡圆弧或直线。

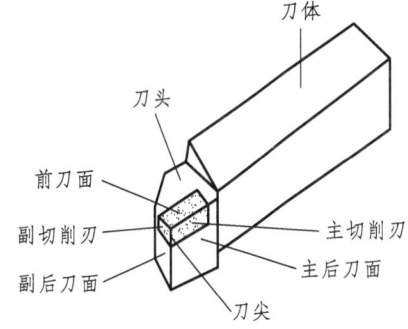

图1-5-5 车刀切削部分组成

3. 车刀的安装

车刀必须通过刀架扳手正确牢固地安装在刀架上，安装时应注意以下几点：

（1）车刀不宜伸出太长，否则切削时容易产生振动，影响工件加工精度和表面粗糙度。伸出长度一般不超过刀杆厚度的2倍。

（2）刀杆下的垫片应平整稳定，并尽量用厚垫片，以减少垫片数目。

（3）车刀刀尖应与车床的主轴轴线等高，否则加工端面时中心会留下凸台，可根据尾架顶尖高度来调整。

（4）车刀刀杆应与主轴的轴线垂直，否则主偏角和副偏角将发生变化。

（5）车刀至少要用两个螺钉压紧在刀架上，并交替逐个拧紧。

（6）安装好车刀后，一定要用手动的方式对工件极限位置进行检查。

二、基本车削加工方法

为了提高生产效率和加工质量，常把车削过程分为粗车和精车，或者粗车、半精车和精车（精度要求高的工件），或者粗车和半精车（需磨削的工件）。

粗车的目的是要尽快切去大部分加工余量，并作为精加工的预加工。粗车一般首先选择较大的切削深度，其次选择较大的进给量，最后选择中等或偏低的切削速度。在粗车表面有硬皮的铸件或锻件时，第1次吃刀深度应尽可能大于硬皮厚度，使刀尖避开硬皮层。

精车的目的是要保证零件的精度和表面粗糙度，加工余量一般为0.5~1 mm。切削时一般选择较小的切削深度和进给量、较高或较低的切削速度（速度与工件和刀具的材料有关）。

由于刻度盘和丝杠都有间隙误差，对于精度要求高的工件，单单依靠刻度盘确定切深是不能满足精度要求的，为了防止进错刻度造成废品，一般要采用试切法。

(一) 车外圆及台阶

车外圆是车削中最基本的加工方法。常见的方法有以下几种（见图1-5-6）：

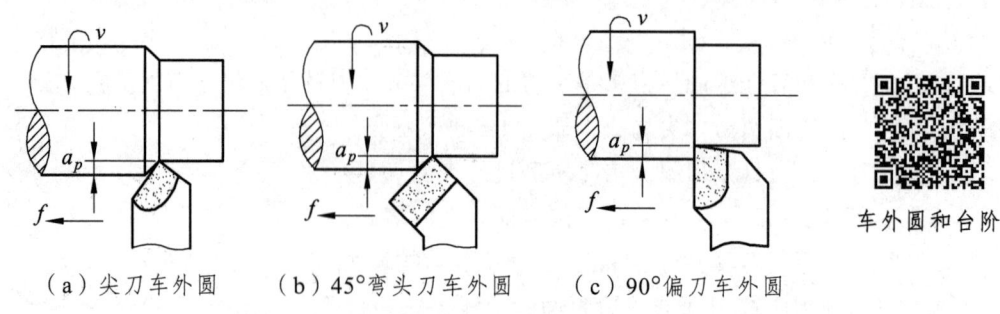

（a）尖刀车外圆　　（b）45°弯头刀车外圆　　（c）90°偏刀车外圆

图 1-5-6　车削外圆的主要形式

（1）尖刀车外圆。尖刀用于精车外圆和车无台阶或台阶不大的外圆，也可用于倒角。

（2）45°弯头刀车外圆。不仅能车外圆，还能车端面、倒角和45°斜面的外圆。

（3）90°偏刀车外圆。常用于粗、精车有直角台阶的外圆和车细长轴。

车台阶同车外圆相似，主要区别是控制台阶的长度及直角。车台阶实际上是车外圆和车端面的组合加工，一般采用偏刀车削。车高度在 5 mm 以下的台阶，可在车外圆时同时车出；高度大于 5 mm 的台阶，要分层车削，装刀时应使主偏角大于 90°。

(二) 车端面

端面是长度方向测量、定位或装配的基准，车削时一般先车出。车端面一般用右偏刀、弯头刀和左偏刀。

右偏刀车端面有两种进刀方法：由外缘向中心进刀，若切削深度较大时会使车刀扎入工件之中，从而出现凹面；由中心向外走刀就克服了这一缺点，因而适于精车，如图 1-5-7（a）所示。

左偏刀和弯头刀车端面如图 1-5-7（b）所示。弯头刀刀尖强度高，适于车削较大的端面。

车端面

车端面时，应注意使工件端面离卡盘近些，车刀刀尖对准工件的回转中心，以免崩刀（刀尖高于回转中心）或在车出的端面中心留下凸台（刀尖低于回转中心）。

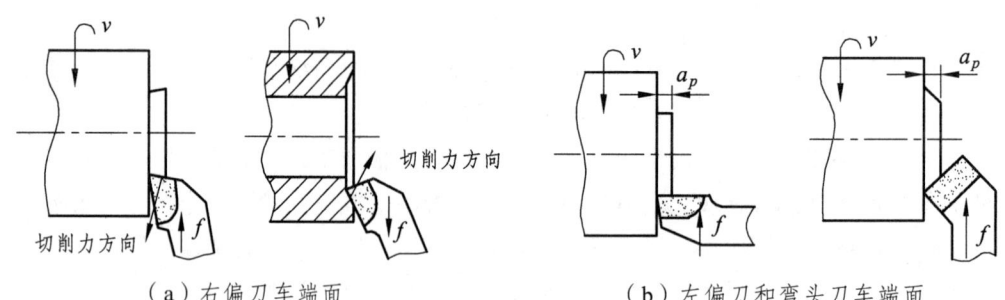

（a）右偏刀车端面　　　　　　（b）左偏刀和弯头刀车端面

图 1-5-7　车端面

(三) 切槽和切断

1. 切　槽

切槽按作用可分为退刀槽、端面槽和越程槽加工；按槽宽分为切窄槽和切宽槽两种。槽的形状有外槽、内槽和端面槽，如图 1-5-8 所示。

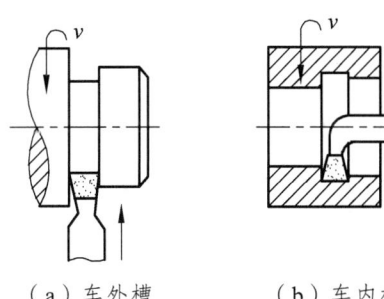 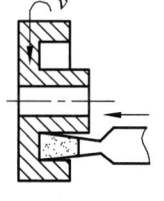 

（a）车外槽　　　　　（b）车内槽　　　　　（c）车端面槽

图 1-5-8　常用的切槽方法

车削精度不高和宽度小于 5 mm 的矩形沟槽，可以用刀宽等于槽宽的切槽刀，采用直进法一次车出。精度要求较高的，一般分两次车成。车削较宽的沟槽，可用多次直进法切削，并在槽的两侧留一定的精车余量，然后根据槽深、槽宽精车至尺寸。

2. 切　断

切断要用切断刀。切断刀的形状与切槽刀相似，安装时，刀具轴线应垂直于工件的轴线，刀头从刀架伸出的长度不宜过长。切断部分尽可能靠近卡盘，以免产生振动。刀尖必须与主轴中心等高，否则切断处将剩有凸台，且刀头容易损坏。

切断时，进给量要均匀，不可过大。尤其是在即将切断时进给速度要慢，以免刀头折断。切钢件时可加切削液散热。

(四) 车锥面

车锥面的方法有 4 种：小刀架转位法、尾架偏移法、宽刀法和靠模法。其中宽刀法和靠模法主要用于批量生产，分别适于加工短锥面和长锥面。

1. 小刀架转位法

将小刀架随转盘转过锥面锥角的一半，锁紧转盘，开动机床，利用小刀架手柄手动进给，从而加工出锥面，如图 1-5-9 所示。如果锥角不是整数，可在整数附近再估计一个值，试车后逐步找正。对于要求不高的圆锥一般用万能角度尺测量，要求较高的圆锥则需用圆锥量规测量。

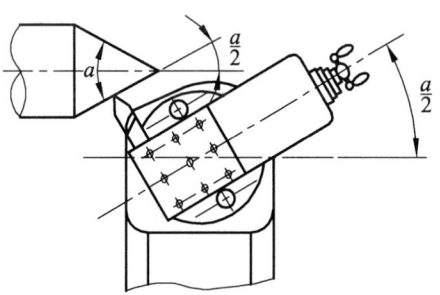

图 1-5-9　小刀架转位法车锥面

小刀架转位法车锥面操作简单，可以加工任意锥度的内外锥面，但加工锥面的长度受小刀架行程的制约，且不能自动进给。因此常用于单件小批量生产中加工较短、要求不太高的锥面。

2. 尾架偏移法

尾架偏移法适合于车削锥度不大于 16°且较长的外锥面。工件用双顶尖装夹，通过偏移尾架一个距离，使工件旋转轴线与车床主轴轴线的交角等于工件锥角的一半，车刀纵向进给就可车出所需圆锥面，如图 1-5-10 所示。尾座的偏向取决于工件大小头在两顶尖间的加工位置。当工件的小端靠近尾座处，尾座应向里移动；反之，尾座向外移动。

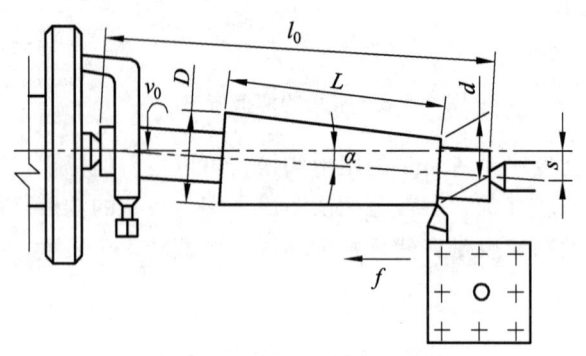

车锥面

图 1-5-10　尾架偏移法车锥面

尾座偏移法可自动走刀，可用于单件或批量生产。当锥角过大时，为了减少由于顶尖偏移带来的不利影响，常使用球头顶尖。

(五) 钻孔、扩孔、铰孔和镗孔

在车床上可以用中心钻、麻花钻、扩孔钻、铰刀、镗刀进行钻孔、扩孔、铰孔和镗孔。

1. 钻中心孔

需要用顶尖装夹的轴类零件，在车完端面后要钻中心孔。中心孔用钻夹头夹持中心钻（分 A 型、B 型）装入车床尾架套筒加工而成，如图 1-5-11 所示。前面的小孔是为了保证顶尖与锥面能紧密地接触，也可存留少量润滑油。B 型为双锥面，120°锥面又叫保护锥面，是防止 60°锥面被碰坏，也便于在有顶尖时加工轴的后端面。

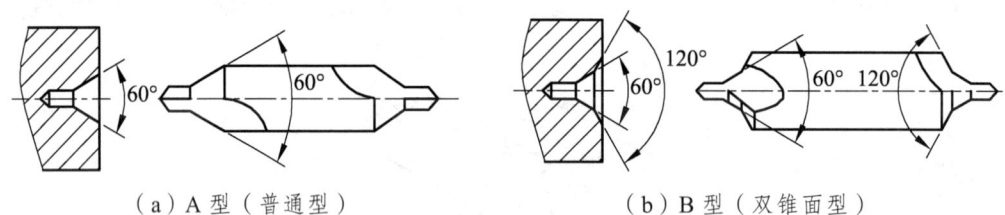

（a）A 型（普通型）　　　　　　　　（b）B 型（双锥面型）

图 1-5-11　中心孔和中心钻

中心孔的加工，可选用较高的速度，手动送进要慢而均匀，加工钢件可加润滑油，钻到尺寸后，要略作停顿加以修光。

2. 钻　孔

对于轴类零件端面的孔常用麻花钻头在车床上加工。工件旋转为主运动，钻头纵向移动为进给运动，这与钻床钻孔不同，如图 1-5-12 所示。

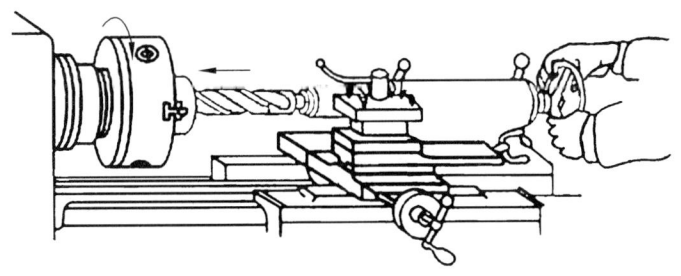

图 1-5-12　在车床上钻孔

钻孔前要先把工件端面车平，再将尾架固定在车床合适的位置，锥柄钻头直接装入尾架套筒内（钻头锥柄号数小可加过渡套筒），直柄钻头则用钻夹头夹持后，再将钻夹头装入尾架套筒。为防止钻头起钻时偏斜，可先用中心钻钻出中心孔作为导引，然后手摇尾架手柄带动钻头纵向移动钻孔。

钻孔时的进给速度不能太快，要经常退出钻头排屑冷却。钻钢件时要加切削液冷却，钻铸铁件时一般不加切削液。钻通孔时，在即将钻通时要减小进给量，以防折断钻头。孔被钻通后，先退钻头再停车。钻盲孔时，可以利用尾架刻度或做记号来控制孔的深度。

3. 扩孔和铰孔

扩孔的刀具是扩孔钻或麻花钻，是对已有孔进行扩大加工。铰孔的刀具是铰刀，加工余量小，多为精加工。将扩孔钻或机用铰刀安装在尾架上即可进行扩孔和铰孔。

4. 镗孔

镗孔（见图 1-5-13）是用镗孔刀对铸、锻或钻出的孔做一步加工，以扩大孔径，提高精度，降低表面粗糙度，或纠正原孔轴线偏斜等。车床上镗孔依然以轴类零件的端面上的孔为主，可以镗通孔、盲孔、台阶孔以及内环形槽。

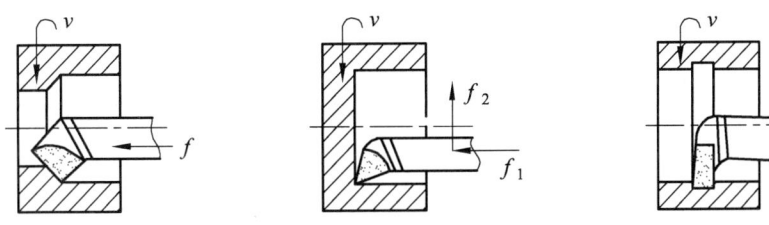

图 1-5-13　在车床上镗孔

(六) 车成型面

由一条曲线（母线）绕一固定轴线回转形成的表面叫成型面。其加工方法有手动法（双手控制法）、样板刀法（成形刀法）、靠模法和数控法。靠模法多用于批量生产中，数控法只需编制相应的加工程序，便可由数控车床自动完成加工。

(七) 车螺纹

螺纹有公制（米制）螺纹和英制螺纹之分；按牙型分有三角螺纹、梯形螺纹、方牙（矩形）螺纹、锯齿形螺纹和圆弧螺纹；按螺距分有粗牙和细牙螺纹；按旋向分有左旋和右旋螺纹；按头数分有单头和多头螺纹。其中单头、公制、右旋、三角螺纹应用最广。

决定螺纹的基本要素为牙形角（公制为60°，英制为55°）、螺距和螺纹中径。只有3个要素都符合要求，才是合格的螺纹。内、外螺纹均可在车床上加工。为了获得准确的螺距，必须用丝杠带动刀架进给，使工件每转一周，刀具移动的距离等于螺纹的导程。改变丝杠转速便可车出不同螺距的螺纹。螺纹一般用螺纹环规（外螺纹）或螺纹塞规（内螺纹）进行检查。

（八）滚　花

滚花是用滚花刀对光滑的工件表面进行挤压，使其产生塑性变形而形成凹凸不平却均匀一致的花纹。滚花刀根据纹理分为直纹和网纹两种；按滚轮数量分为单轮、双轮和六轮滚花刀。滚花时工件的径向挤压力很大，应尽量使工件滚花部分靠近卡盘，同时转速要低，并充分冷却润滑，以免研坏滚花刀，防止细屑滞塞在滚花刀内而产生乱纹。

【实训内容】

一、基本知识的讲解

（1）介绍车床的结构、工作原理和应用。
（2）介绍常用车刀的种类、用途和装夹方法。
（3）介绍车削工件的装夹方法。
（4）介绍车床的安全操作规程和保养。
（5）介绍卧式车床的基本操作方法以及外圆、端面、台阶的车削加工方法。

二、实践操作

（1）加工一个典型零件，熟悉外圆、端面、台阶的车削加工方法。
（2）* 个性化设计及制作：按给定材料，自行设计加工制作一个小作品或小型机电产品零件。

【安全操作规程及注意事项】

（1）两人共用一台车床时，只能一人操作并注意他人安全。
（2）卡盘扳手使用完毕后，必须及时取下，否则不能启动车床。
（3）开车前，检查各手柄的位置是否到位，确认正常后才准许开车。
（4）开车后，人不能靠近正在旋转的工件更不能用手触摸工件的表面，也不能用量具测量工件的尺寸，以防发生人身安全事故。
（5）严禁开车时变换车床主轴转速，以防损坏车床发生设备安全事故。
（6）车削时，方刀架应调整到合适位置，以防小拖板左端碰撞卡盘爪而发生人身、设备安全事故。

（7）机动纵向或横向进给时，严禁大拖板及中拖板超过极限位置，以防拖板脱落或碰撞卡盘而发生人身、设备安全事故。

（8）发生事故时，要立即关闭车床电源。

【预习要求及思考题】

一、课前预习要求

（1）预习本工种的全部内容。
（2）了解 C6132 卧式车床的结构和加工原理。
（3）了解车床的主要附件及其作用。
（4）了解车削的加工范围和刀具。
（5）了解车削加工中工件的装夹方法及选用原则。
（6）了解基本的车削加工方法。

二、思考题

（1）什么是车削运动？车床的主运动和进给运动是什么？
（2）光杠和丝杠的作用是什么？
（3）车刀切削部分由哪几部分组成？
（4）粗车和精车时切削用量的选择有何不同？
（5）* 普通螺纹的参数有哪些？
（6）* 如何在车床上车削螺纹、滚花和镗孔？
（7）* 立式车床的结构如何？与卧式车床有何区别？

实训六 铣削加工

【实训目的】

（1）了解普通铣床的种类、型号、工作原理、基本构造及安全操作规程。
（2）了解常用铣刀的种类、结构及其装夹和使用方法。
（3）熟悉铣削常用工夹量具的用途和使用方法。
（4）熟悉基本铣削加工工艺和加工过程。

【实训设备及工具】

序号	设备名称	设备型号	备注
1	立式铣床	X5025B	由床身、主轴、纵向工作台、横向工作台和升降台等组成
2	卧式铣床	XQ6125B	由床身、横梁、主轴、纵向工作台、转台、横向工作台和升降台等组成
3	平口钳	160 mm	有固定式和回转式两种，一般用于装夹中小型工件
4	压板、螺栓	无	用于将工件压装在工作台上
5	分度头	FH125、FH100A	是一种可在水平、垂直和倾斜位置进行分度的机构，可铣削各种齿轮、多边形、花键、螺旋槽等
6	游标卡尺	0~150 mm	测量工件尺寸
7	立铣刀	$\phi16$	常用于加工沟槽、小平面和台阶面
8	键槽铣刀	$\phi10$	多用于加工轴上的封闭式键槽
9	齿轮铣刀	模数 3/齿数 26/3 号刀	一种成型铣刀，用于铣削齿轮

【实训基础知识】

一、概　述

铣削加工是在铣床上用铣刀对工件进行的切削加工。主运动为刀具的回转运动，工件的纵、横向移动和升降运动为进给运动。铣削的加工范围很广，可加工平面、斜面、台阶、各种沟槽、成形面和齿轮等，也可用来切断工件，还可钻孔和镗孔，如图 1-6-1 所示。铣削加工精度一般可达 IT9~IT8，表面粗糙度 Ra 可达 6.3~1.6 μm。

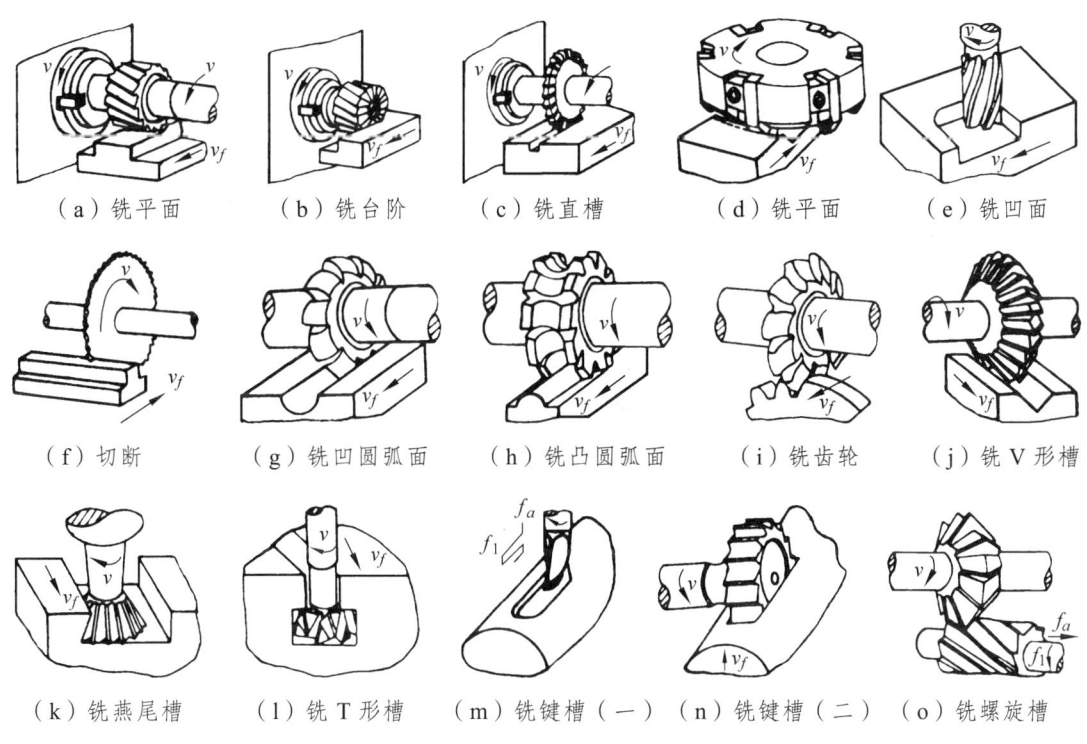

(a) 铣平面　(b) 铣台阶　(c) 铣直槽　(d) 铣平面　(e) 铣凹面

(f) 切断　(g) 铣凹圆弧面　(h) 铣凸圆弧面　(i) 铣齿轮　(j) 铣V形槽

(k) 铣燕尾槽　(l) 铣T形槽　(m) 铣键槽（一）　(n) 铣键槽（二）　(o) 铣螺旋槽

图 1-6-1　铣削加工范围

(一) 铣床的种类和结构

铣床的种类很多，最常用的是卧式铣床（见图 1-6-2）和立式铣床（见图 1-6-3），它们的主要区别是主轴的空间位置不同。

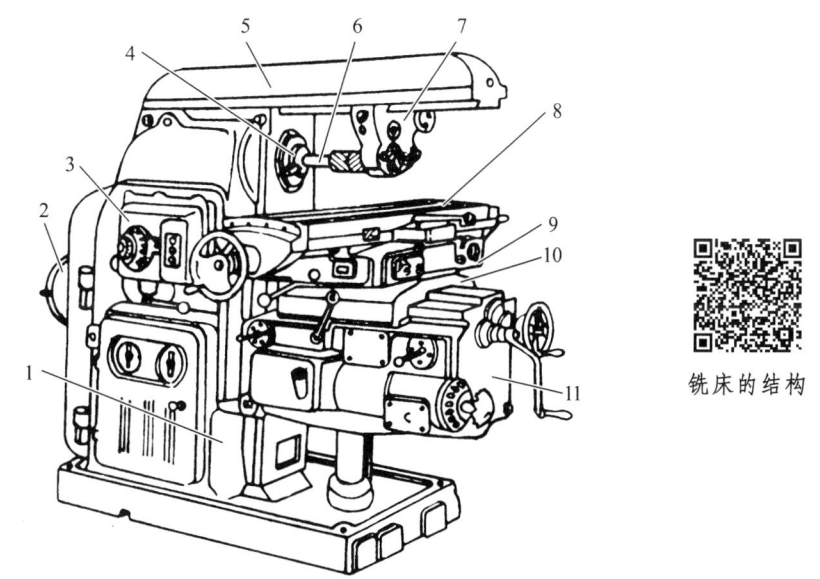

1—床身；2—电动机；3—主轴变速机构；4—主轴；5—横梁；6—刀杆；
7—吊架；8—纵向工作台；9—转台；10—横向工作台；11—升降台。

图 1-6-2　卧式铣床

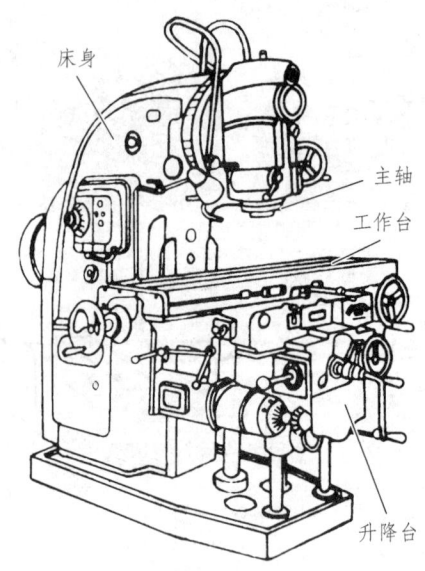

图 1-6-3 立式铣床

立式铣床的主轴根据加工需要可以偏转一定的角度，从而扩大了其加工范围，其组成如下：

（1）床身，用来支撑和固定铣床的各部件。

（2）主轴，为空心轴，前端为锥孔，用来安装铣刀并带动铣刀旋转。

（3）工作台，由上、下两层组成。上层为纵向工作台，可沿导轨做纵向移动，带动工件作纵向进给。下层为横向工作台，可沿升降台导轨做横向移动，带动工件作横向进给。

（4）升降台，位于工作台下面，可带动整个工作台沿床身垂直导轨上下移动，以调整工作台面到铣刀的距离，并做垂直进给。

(二) 铣床附件及工件装夹

铣床常用附件有平口钳、回转工作台、分度头和万能铣头等（见图 1-6-4）。平口钳有固定式和回转式两种，一般用于装夹中小型工件。回转工作台可以带动安装在其上的工件旋转，也可对较大工件进行分度，还可以加工圆弧形周边、圆弧槽、多边形以及有分度的槽或孔等。万能铣头是卧式铣床附件，利用它可以在卧式铣床上进行立铣工作，其主轴在空间可旋转任意角度和方向。分度头是一种可在水平、垂直和倾斜位置进行分度的机构，可用于铣削各种齿轮、多边形、花键、螺旋槽等，其装夹工件的方法如图 1-6-5 所示。

铣床常用附件

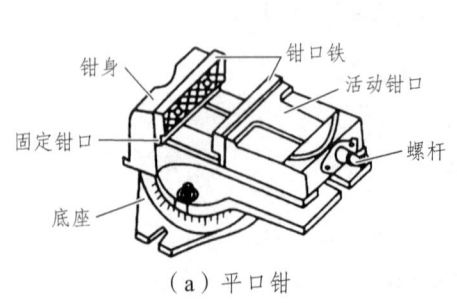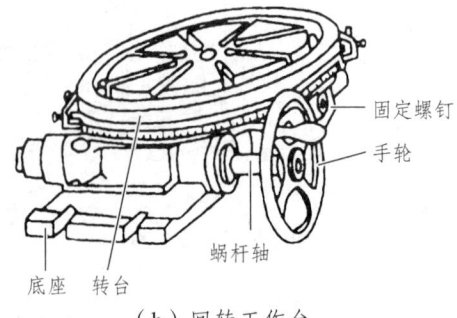

（a）平口钳　　　　　　　（b）回转工作台

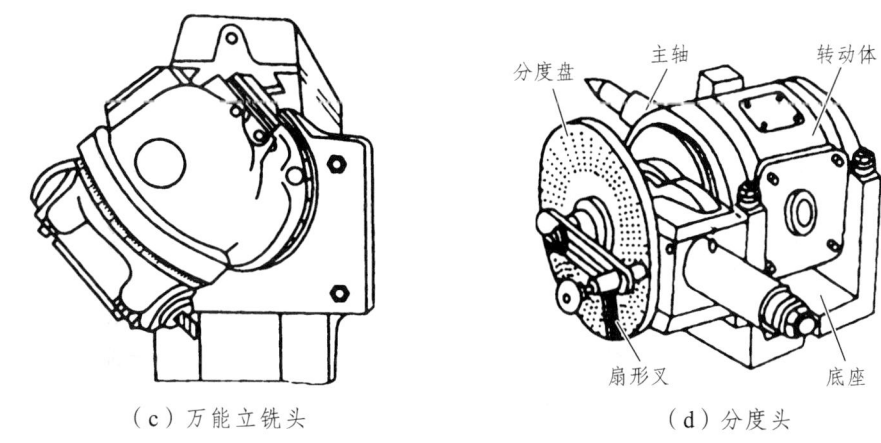

(c)万能立铣头　　　　　　　　　(d)分度头

图 1-6-4　铣床常用附件

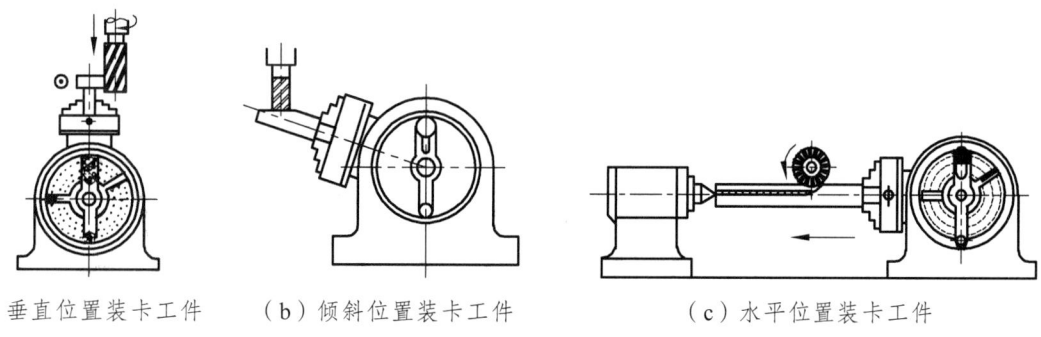

(a)垂直位置装卡工件　　(b)倾斜位置装卡工件　　(c)水平位置装卡工件

图 1-6-5　用分度头安装工件

另外,铣削时还可以用压板螺栓直接将工件压装在工作台上。大批量生产时,可采用专用夹具或组合夹具装夹工件。

1. 分度头的结构

分度头主要由底座、转动体、主轴、分度盘和扇形夹等组成。在铣床上使用时,其底座用螺钉紧固在工作台上,并利用导向键与工作台上的一条T形槽配合,使分度头主轴方向与工作台纵向平行。分度头主轴前端可安装三爪卡盘或顶尖,用来装夹或支承工件。转动体可使主轴在垂直平面内转动一定的角度。分度头转动的位置和角度由侧面的分度盘控制。

2. 分度方法

用分度头分度的方法有直接分度法、简单分度法、角度分度法和差动分度法等,下面介绍最常用的简单分度法。

分度头的主轴上固定有齿数为40的蜗轮,它与单头蜗杆配合。工作时,拔出定位销,转动手柄,通过一对传动比为1∶1的齿轮传动,带动蜗杆和蜗轮(主轴)转动进行分度。手柄每转一周,主轴转过1/40周,如果要将工件分成z等分,每一等分主轴需转$1/z$周,分度手柄需转过的圈数 $n = 40/z$。

分度手柄的准确转数由分度盘来确定。分度头通常配有2块分度盘,分度盘的两面各钻有许多圈孔,各圈孔数不等,但同一圈上孔距相同。如国产FW250型分度头两块分度盘的圈孔数为第一块正面：24、25、28、30、34、37；反面：38、39、41、42、43。第二块正面：46、47、49、51、53、54；反面：57、58、59、62、66。

如铣齿数 $z=36$ 的齿轮，每一次分齿时手柄转数为：

$$n=\frac{40}{z}=\frac{40}{36}=1\frac{1}{9}（圈）$$

即分度时，先装上其上有孔数是9的倍数的分度盘（第二块），然后将手柄上的定位销调整到孔数是9的倍数的孔圈（54孔）上，每分一齿，手柄转过1圈零6个孔距即可。为了保证每次的孔距数准确无误，可调整分度盘上的扇形夹夹角，使之正好等于孔距数。

(三) 铣刀及其安装

1. 铣刀的种类

铣刀是一种多刃刀具，它的刀齿分布在圆柱面（圆柱铣刀）或端面（端铣刀）上，刀齿材料一般为高速钢和硬质合金钢。按铣刀结构可分为整体式、整体焊齿式、镶齿式和可转位式四种。按铣刀安装方法可分为带孔铣刀和带柄铣刀两大类，前者多用于卧式铣床，后者多用于立式铣床。带柄铣刀又分为直柄和锥柄两种。

铣刀

常用的带孔铣刀（见图1-6-6）有圆柱铣刀、三面刃铣刀、角度铣刀、成型铣刀、锯片铣刀等。圆柱铣刀有直齿和螺旋齿两种，常用于铣削中小平面。三面刃铣刀两侧面和圆周上均有刀刃，主要用于加工各种沟槽、小平面和台阶面。角度铣刀用于加工各种角度的沟槽和斜面，有单角和双角之分。成型铣刀切削刃呈凸圆弧、凹圆弧和齿槽形等，用于加工与刀刃形状相对应的成型面。锯片铣刀用于加工深槽和切断工件。

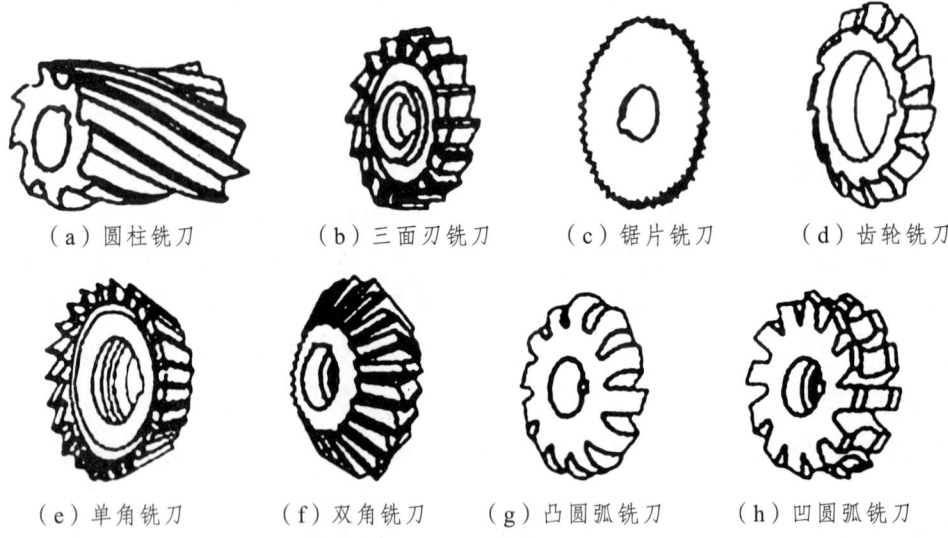

（a）圆柱铣刀　（b）三面刃铣刀　（c）锯片铣刀　（d）齿轮铣刀
（e）单角铣刀　（f）双角铣刀　（g）凸圆弧铣刀　（h）凹圆弧铣刀

图 1-6-6　带孔铣刀

常用带柄铣刀（见图1-6-7）有立铣刀、键槽铣刀、T形槽铣刀和镶齿端铣刀等。立铣刀常用于加工沟槽、小平面和台阶面。键槽铣刀多用于加工轴上的封闭式键槽。T形槽铣刀专门用于加工T形槽。镶齿端铣刀一般在钢料制造的刀盘上镶有多片硬质合金刀齿，用于加工较大平面，可进行高速切削，提高工作效率。

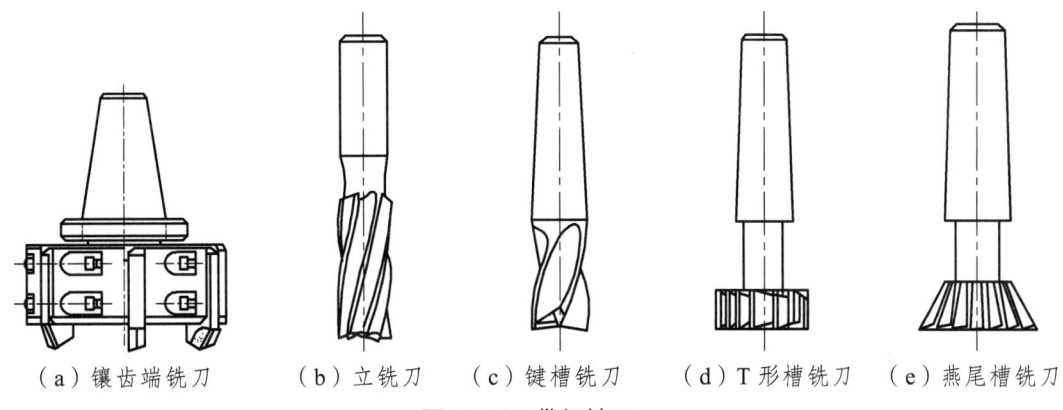

(a）镶齿端铣刀　（b）立铣刀　（c）键槽铣刀　（d）T形槽铣刀　（e）燕尾槽铣刀

图 1-6-7　带柄铣刀

2．铣刀的安装

带孔铣刀一般安装在刀杆上。先将刀杆锥体一端插入主轴孔，用拉杆拉紧，通过定位套筒调整铣刀至合适位置，刀杆另一端安装在吊架孔中，并拧紧刀杆端部螺母，如图 1-6-8 所示。铣刀安装时尽可能靠近主轴或吊架，以增加刚性。定位套筒的端面和铣刀的端面必须擦拭干净，以减少铣刀的端面跳动。

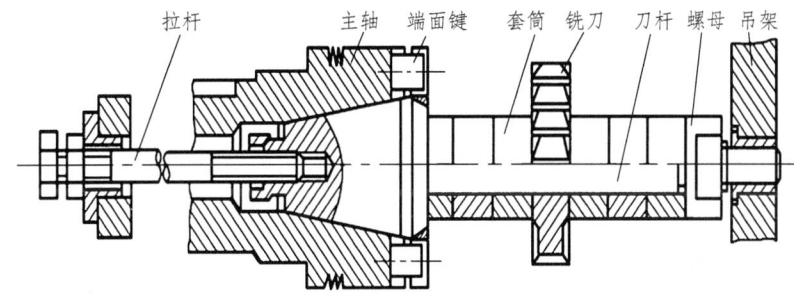

图 1-6-8　带孔铣刀的安装

直柄立铣刀多为小直径铣刀，一般不超过 $\phi20$，多用弹簧夹头进行安装。锥柄立铣刀安装时，根据锥柄的大小选择合适的过渡锥套，将配合端面擦干净，用拉杆把过渡套和铣刀一起拉紧在主轴端部的锥孔内（见图 1-6-9）。

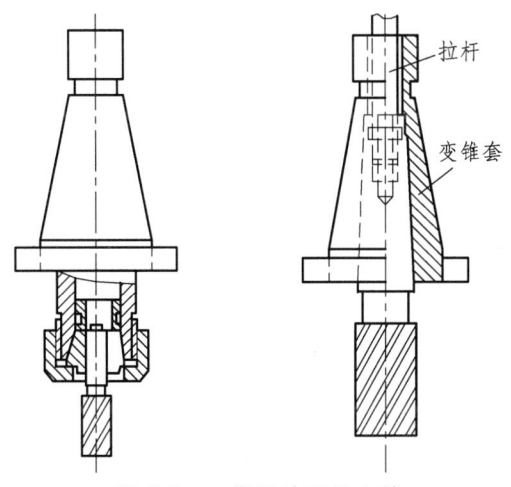

图 1-6-9　带柄铣刀的安装

二、基本铣削加工方法

(一) 铣平面

铣平面可以在卧式或立式铣床上进行，工件可以用平口钳装夹或用螺栓压板直接压在工作台上。铣削方法主要有两种：端铣法和周铣法。

铣平面

1. 用端铣刀铣平面——端铣法

端铣法是指在铣床上用端铣刀的端面齿刃铣削平面的方法，如图 1-6-1（d）所示。适用于较大平面的加工。端铣平面时，刀具刚性好，参与切削的刀齿较多，切削厚度变化小，切削平稳。同时，端铣刀的副切削刃（端面刃）还有修光作用，因此加工表面质量较好。

2. 用圆柱形铣刀铣平面——周铣法

在铣床上用铣刀（如圆柱铣刀和立铣刀）圆周面上的齿刃铣削平面的方法称为周铣法，如图 1-6-1（a）和（e）所示，适用于较小平面的加工。周铣法分为顺铣和逆铣，如图 1-6-10 所示。当铣刀旋转方向的切线方向与工件的进给方向相反时叫逆铣，相同时叫顺铣。逆铣过程平稳，但刀具磨损较快，工件表面粗糙；顺铣过程因易带动工件沿进给方向向前串动造成打刃，因此一般只有在工件表面无硬皮，机床进给机构无间隙时，才选用顺铣。顺铣常用于精加工。

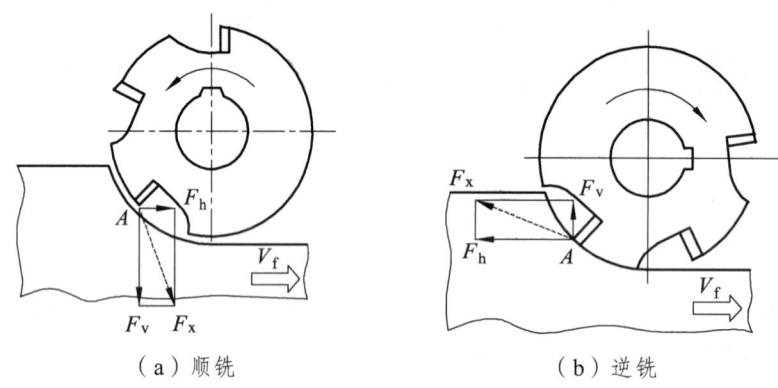

图 1-6-10 逆铣和顺铣

圆柱铣刀有直齿和螺旋齿两种，用螺旋齿铣削时，刀齿是逐渐切入和切出的，切削比较平稳，因此比直齿铣刀加工的表面质量好。

(二) 铣斜面

（1）倾斜垫铁铣斜面。在零件设计基准下面垫一块倾斜的垫铁，则铣出的平面就与设计基准成倾斜位置了，如图 1-6-11（a）所示。

（2）分度头铣斜面。在一些圆柱形零件上加工斜面时，可利用分度头将工件转到所需位置，铣出斜面。如图 1-6-5（b）所示。

（3）万能铣头铣斜面。万能铣头能方便地改变主轴的空间位置，因此可以转动铣头使刀具相对工件倾斜一个角度来铣斜面，如图 1-6-11（b）所示。

铣斜面

（4）角度铣刀铣斜面。较小的斜面可用角度铣刀在卧式铣床上加工，如图 1-6-11（c）所示。

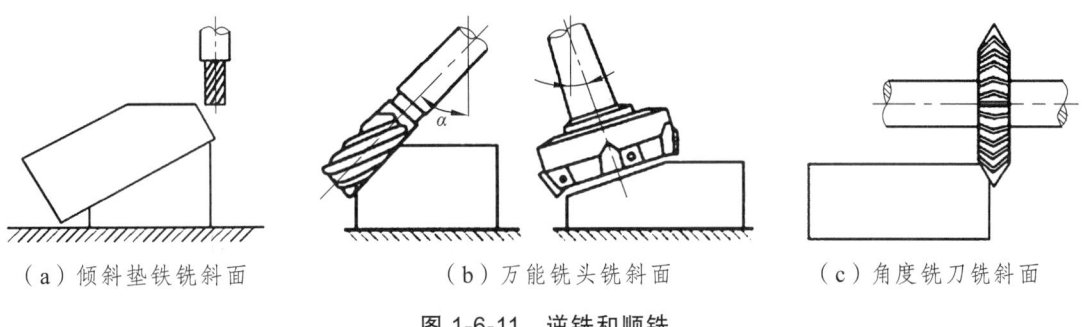

（a）倾斜垫铁铣斜面　　　　（b）万能铣头铣斜面　　　　（c）角度铣刀铣斜面

图 1-6-11　逆铣和顺铣

(三) 铣台阶

铣台阶可用三面刃铣刀或立铣刀加工，成批生产中可采用组合铣刀同时铣出几个台阶面，如图 1-6-12 所示。

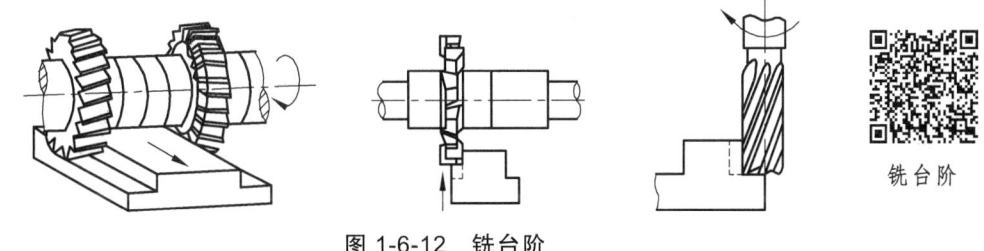

图 1-6-12　铣台阶

铣台阶

(四) 铣沟槽

铣床上可加工直槽、角度槽、V 形槽、T 形槽、燕尾槽和键槽等。直槽可用立铣刀、锯片铣刀或三面刃铣刀加工。角度槽可用角度铣刀加工。V 形槽加工如图 1-6-1（j）所示。键槽分为封闭式和敞开式两种，前者一般用键槽铣刀加工，或者先用钻头在槽的一端钻一个下刀孔后用立铣刀加工（因立铣刀中央无切削刃不能向下进刀）；后者可用立铣刀、键槽铣刀或三面刃铣刀加工。T 形槽和燕尾槽的加工过程如图 1-6-13 和图 1-6-14 所示。

铣沟槽

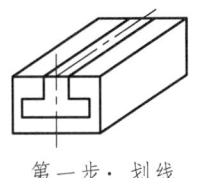 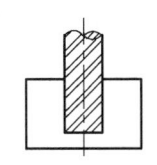 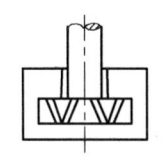 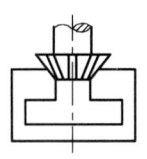

第一步：划线　　　　第二步：铣直槽　　　　第三步：铣 T 形槽　　　　第四步：倒角

图 1-6-13　铣 T 形槽

(五) 铣成型面

通常采用与成型面形状相吻合的成形铣刀完成，如图 1-6-1（g）～（i）所示。

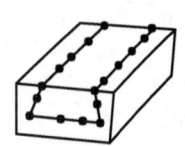 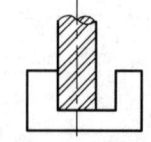 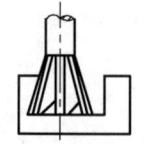 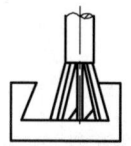

第一步：划线　　　　第二步：铣直槽　　　第三步：铣左燕尾槽　　第四步：铣右燕尾槽

图 1-6-14　铣燕尾槽

(六) 齿轮及齿形曲面的加工方法

齿轮及齿形曲面的加工方法可分为成型法和展成法两种。

1. 成型法

成型法是指用与被切齿轮齿槽法向截面形状完全相符的成型刀具加工齿形的方法。可采用铣削、拉削和成型法磨齿等。铣削时，工件用分度头卡盘和尾架顶尖装夹，用一定模数和齿数的盘状（或指状）铣刀进行加工，如图 1-6-15 所示。铣完一个齿后，利用分度头对工件进行分度，进行下一个齿的铣削。

 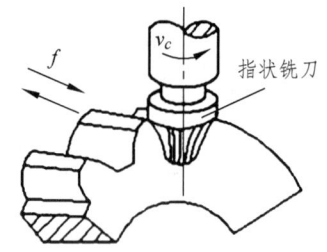

图 1-6-15　成型法加工齿轮

成型法铣削齿形曲面刀具成本低，不需专用设备，但生产效率较低。同时加工精度也低，一般为 IT11～IT9 级。原因是同一模数的铣刀只有 8 种型号，每种型号的铣刀可加工一定齿数范围的齿轮（见表 1-6-1），而其刀齿轮廓只与其铣齿范围内最少齿数齿槽的理论轮廓相一致，其他齿数的齿轮只能获得近似齿形。此外，分度误差也较大。因此，成型法铣齿一般多用于修配或加工转速低、精度要求不高的单件齿轮。

表 1-6-1　齿轮铣刀刀号和加工齿数范围

铣刀刀号	1	2	3	4	5	6	7	8
加工齿数范围	12～13	14～16	17～20	21～25	26～34	35～54	55～134	135 以上及齿条

2. 展成法

展成法是利用齿轮刀具与被加工齿轮的相互啮合运动而切出齿形的方法，常用的方法有插齿和滚齿。插齿在插齿机上进行，是利用一对圆柱齿轮无侧隙啮合的原理进行加工的（见图 1-6-16）。滚齿则在滚齿机上进行，是利用一对螺旋齿轮相啮合的原理进行加工的（见图 1-6-17）。

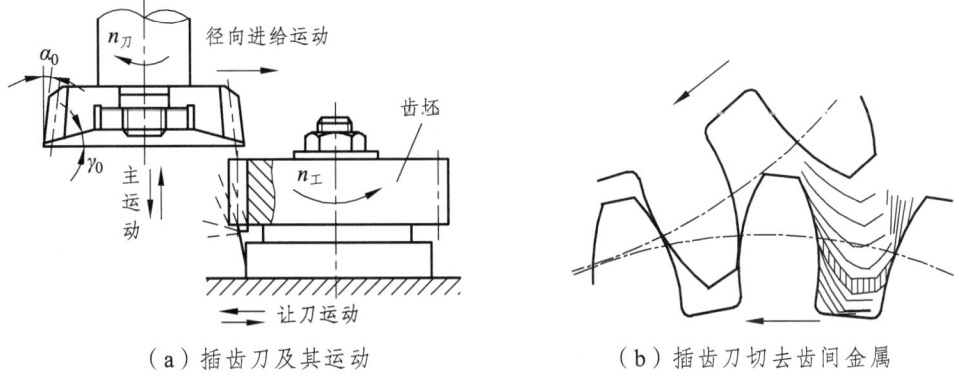

（a）插齿刀及其运动　　　　（b）插齿刀切去齿间金属

图 1-6-16　插齿工作原理

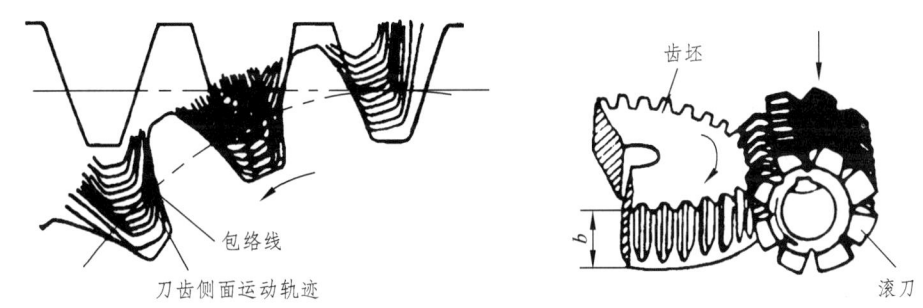

图 1-6-17　滚齿工作原理

【实训内容】

一、基本知识的讲解

（1）铣床的结构、工作原理和应用。
（2）常用铣刀的种类、用途和装夹方法。
（3）铣削工件的装夹方法。
（4）铣床的安全操作规程和保养。
（5）立式铣床的基本操作方法，以及平面、台阶、斜面的铣削方法。
（6）* 卧式铣床利用分度头铣削直齿圆柱齿轮的加工方法。

二、实践操作

（1）加工一个典型零件，熟悉平面、台阶、斜面的铣削方法。
（2）* 利用分度头铣削直齿圆柱齿轮。
（3）* 个性化设计及制作：按给定材料，自行设计加工制作一个小作品或小型机电产品零件。

【安全操作规程及注意事项】

（1）装夹工件必须牢固可靠，不得有松动现象。启动机床时，工作台不得放置工具或其他无关物件，应注意不要使刀具与工作台或工件发生碰撞。

（2）在机床上进行装卸工件和刀具，紧固、调整及测量工件，机床变速，清扫机床等工作时必须停车，移开刀具等刀具停稳后再进行。

（3）高速切削时必须装防护挡板，操作者要戴防护眼罩。

（4）切削过程中，头、手不得接近铣削面。

（5）严禁用手摸或用棉纱擦拭正在转动的刀具和机床的传动部位。清除铁削时，只允许用毛刷或专用工具清除铁屑，禁止用嘴吹。

（6）拆装立铣刀时，台面必须垫木板，禁止用手去托刀盘。

（7）对刀时必须慢速进刀，刀接近工件时，需用手摇进刀，不准快速进刀。

（8）切削刀具未离开工件不准停车。快速进刀时，注意防止手柄伤人。

（9）机床运行过程中，密切注意机床运转情况，润滑情况，如发现动作失灵、振动、发热、爬行、噪声、异味、碰伤等异常现象，应立即停车报告指导老师，检查排除故障后，方可继续操作机床。

（10）机床发生事故时应立即按总停按钮，保持事故现场，报告指导老师，由指导老师上报中心有关部门分析处理。

（11）吃刀量和进给速度不能过大，自动走刀必须脱开工作台上的手轮，同时应注意不要使工作台走到两极端，以免损坏丝杠或机床。

（12）变速时必须先停车，停车前先退刀。

（13）装卸大工件、大平口钳及分度头等较重物件需多人搬运时，动作要协调，应注意安全，以免发生事故。

（14）机床操作过程中不许离开岗位，如需离开时，无论时间长短都应停车，以免发生事故。

【预习要求及思考题】

一、课前预习要求

（1）预习本工种的全部内容。
（2）了解 X5025B 立式铣床的结构和加工原理，以及和卧式铣床的区别。
（3）了解铣床的主要附件及其作用。
（4）了解铣削的加工范围和铣削刀具。
（5）了解铣削加工中工件的装夹方法及选用原则。
（6）* 了解分度头的结构、分度原理和分度公式。

二、思考题

（1）铣床的主运动和进给运动是什么？
（2）为什么机床一定要停机后才能去调节主轴转速？
（3）为什么机床加工工件之前要手动对刀？为什么不能用自动对刀？
（4）* 加工直齿圆柱齿轮齿形时，必须知道哪几个参数？

实训七　钳　工

【实训目的】

（1）了解钳工的基本知识。
（2）了解钳工常用设备的种类、结构及安全操作规程。
（3）熟悉钳工常用工卡量具的正确使用方法，了解钳工基本操作方法和加工工艺。
（4）* 了解机械产品装配的原理和过程，以及装配过程中的调试、检验方法等。

【实训设备及工具】

序号	名　称	型号规格	备　注
1	台式钻床	Z4116	由底座、立柱、主轴、工作台、电动机、带传动机构、进给机构等组成
2	工作台	1 600 mm×1 500 mm×800 mm	钳工操作台
3	台虎钳和平口钳	125 mm 和 160 mm	装夹工件
4	手锯、锉刀、样冲、划针、划规和手锤等其他钳工工具		可手持工具对工件进行锯削、锉削等加工
5	游标卡尺	0～150 mm	测量工件尺寸
6	钢板尺	0～300 mm	
7	麻花钻头	$\phi 8.5$	用于加工孔
8	板牙及板牙架	M10	用于加工M10的外螺纹（套丝）
9	丝锥及铰杠	M10	用于加工M10的内螺纹（攻丝）

【实训基础知识】

一、概　述

钳工主要是指手持工具进行的修配、调试、维护和切削加工。其基本操作有划线、錾削、锯削、锉削、钻削、攻螺纹、套螺纹、刮研和装配等。利用钻床进行的钻削加工虽然为机械加工，却是由钳工来完成的。

钳工以手工操作为主，劳动强度大、效率低，对工人技术水平要求较高，但所用工具简单，操作灵活，适应性强，能完成机械加工中某些不便或难以完成的工作。

钳工分为普通钳工、机修钳工和工具钳工三大类。普通钳工主要从事机械或部件的装配、调试工作以及零件的钳工加工；机修钳工主要从事各种机械设备的维护和修理工作；工具钳工主要从事工具、模具、刀具的制造和修理工作。

钳工操作主要是在工作台和台虎钳（见图 1-7-1）上完成的。工作台要求稳固，台面高度为 800～900 mm。台虎钳一般固定在工作台上，用来夹持工件，有固定式和回转式两种，其规格用钳口的宽度来表示，常用的有 100 mm、125 mm 和 150 mm 三种。

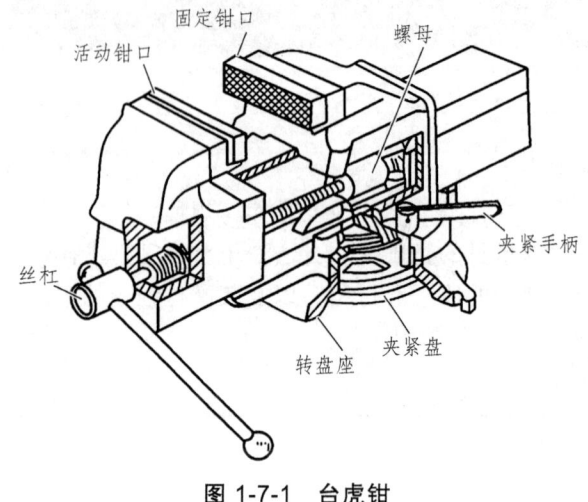

图 1-7-1　台虎钳

使用台虎钳时，工件应夹在钳口的中部，使钳口受力均匀；夹紧工件时，不要用锤敲击手柄或套上钢管加长力臂，以免损坏虎钳的丝杠和螺母；锤击工件应在砧面上进行；夹持工件的光洁表面时，应垫铜皮或铝皮加以保护。

二、划　线

划线是根据图样要求在毛坯或半成品上划出加工界线的一种操作，分为平面划线和立体划线。平面划线是在工件的一个平面上划线，立体划线是在工件的几个不同表面上划线。

划线的作用：① 作为安装、定位和加工的依据；② 检查毛坯或半成品工件的形状和尺寸；③ 合理分配加工余量，减少废品率。

(一) 常用划线工具 (见图 1-7-2)

（1）基准工具：划线平板（台）。
（2）支承工具：千斤顶，V 形铁，方箱，弯板。
（3）直接划线工具：划针，划规，划卡，划针盘，样冲。
（4）测量工具：钢板尺，直角尺，普通高度尺及高度游标卡尺。

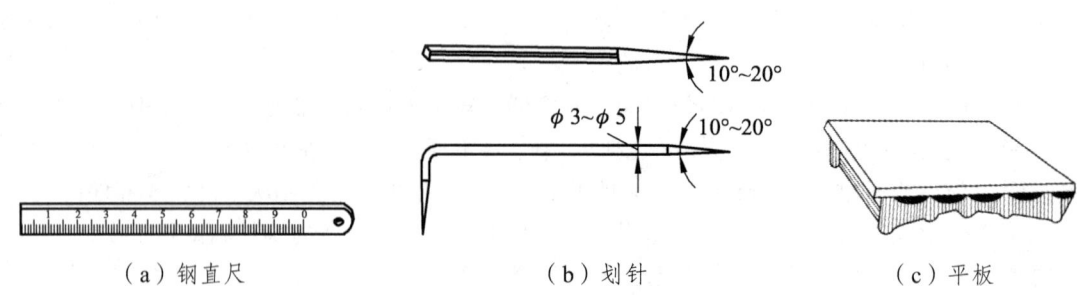

（a）钢直尺　　　　　　　（b）划针　　　　　　　（c）平板

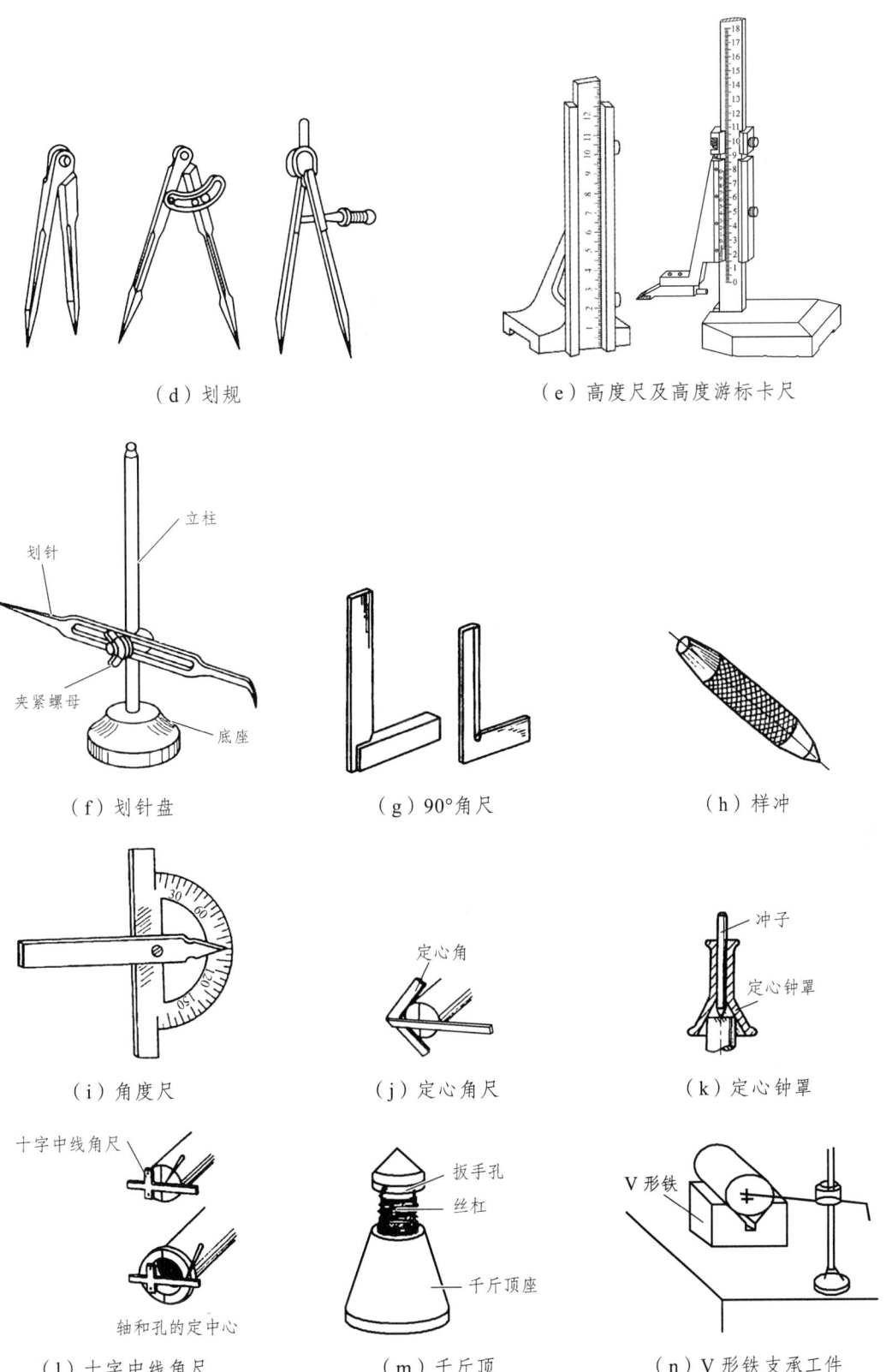

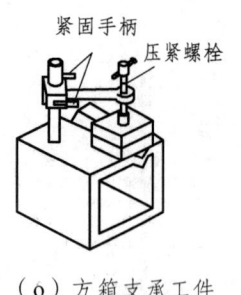 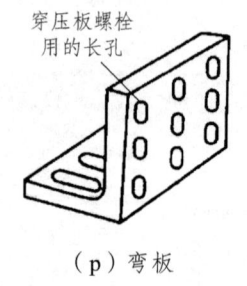 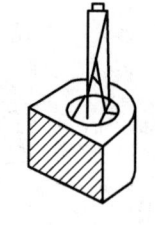

（o）方箱支承工件　　　（p）弯板　　　（q）划卡定孔中心

图 1-7-2　常用划线工具

(二) 划线基准

为了保证工件精度和合理分配加工余量，划线前，必须在工件上选择一个或几个点、线、面作为划线的基准，用它来确定工件的几何形状和各部分的相对位置。一般选择原则是常选重要孔的中心线为划线基准；若无重要孔，则选较平整的大平面为划线基准，或以零件图上的尺寸标注基准为划线基准；若工件上有已加工面，则以加工过的平面为划线基准。

(三) 划线的方法和步骤

划线时一般应先划水平线，再划垂直线、斜线，最后划圆、圆弧和曲线等。

划线的一般步骤：

（1）检查毛坯有无变形、裂纹、气孔等缺陷。

（2）研究图样，确定划线基准，准备划线所需工具、量具等。

（3）清理毛坯表面，去掉氧化皮、毛刺和油污等，在划线的地方涂上白浆或粉笔，用木块、塑料块或铅块塞孔，以确定孔的中心位置。

（4）支承并找正工件，先划基准线，再划其他水平线。

（5）依次翻转工件并找正，然后划出其他线。

（6）检查所划线是否正确，无误后打样冲眼。

三、钻削加工

零件上孔的加工，除去一部分由车、镗、铣等机床完成外，其主要加工方法为钻削。钻削加工主要是指在钻床上完成的切削加工过程，包括钻孔、扩孔、铰孔、锪孔、锪凸台和攻丝等。

(一) 钻床的种类及用途

钻床的种类很多，常用的有台式钻床（见图 1-7-3）、立式钻床和摇臂钻床三种。台钻结构简单、小巧灵活、操作方便，主要用于加工小型零件上的各种小孔，多用于仪表制造、钳工和装配。立式钻床适于加工单件、小批量的中小型工件。摇臂钻床适于加工一些大型工件和多孔工件。

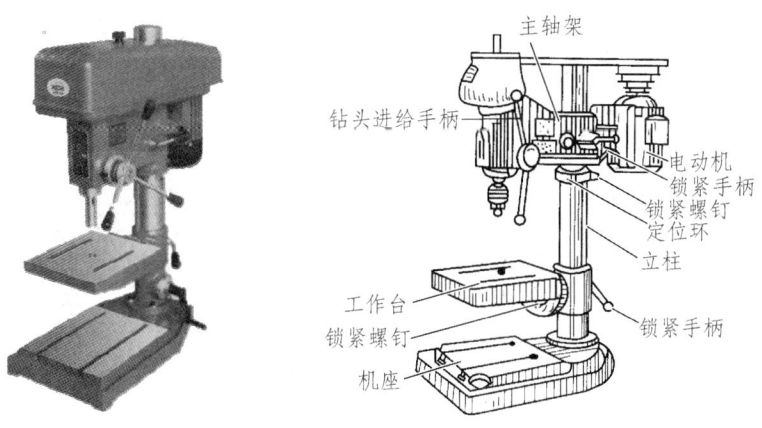

图 1-7-3　Z4116 型台式钻床

(二) 钻床附件

钻床附件主要是一些装夹钻削刀具的工具，和安装工件的夹具，如台虎钳、钻夹头、压板螺钉等。钻削时，小型工件通常用台虎钳装夹，台虎钳装夹不了的工件可用压板螺栓直接压装在工作台上。对于圆柱形工件，可装夹在 V 形铁上，如图 1-7-2（n）所示。在成批生产中，常常使用钻模，以提高生产效率和钻孔精度。

钻削刀具通常有直柄和锥柄两种，直柄刀具通常用钻夹头（见图 1-7-4）装夹。锥柄刀具可直接装入钻床主轴的锥孔内。当刀具的锥柄小于钻床主轴锥孔时，需用过渡套筒安装。

(三) 主要钻削加工方法

1. 钻　孔

用钻头在实体材料上加工孔的操作叫钻孔。钻头有麻花钻、扁钻、中心钻、深孔钻等几种，其中麻花钻用得最多，它可以加工直径 0.1～80 mm 的孔。钻孔精度一般在 IT10 以下，表面粗糙度为 Ra12.5 左右。

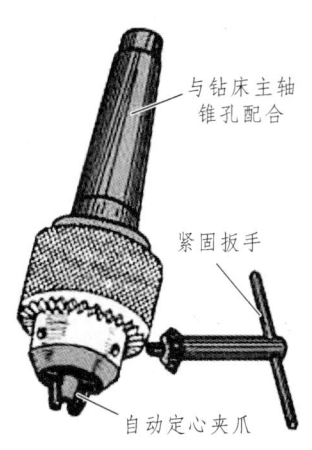

图 1-7-4　钻夹头

（1）麻花钻头

麻花钻头（见图 1-7-5）是钻孔用的主要刀具，由柄部、颈部和工作部分（包括导向部分和切削部分）组成。其直径从切削部分向柄部每 100 mm 减小 0.05～0.1 mm，以减小切削时钻头与孔壁之间的摩擦。

柄部有锥柄和直柄之分。直柄用于直径小于 12 mm 的钻头；锥柄用于直径大于 12 mm 的钻头。锥柄的扁尾可避免钻头在主轴孔或钻套中转动。

导向部分有两条螺旋槽，用来输入切削液和排出切屑。螺旋槽的外缘为螺旋棱边，起导向作用，同时也减小钻头与孔壁之间的摩擦。在切削过程中，导向部分引导钻头保持正确的钻削方向，而且是钻头的备磨部分。

切削部分（见图 1-7-6）担负主要的切削工作，由两条对称的主切削刃、两条副切削刃、两个刀尖、两个前刀面、两个主后刀面、两个副后刀面组成。两条主切削刃之间的夹角称为顶角，其大小为 116°～118°，一般钻硬材料比钻软材料要取得大些。钻头顶部两主后刀面的交线叫横刃，它使钻削时的轴向力增加，因而大直径的钻头常采用修磨的方法缩短横刃，以降低轴向力。

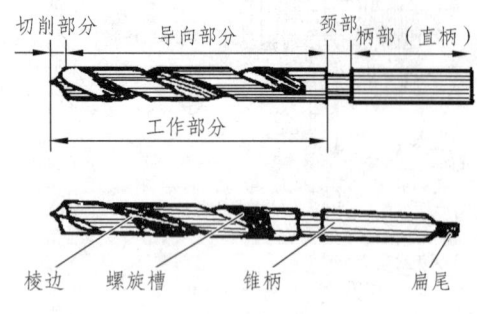

图 1-7-5 麻花钻头

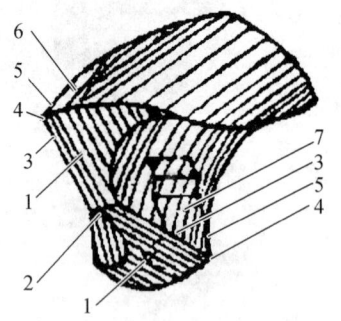

1—主后刀面；2—横刃；3—主切削刃；4—刀尖；
5—副切削刃；6—副后刀面；7—前刀面。

图 1-7-6 麻花钻的切削部分

（2）钻孔方法

单件小批量生产时，通常采用划线钻孔的方法。先在工件上划出加工圆和检查圆，并打出样冲眼，再选用合适的钻头钻孔即可。大批生产时，为了提高生产效率，通常采用钻模夹具加工工件。

钻孔

手动钻孔时，先用钻尖对准样冲眼锪一个小坑，检查小坑与所划孔的圆周线是否同心（称试钻）。钻孔时进给速度要均匀，快钻透时应减小进给量，以免钻头因受力不均而折断。钻较深的孔时，要经常退出钻头进行排屑和冷却，以防止钻头因过热和切屑阻塞而折断。钻韧性材料时，要加冷却润滑液，以提高钻头的耐用度。当孔径大于 30 mm 时，由于轴向抗力较大，应先用 0.5～0.7 倍孔径的钻头分两次或多次由小到大钻出，最后用所需孔径的扩孔钻将孔扩至需要的尺寸。当孔的直径大于 100 mm 时，多用镗孔。

钻孔属于粗加工，且生产率低。若要提高孔的加工精度，可采用扩孔和铰孔。

2. 扩 孔

扩孔是在已钻出、铸出、锻出或冲出的底孔上，利用扩孔钻对孔进行扩大加工的方法，如图 1-7-7 所示。其加工余量通常为 0.5～4 mm。扩孔钻形状与麻花钻相似。扩孔一般作为孔的半精加工或铰孔前的预加工，它可以校正孔的轴线偏差，并获得较好的尺寸精度（IT10～IT9）和表面粗糙度（Ra 为 6.3～3.2 μm）。

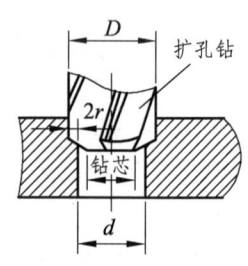

图 1-7-7 扩孔

3. 铰 孔

铰孔是用铰刀从工件孔壁上切除微量金属层，以提高其尺寸精度和降低其表面粗糙度的方法。它通常作为孔的精加工，尺寸精度能达到 IT8～IT6，表面粗糙度能达到 Ra 1.6～0.8 μm。

铰刀有手铰刀和机铰刀两种。手铰刀为直柄，工作部分较长，锥角较小，直径为 1～50 mm。机铰刀多为锥柄，工作部分较短，可装在车床、钻床或镗床上铰孔，直径为 10～80 mm。

铰孔时铰刀在孔中不能倒转，否则铰刀与孔壁之间易挤住切屑而使孔壁划伤。机铰时要在铰刀退出孔后再停车，否则孔壁会被拉毛。铰通孔时铰刀修光部分不可全部露出孔外，否则会划坏出口处。

钻削加工使用定径刀具，因而适应性差。它只能保证孔的尺寸精度和表面粗糙度，却不能保证孔的位置精度，此时可利用夹具或镗削加工来保证。

四、螺纹加工

(一) 攻螺纹

攻螺纹是用一定的扭矩将丝锥旋入钻出的底孔中加工出内螺纹的方法，又称攻丝。

1. 攻螺纹工具——丝锥和铰杠

丝锥由柄部和工作部分构成。柄部上端呈方形，用来装铰杠，以传递攻丝时的扭矩。工作部分又分切削部分和校准部分，前者磨有切削锥，担任主要切削工作，后者起校正、修光螺纹和引导丝锥的作用。

丝锥有机用和手用两种。机用丝锥一般为一支，手用丝锥一般一套有 2 支或 3 支（螺距大于 2.5 mm），称为头锥、二锥和三锥。

铰杠是手工攻丝时转动丝锥的工具，有固定式和可调式两种，后者中部方孔大小可调。

2. 攻螺纹的方法

（1）钻底孔。攻丝前需钻螺纹底孔，底孔直径一般按下面的经验公式计算：

$$加工钢材及塑性金属时：D = d - P$$

$$加工铸铁及脆性金属时：D = d - 1.1P$$

式中：D 为底孔直径（mm）；d 为螺纹外径（mm）；P 为螺距（mm）。

（2）头锥攻螺纹。开始时必须将丝锥垂直地放入工件孔内（可用直角尺检查），然后用铰杠轻压旋入。当丝锥的切削部分已切入工件时，即可只转动丝锥，不必加压。每转一周应反转 1/4 周，以便断屑，如图 1-7-8 所示。攻钢料时，应用机油或植物油冷却润滑，攻铸铁件时可不用切削液，当螺纹表面光洁度要求较高时可加煤油。

（3）二锥和三锥的使用。头锥完成后，可攻二锥和三锥，先将丝锥旋入几扣后，再用铰杠转动，转动时无须加压。

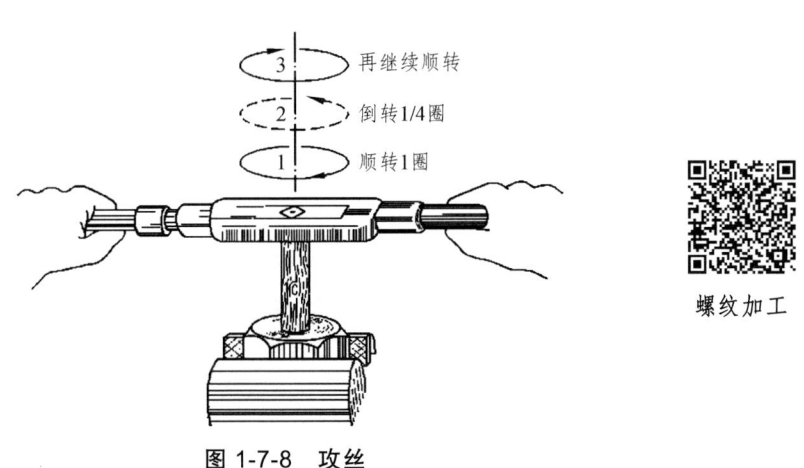

图 1-7-8　攻丝

螺纹加工

(二) 套螺纹

套螺纹是用板牙在圆杆上加工出外螺纹的方法，又称套扣或套丝。

1. 套螺纹工具——板牙和板牙架

板牙是加工外螺纹的刀具，常用合金钢制成，外形像圆螺母，有固定式和开缝式（可调）两种。在靠近螺纹外径处，钻有 3~4 个排屑孔槽，并形成切削刃；两端面有 60°的锥度，是板牙的切削部分。中间一段螺纹是板牙的定位和校正部分，并起修光和导向作用。图 1-7-9 所示为常用的开缝式圆板牙。

板牙架（见图 1-7-10）是用来夹持板牙并带动板牙旋转的工具，圆周上有固定和调整板牙用的螺钉。

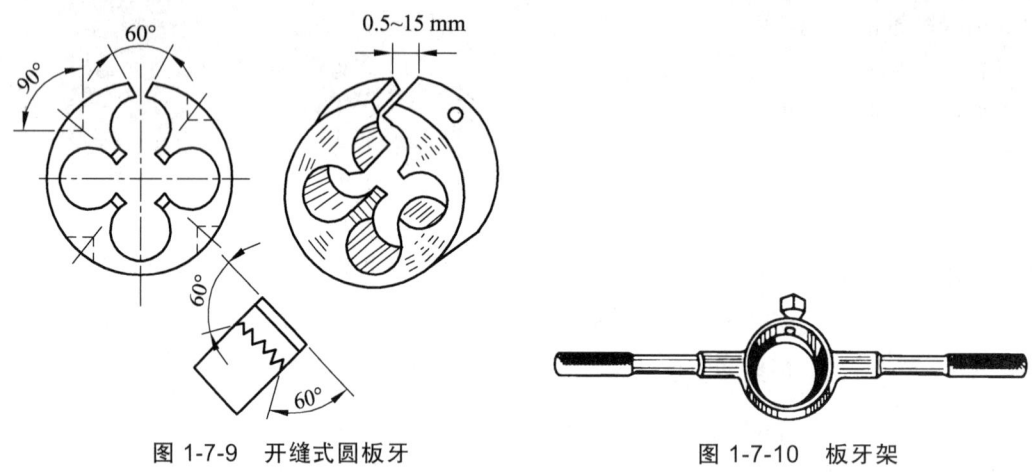

图 1-7-9　开缝式圆板牙　　　　图 1-7-10　板牙架

2. 套螺纹的方法

套螺纹前应检查圆杆直径，一般应比螺纹外径小 $0.13P$（P 为螺距）。为了使板牙易于对准圆杆中心和切入，圆杆端部应倒大约 60°的角。

套丝时，先夹紧工件，放入板牙，保持板牙端面与圆杆轴线垂直。开始切入时，压力要大，转动要慢；套入 3~4 扣后只转动不加压，以免损坏所套出的螺纹；为了断屑和排屑还需时常反转（见图 1-7-11）；钢件套螺纹时应加机油润滑。

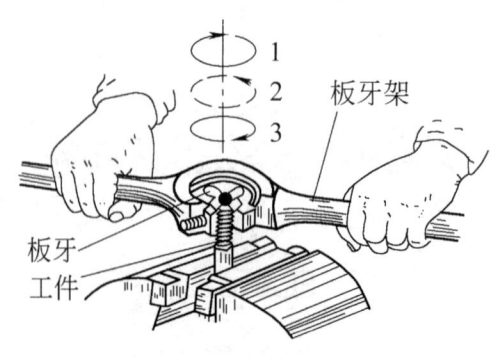

图 1-7-11　套螺纹

五、锯削

用手锯切割工程材料或进行切槽的操作称为锯削。

(一) 锯削工具——手锯

手锯由锯弓和锯条两部分组成。锯弓用来夹持和拉紧锯条,有固定式和可调式两种。锯条由碳素工具钢制成,锯齿有规律地向左右两面倾斜,形成交错式波形排列,以减少工件锯口两侧与锯条间的摩擦。其规格参数为两端安装孔的中心距长度,实训使用的锯条长度为 300 mm。

锯条粗细是以每 25 mm 长度的齿数来表示的,分为粗齿(14、18 齿)、中齿(24 齿)和细齿(32 齿)三种。粗齿适于锯削软材料(如铜、铝合金等)或厚大工件,以免造成切屑堵塞齿间;细齿适于锯削硬度较大的金属、板材或薄管等;锯削普通碳钢、铸铁及中等厚度工件多用中齿锯条。

(二) 锯削方法

(1)选择锯条。根据锯切材料的软硬和厚度选择合适的锯条。

(2)安装锯条。安装锯条时,锯齿要朝前,不能反装。锯条安装松紧要适当,否则锯条易折断,太松还容易使锯缝歪斜,一般以两手指的力旋紧螺母为宜。

(3)安装工件。工件一般应夹在台虎钳的左边,伸出要短,锯口应靠近钳口,以免工件在锯削时颤动。

(4)锯削工件(见图 1-7-12)。起锯方法分近起锯和远起锯。起锯时以左手拇指靠住锯条,右手往复稳推手柄,行程要短,压力要轻,起锯角度稍小于 15°,角度过大锯齿易崩落,过小则不易切入。锯出锯口后,逐渐将锯弓改至水平方向锯削,右手满握锯柄,左手轻扶锯弓前端,锯条与工件表面垂直,锯弓做往复直线运动,不可左右摆动;前推时加压,用力均匀;返回时轻轻滑过;尽量采用锯条全长工作,以免局部迅速磨损;锯钢料时应加机油冷却润滑;快锯断时,用力要轻,速度减慢,以免碰伤手臂及折断锯条。

锯削

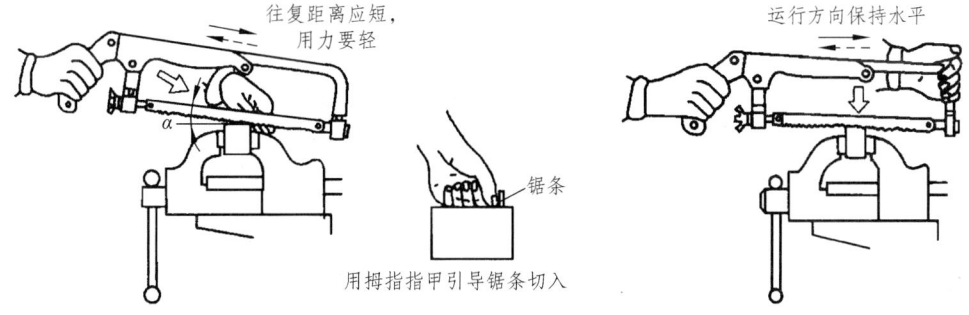

图 1-7-12 起锯和锯削方法

锯圆棒料时,为使截面平整,应从起锯开始沿一个方向锯断;锯矩形截面的材料时,应从宽面下锯,这样锯缝浅而长,且易整齐;锯圆管时,锯到管子的内壁处,应将管子向推锯方向转一定角度，再继续锯削，这样不断转动，直到锯断为止；锯深缝时，如果锯弓与工件相碰，可将锯条转90°安装，锯弓放平即可。

六、锉　削

锉削是用锉刀对工件表面进行切削加工的方法，多用于零部件或机器装配时对工件进行修整。

(一) 锉　刀

1. 锉刀的材料及构造

锉刀一般由碳素工具钢制成，包括工作和锉柄两部分，其规格以工作部分的长度来表示，常用的有 100 mm、150 mm、200 mm、250 mm、300 mm、350 mm、400 mm 等几种。锉齿是用剁齿机剁出的。

2. 锉刀的种类及选择

（1）按锉纹分为：单纹和双纹两种，但以双纹为多，以便锉削时省力，并易断屑和排屑。

（2）按用途分为：普通锉（钳工锉）、特种锉和整形锉三种。普通锉（见图 1-7-13）根据其截面形状又分为平（板）锉、方锉、圆锉、半圆锉和三角锉等。整形锉又称什锦锉，5～12件一组，适用于修整工件上的细小部位以及加工精密工件。特种锉用于加工或修整各种特殊表面，种类较多，如棱形锉。

（3）按锉齿粗细（每 10 mm 长锉面上的齿数）分为：粗齿（4～12 齿）、细齿（13～24齿）和油光齿（30～40 齿）三种。粗齿锉刀适于加工余量大、加工精度低、表面粗糙度值高的表面或软金属（如铜、铝等）；反之则用细齿锉刀；油光锉仅用于工件表面的最后修光。

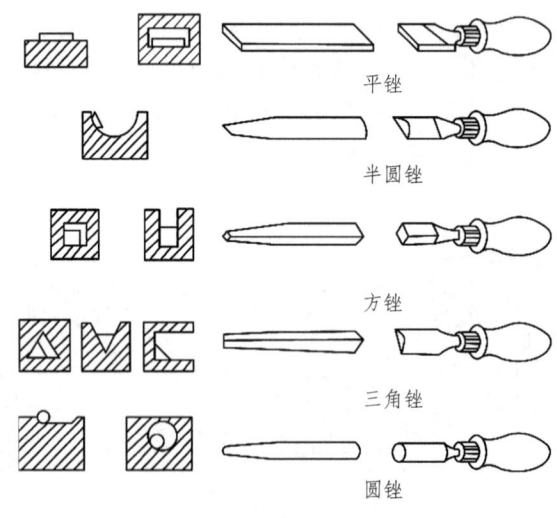

图 1-7-13　普通锉刀及其用途

3. 锉刀的使用方法

锉削时，必须正确掌握握锉方法及施力的变化。通常是右手握锉柄，左手压锉（大小平锉）或捏锉（中锉刀），锉刀前推时加压，并保持水平，返回时不施压力，以减少齿面的磨损。什锦锉一般只用右手拿着使用。

锉屑堵塞锉刀后，应用钢丝刷顺着锉纹方向刷去锉屑；锉削时不要用手摸工件表面和锉刀刀面，更不可与润滑油类接触以免再锉时打滑，锉刀材料硬且脆，不可用它撬、敲打其他物品，以免折断。

(二) 锉削的步骤与方法

（1）选择锉刀。根据工件材料、加工面的形状、加工余量的大小和工件的表面粗糙度要求等选择合适的锉刀。

（2）装夹工件。工件应牢固地夹在台虎钳钳口的中部，使待锉面略高于钳口，伸出不能太高，否则易振动。装夹已加工表面时，应在钳口与工件间垫以铜片或铝片。铸、锻件的外层氧化皮或黏砂等应在锉削前用砂轮磨去或錾掉，以免锉刀很快磨钝。

（3）锉削。锉削平面有交叉锉、顺锉和推锉三种方法（见图 1-7-14）。交叉锉适于余量较大表面的粗加工；顺锉适于小平面和精锉；推锉一般用于提高表面光洁度和修正尺寸，常使用细齿锉刀或油光锉刀进行。锉外圆弧面可采用横锉法和滚锉法。锉内圆弧面，锉刀要完成三个运动：锉刀的前推、左右移动和自身的转动。

锉削

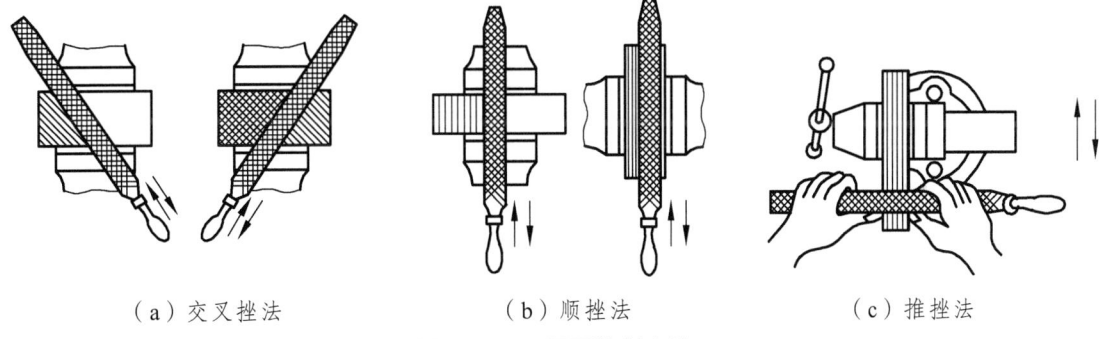

（a）交叉锉法　　　　（b）顺锉法　　　　（c）推锉法

图 1-7-14　平面锉削方法

（4）检验。锉削时，可用钢直尺或卡尺检查工件尺寸，工件的平直度及直角度可用直角尺是否能透光来检查，重要平面可用研点法来检查平面度。

七、*装　配

装配是指将若干合格零件按照图纸的技术要求经过组装、调试，使之成为合格的组件、部件或整机的工艺过程。装配是机械产品制造过程的最后一道工序，其质量的好坏对整个产品的质量和使用性能起着决定作用。

(一) 装配过程

1．装配前的准备

（1）研究和熟悉产品装配图中的技术条件，了解产品结构和工作原理、各零部件的相互连接关系及功用。

（2）确定装配方法和顺序，准备所用工具和辅料。根据装配要求、产品结构、生产条件以及生产批量的大小等选用合适的装配方法。常用的装配方法有四种：完全互换法、分组互换法（选配法）、修配法和调整法。

（3）清洗零件（一般用柴油或煤油），去除毛刺及表面的锈蚀、油污及其他脏物，并涂防护润滑油。

2．装配步骤

装配一般按组件装配、部件装配和总装配的顺序进行，并经调整、试验、检验、喷漆、防锈处理、包装等步骤，将合格产品入库或准备出厂。

（1）组件装配：将若干个零件安装在一个基础件上成为组件的装配。

（2）部件装配：将若干零件、组件安装在一个基础件上成为具有独立功能的部件的装配。

（3）总装配：将若干零件、组件、部件组装成一个完整机器产品的过程。

3．装配工作的要求

（1）装配时，应检查零件上与装配有关的形状和尺寸精度是否合格，检查有无变形、损坏、腐蚀、划伤等。

（2）检查配合件的间隙或过盈是否符合技术要求。

（3）各运动部件的接触面必须有足够的润滑，油路必须畅通无阻。

（4）各管道或密封部件，装配后不得有渗漏现象。

（5）高速运转部件的外表面，不得有凸出的螺钉头、销钉头等。

（6）试车前，应检查各部件连接的可靠性和运动的灵活性，电路是否畅通，手柄位置是否正确和灵活。试车时，从低速到高速逐步进行，最终达到正常的运行要求。

(二) 典型零件的装配方法

1．螺纹连接的装配

在装配过程中，螺纹连接因装拆方便，应用十分广泛。常用的螺纹连接零件有螺钉、螺栓、螺母、平垫、弹垫及各种专用螺纹紧固件。

典型零件的装配

装配时应注意：

（1）螺纹连接件与零件的贴合面要平整光洁，使贴合面受力均匀，否则螺纹容易松动，必要时可加垫圈。

（2）螺母端面应与螺栓轴线垂直，松紧适度。有时可使用润滑油，使装拆方便。

（3）成组螺纹连接时，应按一定顺序分两次或多次逐步旋紧，以保证零件贴合面受力均匀，不要一次完全旋紧。

（4）在交变载荷、振动和冲击条件下工作的螺纹连接，可用开口销、双螺母、弹簧垫圈、止动垫圈、镶片及串联钢丝等防松装置。

2．键连接的装配

在装配中，经常需要通过键将齿轮、皮带轮、联轴器等零件装在轴上。常用的键有平键、半圆键和楔键等。

装配时，先除去键槽锐边毛刺，选取合适的键坯，按键槽的长度修配两端及侧面使之与键槽相配。将键配入键槽后试装轮毂，若轮毂槽与键配合太紧时，可修毂槽，但不许有松动。装配后，键底面应与键槽底部贴合，两侧面应有一定过盈量，键顶面与轮毂间应留有一定的间隙。

3. 滚动轴承的装配

滚动轴承的内圈与轴、外圈与孔多为较小的过盈配合或过渡配合。装配时常通过垫套，用手锤击打或压力机压装。轴承压到轴上时，应施力于内圈端面，过盈量过大时可将轴承在热机油中加热后再套装在轴上。轴承压到孔中时，应施力于外圈端面；若同时压到轴上和孔中，则内、外圈端面应同时加压。

4. 齿轮的装配

齿轮一般通过键装在轴上。为保证齿轮传递运动的准确性，齿轮装到轴上时应将齿圈的径向跳动和端面跳动控制在公差范围内，可用百分表检测。齿面接触情况可用涂色法检查，即先在齿面上涂色，然后根据齿轮啮合后齿面上的接触斑点沿齿厚方向是否均匀一致来判断。齿侧间隙可用塞尺或铅丝（大模数齿轮）来检查。

【实训内容】

一、基本知识的讲解

（1）介绍钳工的特点，以及在机械制造和维修中的作用。
（2）介绍钻床的结构以及安全操作方法。
（3）介绍钳工的基本操作及工具使用。
（4）* 介绍机械零件装配的基本知识。

二、实践操作

（1）加工一个典型零件，熟悉划线、钻孔、攻丝、套丝、锯、锉等基本操作方法。
（2）* 个性化设计及制作：按给定材料，自行设计制作一个小作品或小型机电产品零件。

【安全操作规程及注意事项】

（1）工作前应严格检查所使用工具是否符合安全要求，锉刀、刮刀、手锤应装有牢固的手柄，样冲、錾子（凿子）等工具的打击面不准有淬火裂纹、卷边、飞刺。
（2）钳工台应保持清洁，工具、量具及工件应摆放整齐合理、便于取用，保证操作过程中的方便和安全。
（3）握锤时不得戴手套，否则锤子容易飞出。锤头、锤柄、錾尖不得有油。挥锤前要环视四周，以防伤人。
（4）锯条不得装得太松或太紧，否则锯条容易折断伤人。
（5）清除锉屑、锯屑等切屑时要用刷子，不得直接用手清除或用嘴吹。
（6）工件装夹时要牢固，加工通孔时要把工件垫起或让刀具对准工作台上的槽孔。
（7）使用钻床时，不得戴手套，不得手拿棉纱操作或用手接触钻头和钻床主轴，严防衣袖、头发被卷到钻头上，长发需盘进工作帽。

（8）更换钻头等工具时应使用专用工具，不得用锤子击打钻夹头。

（9）钻床主轴完全停止之后才能卸工件和清扫工作台。

（10）禁止用工具、夹具、量具敲击工件和其他物体，以防损坏或降低其精度。

【预习要求及思考题】

一、课前预习要求

（1）预习本工种的全部内容。

（2）了解钳工的作用、特点和加工范围。

（3）了解钳工的基本操作。

（4）了解钳工常用工具及设备。

二、思考题

（1）划线的作用是什么？如何选择划线基准？划线的工具有哪些？

（2）生活中有哪些攻丝的操作？

（3）锯削时如何选择锯条？怎样安装？

（4）常用的锉刀有哪几种？如何选择？

（5）锉平面的方法有哪几种？如何检查工件锉削后的平面度和垂直度？

（6）什么是装配？常用的装配方法有哪些？

第二章 先进制造技术

先进制造技术（Advanced Manufacturing Technology，AMT）就是指集机械工程技术、电子技术、自动化技术、信息技术等多种技术为一体所产生的技术、设备和系统的总称，主要包括计算机辅助设计、计算机辅助制造、集成制造系统等。

先进制造有以下发展方向：

（1）数控技术（Numerical Control，NC），数控技术的核心是数字控制技术，用计算机来对输入的指令进行存储、译码、计算、逻辑运算，并将处理的信息转换为相应的控制信号，控制运动精度较高的驱动元件，使之按编程人员设定的运动轨迹来高效加工，从而彻底克服了传统机械加工的缺点。

（2）计算机辅助设计与制造是计算机辅助设计（Computer Aided Design，CAD）与计算机辅助制造（Computer Aided Manufacturing，CAM）结合而组成的系统，它依托强大的软件来完成产品设计中的建模、解算、分析、虚拟模拟、加工模拟、制图、数控编程、编制工艺文件等工作。

（3）特种加工技术，传统机械切削加工的本质为刀具材料比工件更硬，用机械能把工件上多余的材料切除，零件的形状由机床的成型运动产生。随着加工需求的改变，人们探索利用电、磁、声、光、化学等能量或将多种能量组合施加在工件的被加工部位，实现材料去除、变形、改变性能或被镀覆等非传统加工方法，这些方法统称为特种加工。

（4）虚拟制造（Virtual Manufacturing，VM），利用计算机技术、建模技术、信息处理技术、仿真技术对现实制造活动中的人、物、信息及制造过程进行全面的仿真模拟，以发现设计或制造中可能出现的问题，在产品实际生产前就改进完成，省略了产品的开发研制阶段，达到降低设计和生产成本，缩短产品开发周期，增强产品竞争力的目的。

（5）机器人技术，计算机控制的可再编程的多功能操作器，又称工业机器人。它能在三维空间内完成多种操作。机器人技术综合了计算机、控制论、机构学、信息、传感技术、人工智能和仿生学等多学科而形成的高新技术。

（6）柔性制造系统（Flexible Manufacturing System，FMS），是以计算机为控制中心实现自动完成工件的加工、装卸、运输、管理的系统。它具有在线编程、在线监测、修复、自动转换加工产品品种的功能。

（7）计算机集成制造系统（Computer Integrated Manufacturing System，CIMS）是在自动化技术、信息技术及制造技术的基础之上，通过计算机网络及数据库，将分散的自动化系统有机地集成起来，完成从原材料采购到产品销售的一系列生产过程的高效益、高柔性的先进制造系统。

实训一 数控车削

【实训目的】

（1）了解数控车床的一般结构和基本工作原理。
（2）掌握数控车床（CAK40100V）的功能及其操作使用方法。
（3）掌握常用功能代码的用法，学会典型零件的手工编程方法。
（4）掌握数控加工中的工件坐标系与机床坐标系之间的关系，学会使用仿真软件。

【实训设备及工具】

序号	名称	规格型号	备注
1	数控车床	CAK40100V	加工工件
2	数控加工仿真软件	—	模拟加工工件
3	装拆刀具专用扳手	—	装拆刀具
4	装拆工件专用扳手	—	装拆工件
5	垫片	—	调整刀具高度
6	外径千分尺	0~25 mm	测量工件
7	游标卡尺	0~150 mm	测量工件
8	钢直尺	0~300 mm	测量工件
9	外圆车刀	90°	车削工件外形
10	切槽刀	刀宽 3 mm	切槽、切断

【实训基础知识】

一、数控机床的组成

常见的数控机床主要由输入/输出装置、数控系统、伺服系统、辅助控制装置、反馈系统和机床本体组成。数控机床的工作流程如图 2-1-1 所示。

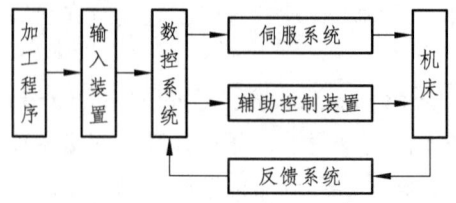

图 2-1-1 数控机床的工作流程

二、数控机床的工作原理

数控设备是按照事先编好的数控加工程序对零件进行加工的高效自动化设备。首先要将被加工零件的技术特征、几何形状、尺寸和工艺等加工要求进行系统分析,确定合理正确的加工方案和加工路线,然后按照数控机床规定采用的代码和程序格式,根据加工要求编制出数控加工程序,然后将加工程序输入到数控装置,按照程序的要求,经过数控系统信息处理、分配,实现刀具与工件的相对运动,完成零件的加工。

【实训内容】

数控车削实训流程如图 2-1-2 所示,包括 5 个步骤。

认识数控机床

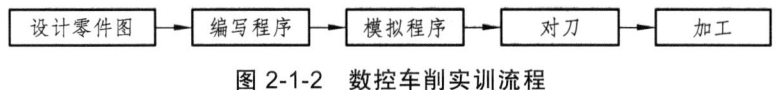

图 2-1-2　数控车削实训流程

一、设计零件图

自行设计零件图,尺寸规格 $\phi25 \times 50$ mm,外形尽量包含台阶、锥面、外圆柱面、圆弧。

二、编写程序

编程就是根据加工零件的图纸和工艺要求,用数控语言描述出来,编制成零件的加工程序。主要分为手工编程和自动编程:手工编程适合外形比较简单,计算量比较小的零件;自动编程适合外形比较复杂,计算量比较大的零件。

下面以某公司所使用的 FANUC-0i 系统为例来进行编程介绍。

数控切削编程中的坐标可以使用绝对值编程,也可以使用增量值编程,还可以使用混合值坐标编程。

编程的三个步骤:先建坐标系,再找外形特征点,最后编程。

(一) 机床坐标系和工件坐标系

数控机床加工零件的过程是通过机床、刀具和工件三者的协调运动完成的。坐标系正是起到了这种协调作用,它能保证各部分按照一定的顺序运动而不至于互相干涉。

机床坐标系是以机床原点为基准而建立的坐标系,机床原点位置随机床生产厂家的不同而不同,一般位于每个移动轴的最大行程处。

对机床坐标系有以下规定:

(1) 工件固定,刀具移动;

(2) 满足右手笛卡尔坐标系,如图 2-1-3 所示;

(3) 正方向是刀具远离工件的方向,如图 2-1-4 所示。

工件坐标系由编程人员确定。一般建立在工件的右端面,便于对刀,如图 2-1-5 所示。

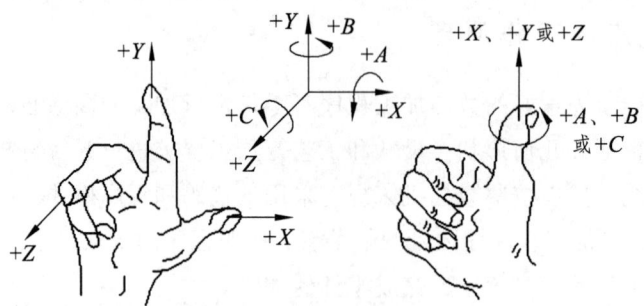

图 2-1-3 右手笛卡尔坐标系

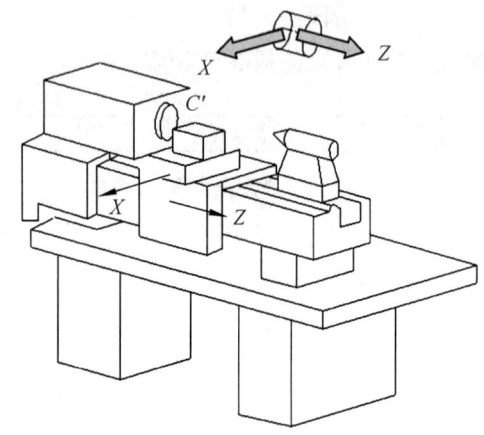

图 2-1-4 机床坐标系

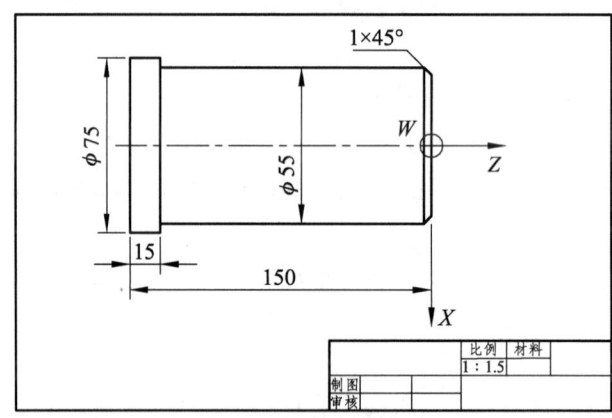

图 2-1-5 机床坐标系

(二)数控编程常用指令——G 代码、F、T、S、M 指令

1. G 代码

（1）G00 X Z：快速定位（不能加工工件，只能快速靠近或者离开工件，并且移动速度与机床的进给速度无关）。

编程简介

（2）X、Z：到达的目标点的绝对坐标。

（3）G01 X Z F：直线插补，移动速度取决于 F，常用于车端面、车外圆、车锥面、加工台阶面。

（4）G02 X Z R F：顺时针圆弧插补。

（5）G03 X Z R F：逆时针圆弧插补。

（6）G71：轴向粗车复合循环。

$$G71U(\Delta d)R(e);$$

$$G71P(ns)Q(nf)U(\Delta u)W(\Delta w)F(\Delta f)S(\Delta s)T(t);$$

式中：Δd——背吃刀量（通常为半径值且不带符号）；

   e——退刀量；

   ns——精加工轮廓程序段中开始段的段号；

   nf——精加工轮廓程序段中结束段的段号；

   Δu——X 轴方向精加工余量和方向（通常为直径值）；

   Δw——Z 轴方向精加工余量和方向；

   Δf、Δs、t——粗加工时的进给量、主轴转速及所用刀具。

粗车转速不宜太快，吃刀量大，进给率快，以求在尽量短的时间内把工件余量车掉（初学者可选择较小切削用量）。粗车对切削表面没有严格要求，只需留一定的精车余量即可，加工中工件要夹牢靠。

（7）G70：精加工复合循环。

$$G70\ P\_Q\_$$

精车是车削的末道工序，加工能使工件获得准确的尺寸和规定的表面粗糙度，此时，刀具应较锋利，切削速度较快。

（8）*G73：仿形粗车复合循环指令。

$$G73U(\Delta i)R(d);$$

$$G73P(ns)Q(nf)U(\Delta u)W(\Delta w)F(f)S(s)T(t);$$

式中：Δi——X 轴方向退刀量（半径值）；

   d——粗加切削次数。

（9）*G75：外圆切槽切断循环指令。

$$G75R(e);$$

$$G75X(U)Z(W)P(\Delta i)Q(\Delta k)R(\Delta d)F(f);$$

式中：e——回退量；

   X——最大切深点的 X 轴绝对坐标（U：最大切深点的 X 轴增量坐标）；

   Z——最大切深点的 Z 轴绝对坐标（W：最大切深点的 Z 轴增量坐标）；

   Δi——X 方向的进给量（不带符号）；

   Δk——Z 方向的位移量（不带符号）；

   Δd——刀具在切削底部的退刀量，Δd 符号总是正的；

   f——进给量。

2. F 功能

F 功能代表进给速度，每转进给量（mm/r）。

3. T 功能

T 功能代表选择刀具。例如：T0101 前两位代表刀位号，后两位代表刀补（刀尖圆弧半径补偿和刀具长度补偿）。取消刀补，则最后两位为 00，如 T0100，取消一号刀刀补。

4. S 功能

S 功能即主轴转速（r/min）。M41 S：低挡位。M42 S：中挡位。M43 S：高挡位。

5. M 辅助指令

M03：主轴正转。M04：主轴反转。M05：主轴停止。M30：程序结束并返回到开始状态。

(三) 编程实例

工件尺寸如图 2-1-6 所示，加工程序如下：

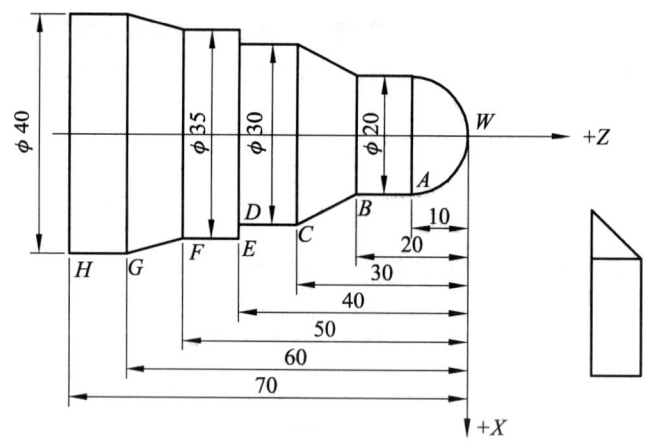

图 2-1-6　工件尺寸图

O1234；（程序名）
T0101；（选择一号刀，即外圆粗车刀）
M42 S600；（选择中速挡位）
M03；（主轴正转）
G00 X150.Z50.；（安全换刀点）
G00 X43.Z0.；
G01 X-0.1 Z0. F0.15；（车削端面）
G00 X43. Z5.；（粗加工循环点）
G71 U0.6 R0.2；（轴向粗车复合循环）
G71 P100 Q190 U0.25 W0.25 F0.15；
N100 G00 X0.；
G01 Z0. F0.1；（W 点）（F 进刀量不变就不再写）
G03　X20.　Z-10.　R10.；(A)

编程示例

G01 Z-20.；(B)
X30. Z-30.；(C)
Z-40.；(D)
X35.；(E)
Z-50.；(F)
X40. Z-60.；(G)
N190 Z-70.；(H)
G70 P100   Q190；（精加工）
G00 X150. Z100.；（回到安全换刀点）
T0100；（取消一号刀刀补）
M05；（主轴停止）
M30；（程序结束并返回参考点）

三、模拟程序

运行模拟程序时，机床必须处于空运行、机床锁住状态。

目的：检查程序是否正确。熟悉操作面板的按钮，如图 2-1-7 所示，机床按钮功能见表 2-1-1。

图 2-1-7 机床操作面板

表 2-1-1 机床按钮功能

按钮名称	功能说明
PROG	程序
CAN	删除输入的前一个字符
DELETE	删除选中的代码
INSERT	插入
ALTER	替换
RESET	复位
EOB	分号
SHIFT	转换

程序输入步骤：编辑模式→PROG→程序名→INSERT→EOB→INSERT→N10 T0101 EOB→INSERT→⋯→M30 EOB→INSERT→RESET→自动模式→循环启动。

程序启动后观看模拟图形和设计的是否一样，不对时需修改程序。

四、对　刀

目的：一方面完成所有刀具的长度补偿值的设定；另一方面在程序自动运行前把刀具移动到刀具的起始点。

操作步骤：

（1）打开计算机，双击桌面数控加工仿真软件，快速登录。

（2）选择机床系统，如图 2-1-8 所示。

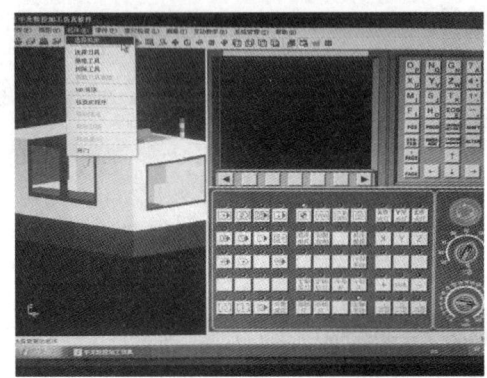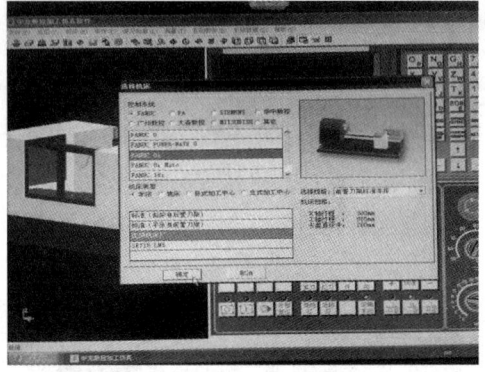

图 2-1-8　选择机床系统

（3）回机床原点，安装好工件、刀具。

（4）在"MDI"编辑模式下，按"PROG"键，输入"S600 M03 EOB"，然后按"INSERT"，最后循环启动，让主轴正转。

（5）试切法对刀。

五、加　工

程序和对刀都没问题，直接把程序名调用出来，然后自动、循环启动加工。

【安全操作规程及注意事项】

（1）不能戴手套操作机床。

（2）操作机床面板时，只允许单人操作，其他人不得触摸按键。

（3）在自动加工过程中，禁止打开机床防护门。

（4）刀架换刀时，必须先将刀架移至安全位置再换刀。

（5）机床开机回零点时，刀架一定要在机床中间位置再回零，避免过行程。

（6）装夹完工件时，卡盘扳手不能放在三爪卡盘上。

（7）机床主轴停止后才能测量工件。

（8）下课前要清除加工屑，擦净机床。

零件加工

【预习要求及思考题】

一、课前预习要求

(1) 预习本工种的全部内容。
(2) 根据老师要求完成加工零件的程序代码编写。

二、思考题

(1) 数控车床适合加工的零件有哪些?
(2) 为什么每次启动系统后要进行"回零"操作?

实训二　数控铣削

【实训目的】

(1) 掌握数控铣削的安全操作规范。
(2) 了解数控铣床的基础知识。
(3) 了解基础的数控加工工艺。
(4) 掌握自动编程软件"CAXA 制造工程师"的自动编程方法。
(5) 初步具备一定的工程实践能力。

【实训设备及工具】

序号	名称	规格型号	备注
1	数控铣床	XKN713	金属和非金属零件加工
2	台虎钳和钳工台		装夹工件、锉削零件
3	立铣刀	$\phi 12$ mm	铣削毛坯
4	游标卡尺	0~150 mm	检测工件尺寸
5	台式计算机	Windows 系统	处理图形和工艺
6	软件1	CAXA 制造工程师	建模、自动编程

【实训基础知识】

一、数控技术及数控铣床概述

(一) 数控铣床简介

科学技术的发展以及世界先进制造技术的兴起和不断成熟,对数控加工技术提出了更高的要求,超高速切削、超精密加工等技术的应用,对数控机床的数控系统、伺服性能、主轴驱动、机床结构等提出了更高的性能指标。FMS 的迅速发展和 CIMS 的不断成熟,又对数控机床的可靠性、通信功能、人工智能和自适应控制等技术提出更高的要求。随着微电子和计算机技术的发展、数控系统性能的日臻完善,数控技术的应用领域日益扩大。

数控铣床是一种加工功能很强的数控机床,目前迅速发展起来的加工中心、柔性加工单元等都是在数控铣床、数控镗床的基础上产生的,两者都离不开铣削方式。由于数控铣削工艺最复杂,需要解决的技术问题也最多,因此人们在研究和开发数控系统及自动编程语言的软件时,也一直把铣削加工作为重点。

数控铣床是在一般铣床的基础上发展起来的一种自动加工设备,两者的加工工艺基本相同,结构也有些相似。数控铣床又分为不带刀库和带刀库两大类。其中带刀库的数控铣床又称为加工中心。数控铣床主要由数控系统、伺服系统和机床本体三个基本部分组成，加工流程如图 2-2-1 所示。

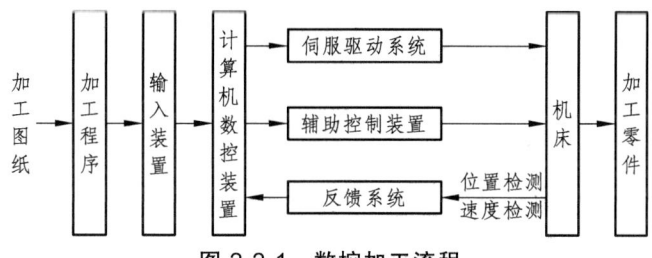

图 2-2-1 数控加工流程

(二) 机床坐标系

机床坐标系是数控机床上固有的坐标系，X、Y、Z 轴的关系遵循右手笛卡尔坐标系，机床坐标系各轴的方位是参考机床上的一些基准来确定的。

在标准中，规定平行于机床主轴（传递切削力）的刀具运动坐标轴为 Z 轴，同时，取刀具远离工件的方向为 Z 轴的正方向。X 轴一般是水平的，平行于工件装夹面，垂直于 Z 轴。对于立式数控铣床而言，从主轴向立柱的方向看，右侧为 X 轴的正方向。确定 Z 轴和 X 轴之后，可按右手笛卡尔坐标系确定 Y 轴的正方向，如图 2-2-2 所示。

机床原点是机床坐标系的原点，它的位置通常是各坐标轴的极大极限处。

二、数控加工基础知识

(一) 先粗后精

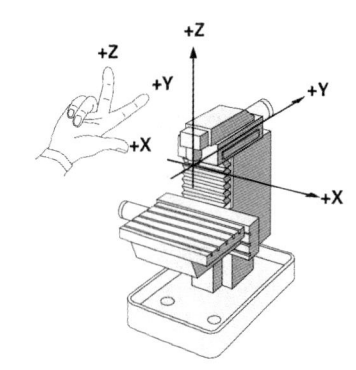

图 2-2-2 机床坐标系

数控铣削加工工序中，切削加工的工步（加工）顺序的安排应该遵循先粗后精、基准面先行、先面后孔及按所用刀具划分工步的原则。

本次实习我们重点理解先粗后精原则。

在进行数控加工时，根据零件的加工精度、刚度和变形等元素来划分工序时，应遵循先粗后精原则来划分工序，即先粗加工完成之后再进行半精加工、精加工。对于某一加工表面，应按粗加工→半精加工→精加工的顺序完成。粗加工时应当在保证加工质量、刀具耐用度和机床—夹具—刀具—工件工艺系统的刚性所允许的条件下，充分发挥机床的性能和刀具切削性能。精加工时主要保证零件加工的精度和表面质量，为保证加工质量，一般情况下，精加工余量以留 0.2~0.6 mm 为宜。粗、精加工之间最好隔一段时间，以使粗加工后零件的变形得到充分恢复，再进行精加工，以提高零件的加工精度。

(二) 刀具半径补偿

铣刀的刀位点在刀具（主轴）中心线上，编程是以刀具上刀位点为基准编写的走刀路线。实际加工中生成的零件轮廓是由刀具上的切削点形成的（见图 2-2-3）。

以立铣刀为例,刀位点位于刀具端部圆心,切削点位于端部外圆上,相差一个刀具半径值。为了加工出符合尺寸要求的零件轮廓,刀具中心轨迹应该沿着零件轮廓偏移一个刀具半径值,即进行刀具半径补偿(见图 2-2-4)。手动编程时可以采用 G41、G42、G40 指令来执行刀具的偏置补偿;自动编程时,可以在【补偿】、【偏移类型】设置刀具补偿方式。

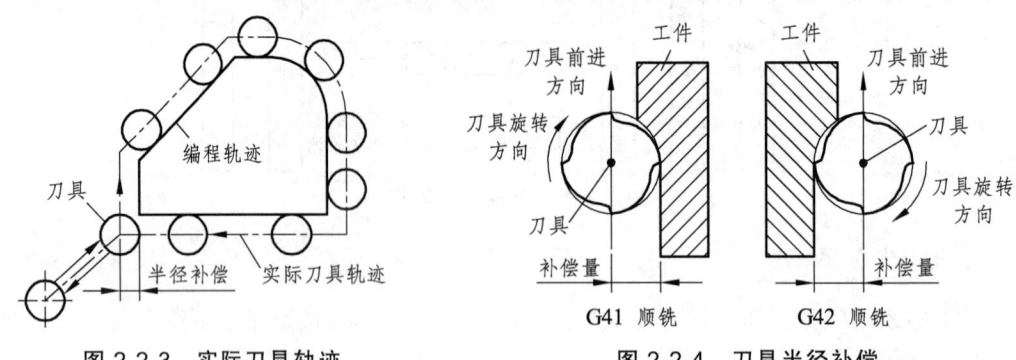

图 2-2-3　实际刀具轨迹　　　　　　图 2-2-4　刀具半径补偿

三、数控编程技术

(一) 工件坐标系

工件坐标系是人们在编程和加工时人为创建的坐标系,如图 2-2-5 所示,编程时需要参考工件坐标系来描述零件图纸上的各个坐标点,如图 2-2-6 所示。在加工时,工件随夹具安装在机床上,这时需要通过对刀(找正)测量出工件坐标系原点在机床坐标系中的位置,从而对毛坯进行加工。

注:对刀方法详见【实训内容】。

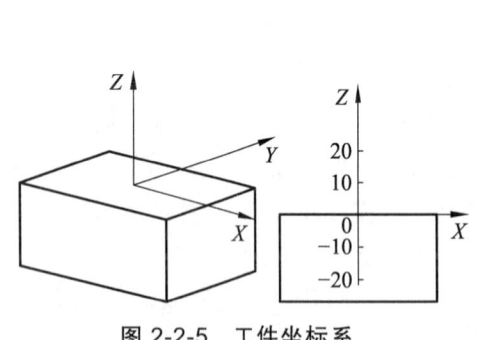

图 2-2-5　工件坐标系　　　　　　图 2-2-6　机床坐标系与工件坐标系的关系

(二) CAD/CAM 自动编程

交互式 CAD/CAM 集成系统自动编程是现代 CAD/CAM 集成系统中常用的方法。在编程时,编程人员首先利用计算机辅助设计(CAD)或自动编程软件本身的零件造型功能,构建出零件几何形状，然后对零件图进行工艺分析，确定加工方案，其后还需利用软件的计算机辅助制造（CAM）功能，完成工艺方案制订、切削用量的选择、刀具及其参数的设定，自动计算并生成刀位轨迹文件，利用后置处理功能生成数控系统能够识别的加工程序。

四、CAXA 制造工程师

(一) CAXA 制造工程师简介

目前比较流行的基于图形的自动编程软件有：CAXA 制造工程师、Mastercam、UG、Pro/Engineer、CATIA、CIMATRON 系统等。其中 CAXA 制造工程师是由我国北京北航海尔软件有限公司开发的全中文、面向数控铣床和加工中心的 CAD/CAM 软件。它既具有线框造型、曲面造型和实体造型的设计功能，又具有生成二至五轴加工代码的数控加工编程功能，可用于加工具有复杂三维曲面的零件。

本节主要介绍 CAXA 制造工程师的自动编程功能。

(二) CAXA 制造工程师操作提示

1. 改变模型视角的方式

平移：先按住"shift"键，再按住鼠标滚轮并移动鼠标。

缩放：前后滚动鼠标滚轮。

旋转：按住鼠标滚轮并移动鼠标。

2. 快捷键

F2：草图器，用于"草图绘制"模式与"非绘制草图"模式的切换。

F3：在绘图区显示全部图形。

F4：重画（刷新）图形。

F5：将当前平面切换为 XOY 面，选取 XOY 面为视图平面和作图平面。

F6：将当前平面切换为 YOZ 面，选取 YOZ 面为视图平面和作图平面。

F7：将当前平面切换为 XOZ 面，选取 XOZ 面为视图平面和作图平面。

F8：显示轴测图。

F9：切换作图平面。

空格键：捕捉特殊点，特殊点包括端点、中点、交点、圆心和切点等。

3.【轨迹管理】

【轨迹管理】工具条对自动编程至关重要，不能关闭。若不慎关闭，可以在菜单栏空白部分右击鼠标，便可以看到软件所有的工具条选项，这时只需点击一下【轨迹管理】，即可把它显示在软件主界面上。

更多软件操作方法见【实训内容】部分。

【实训内容】

实训内容主要分成两步：

第一步：编程。利用 CAXA 制造工程师完成零件的建模和自动编程。

第二步：加工。操作数控铣床分别完成零件的粗加工和精加工。

一、自动编程

自动编程步骤：

（1）建模，对于三维造型零件，创建二维轮廓线就可满足编程需求。

（2）定义毛坯、起始点、刀具库、工件坐标系；

（3）生成加工轨迹；

（4）实体仿真，检验加工轨迹是否合理；

（5）后置处理，生成 G 代码（即数控程序）。

请扫描二维码"CAXA 制造工程师自动编程"，学习详细的操作步骤。

CAXA 制造工程师
自动编程

二、数控铣床操作

数控铣床的操作步骤：

（1）开机。

（2）输入程序。

（3）安装工件。

（4）对刀（找正）。

（5）模拟运行程序。

（6）执行程序，实际铣削。

（7）取下零件、去毛刺、打扫机床和车间的卫生。

请扫描二维码"数控铣床操作步骤"，学习详细的操作步骤。

数控铣床
操作步骤

【安全操作规程及注意事项】

（1）按金工实习要求穿着。

（2）加工零件时，必须关上防护门，不准把头、手伸入防护门内，加工过程中不允许打开防护门。

（3）禁止用手或其他任何方式接触正在旋转的主轴、工件或其他运动部件。

（4）设备开动后，操作人员不得擅自离开或托人代管。

（5）在加工过程中发现异常时，应立即按下紧急停止按钮，然后找到问题所在，并及时排除故障。

（6）加工完毕要关闭机床电源，收拾工具并清洁机床和地面。

【预习要求及思考题】

一、课前预习要求

（1）预习本工种的全部内容。

（2）掌握数控编程，具有在 45 分钟内对一个简单零件自动编程的能力。

（3）了解机床操作方法。

二、思考题

了解零件数控铣削加工工艺过程。

实训三 数控电火花线切割

【实训目的】

（1）了解数控电火花线切割的特点及数控电火花线切割的 CAD/CAM 设计制作一体化加工流程。

（2）掌握利用软件 CAD 进行二维作品的设计及走丝路径规划。

（3）掌握数控电火花线切割控制软件 HF 进行二维加工的基本操作。

【实训设备】

序号	名称	规格型号	备注
1	数控电火花线切割机床	DKM400CZ	加工幅面/mm　400×500×300
2	数控电火花线切割机床	DKM280-1	加工幅面/mm　280×360×400
3	数控电火花线切割机床	DKB350	加工幅面/mm　350×400×350
4	台式计算机		处理图形和工艺，Windows 操作系统

【实训基础知识】

数控电火花线切割流程如图 2-3-1 所示。

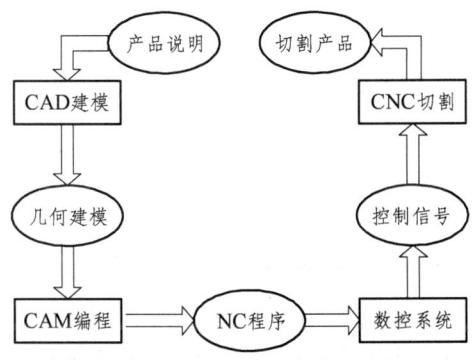

图 2-3-1　数控电火花线切割流程

一、电火花线切割技术起源和设计初衷

电火花线切割技术是由苏联发明的技术工艺。随着社会的发展，工业生产中所使用的材料越来越难加工，如高强度合金钢、钛合金、硬质合金、陶瓷玻璃、人造金钢石等。零件形状也越来越复杂，对表面精度、粗糙度和某些特殊的要求也越来越高，传统的机械加工已远远不能满足工业生产的需求。工业生产要求尖端科学技术产品向高精度、高速度、高温、高压、大功率、小型化等方向发展，人们开始探索研究新的加工方法。通过对各种物理现象（电、光、声、化学等）的合理利用，逐渐开创了一些新的特种加工方法，电火花线切割就是其中一种。

二、加工特点

电火花线切割机床利用放电产生的 8 000 ℃ ~ 12 000 ℃ 高温能加工各种高硬度、高强度、高韧性和高熔点的导电材料，如淬火钢、硬质合金等。加工时，钼丝与工件不接触，有 0.01 mm 左右的间隙，不存在切削力，有利于提高几何形状复杂的孔、槽及冲压模具的加工精度。可用于单件、小批量生产，可加工各种冷冲模、样板、外形复杂的精密零件及窄缝，尺寸精度可达 0.01 ~ 0.02 mm，表面粗糙度 Ra 值可达 1.6 μm。它是对难于机械加工的材料和零件进行加工的有力手段，通常用于加工各种由封闭平面图形构成的柱状面，如果配以专用附件还可以加工直纹的锥状面和直纹旋转曲面。

三、数控电火花线切割技术的改进

将传统数控加工中的自动化技术与电火花线切割技术有机地结合在一起，就形成了一种新的计算机数控电火花线切割技术。CNC 数控电火花线切割集计算机辅助设计技术（CAD 技术）、计算机辅助制造技术（CAM 技术）、数控技术（NC 技术）、精密制造技术于一体。

电火花线切割简介

【实训内容】

按照数控电火花线切割流程，实训内容分为图 2-3-2 所示的 5 个步骤。

图 2-3-2 数控电火花线切割加工流程

一、绘　图

本实训自主绘图，作品最大不超过 30 mm × 30 mm，可采用直接画图方式完成。

运用 CAD 绘图时，要完成相应的功能需点击状态工具栏中的按钮进入选择工具状态，如图 2-3-3 所示。注意：要求用"DXF"格式的文件存盘。

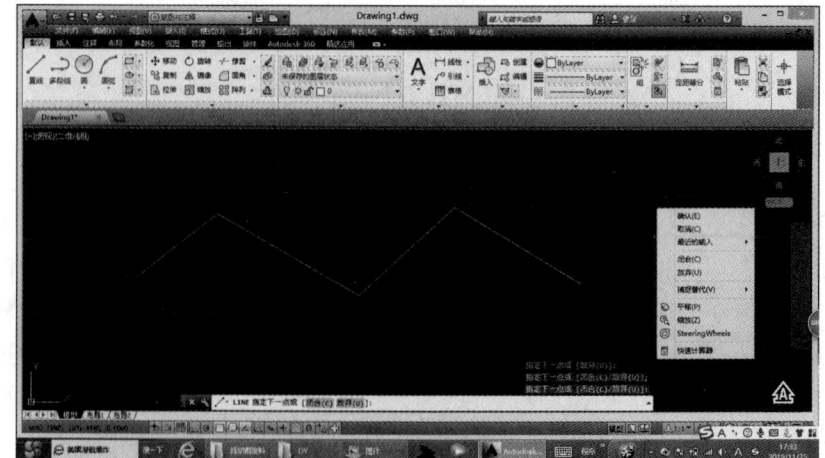

图形绘制

图 2-3-3 状态工具栏

❖ 提示：

复制、粘贴、裁剪、镜像可加快绘图速度。

缩放可以改变零件实际大小。

图形尺寸要求严格控制在 30 mm×30 mm 范围内。

二、生成走丝路径

生成走丝路径即通过 HF 软件的 CAM 编程功能生成控制走丝运动路径的代码。对于初学用户，通过菜单命令"走丝路径/路径向导"即可启动"生成走丝路径"，它允许用户简单方便地生成路径。

打开电火花线切割自动编程控制系统 HF 软件，如图 2-3-4 所示。

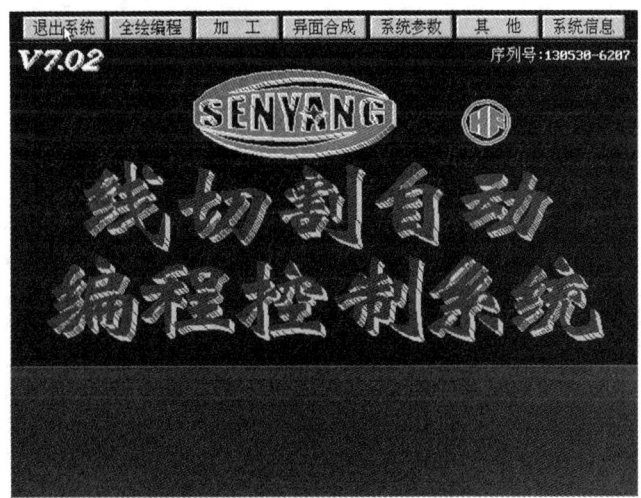

用 HF 软件生成走丝路径

图 2-3-4　HF 软件界面

（1）将 U 盘插入机床接口，进入"全绘编程"，首先清屏如图 2-3-5 所示。

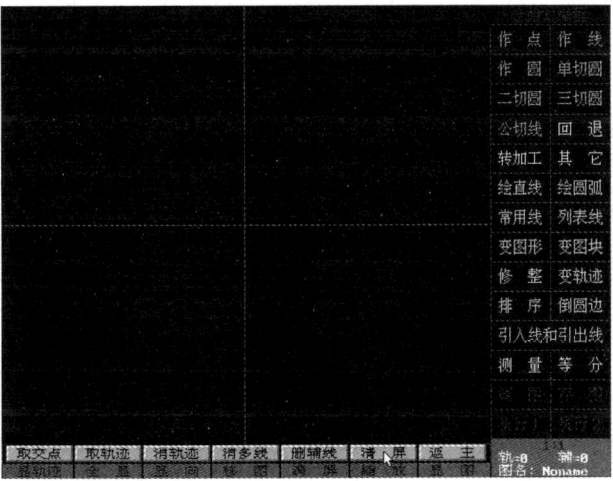

图 2-3-5　清屏

（2）调图→DXF 文件→回车→另选盘号→"F"→点文件名→"2"→"回车"→全屏，如图 2-3-6 所示。

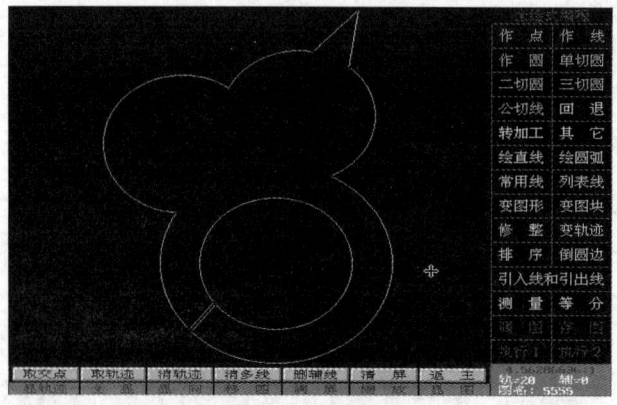

图 2-3-6　读取图形

（3）引入线和引出线→作引线端点法→作引线→回车→回车→退出→执行→回车→后置，如图 2-3-7 所示。

图 2-3-7　作引线

（4）生成 3B 代码→3B 存盘→输入文件名→回车→回车→返回→返主菜单，如图 2-3-8 和图 2-3-9 所示。

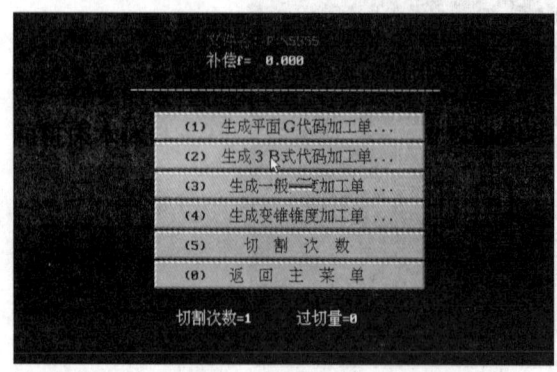

图 2-3-8　返回菜单

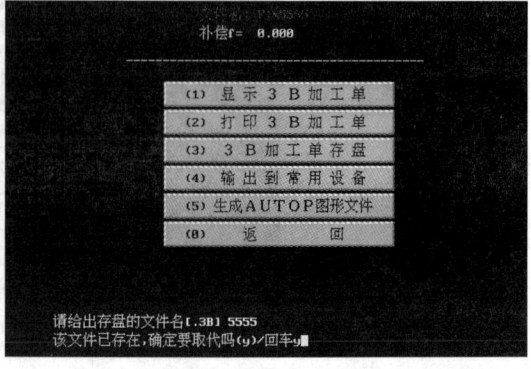

图 2-3-9　主菜单

（5）点击加工→读盘→读 3B 式程序→选文件名→点击文件名→显示图形，如图 2-3-10 和图 2-3-11 所示。

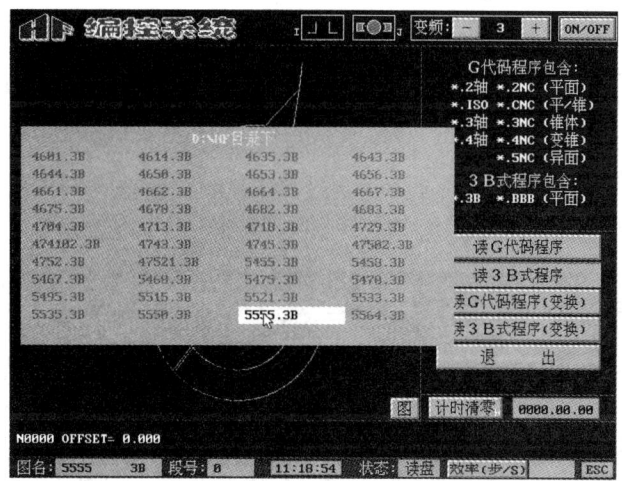

图 2-3-10 代码

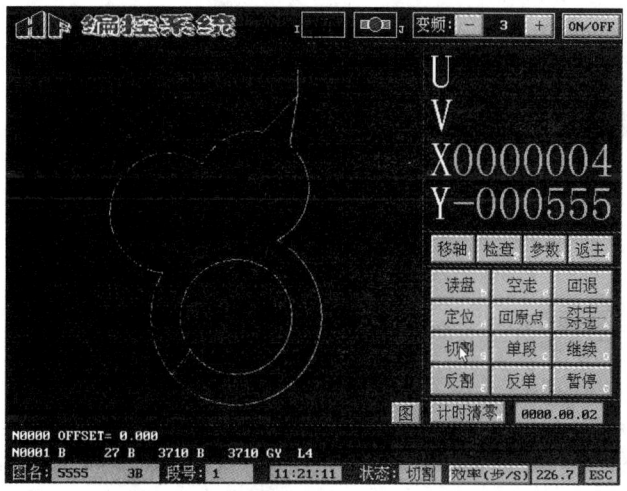

图 2-3-11 图形

提示：所切割的作品要遵循先内后外的原则。

三、加工过程模拟

加工过程模拟，也叫加工仿真，是指用计算机以图像动画的方式模拟加工过程。通过加工仿真，用户可以查看切削是否正确，观看最后生成的模型大体上是否正确。有许多加工路径的错误是通过加工仿真发现的。加工模拟和校验在整个加工过程中非常重要，它可以帮助我们提前发现错误、纠正错误，避免在加工过程中造成不必要的损失。

点击"空走"进行加工过程模拟，如图 2-3-11 所示。

提示：

（1）如果模拟中断则表示路径不通，必须制定路径。

（2）如果模拟中出现反复加工，则停止模拟，删除此段路径重新绘制。

四、输出走丝路径

（1）走丝路径给出了加工起点，此段路径与所加工图形不能互相冲突，必须高于所加工图形。

（2）HF 绘图界面编程后送至 HF 加工界面，如图 2-3-12 所示。

图 2-3-12　加工起点定位

（3）0.5 mm 钢板放置于工作台上两边压平，如图 2-3-13 所示。

图 2-3-13　工作台

五、机床上加工作品

(一) 确定工件原点

手动将钼丝与工件接近至 2 mm，并用量具测出钼丝两边各 20 mm 加工余量，如图 2-3-14 所示。注意：逐一摇动 X/Y 轴手柄。

数控电火花线切割加工

图 2-3-14 切割位置起点

(二) 加工控制

设好加工参数后,启动机床,按下触摸键盘上的"丝筒"键,待"丝筒"启动、冷却液流下后,点击 HF 加工界面的"切割"按钮。

启动加工后,原则上加工参数已设定好,不需要调整。加工结束后,会弹出结束提示对话框,同时蜂鸣器有声光提示。机床自动停止,下一个图形需回到软件初始界面,继续选择其他路径或打开新的文件加工。

提示:

(1) 加工速度与功率大小有关,需参考仪表。

(2) 0.5 mm 钢板加工速度已设定好。

出现紧急情况时,应及时按下"暂停"键及触摸键盘上的"丝筒"键(见图 2-3-15)。

注意:严禁在机床未停止的情况下进行更换材料、取件等的操作!

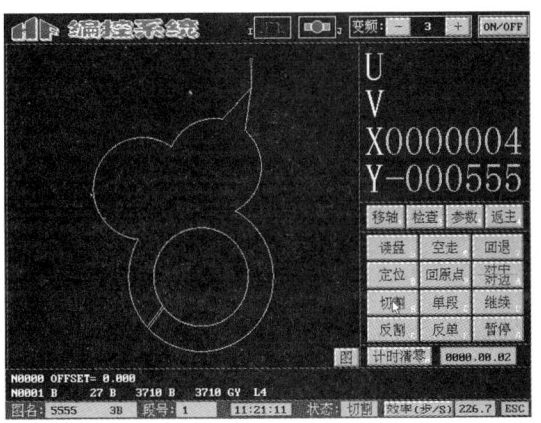

图 2-3-15 "暂停"键及"丝筒"键

【安全操作规程及注意事项】

(1) 设备运行时严禁近距离观察切割表面。

(2) 机床运行时严禁用手触摸,避免意外伤害。设备运行时,严禁用手触摸切割表面,严禁擦拭工件表面。

（3）机床的横梁及挡板上严禁放置任何物品，操作过程中严禁趴在机床上，更不允许坐在或倚靠在机床上。

（4）加工完毕要关闭机床电源，收拾工、量具，清洁机床和地面。

【预习要求及思考题】

一、课前预习要求

（1）预习本工种的全部内容。

（2）根据老师要求完成加工作品的设计。

（3）将所绘制的图形用名为 R12 的 DXF 文件格式存盘，考虑兼容问题。

二、思考题

为何数控电火花线切割效率低还不被淘汰？

实训四　数控雕刻

【实训目的】

（1）了解数控雕刻的基本知识及数控雕刻的 CAD/CAM 设计加工一体化流程。
（2）掌握利用数控雕刻软件 JDPaint 进行平面雕刻作品的设计及相应的刀具路径规划。
（3）掌握数控雕刻控制软件 En3d 进行平面雕刻的基本操作。

【实训设备及工具】

序号	名称	型号规格	备注
1	数控雕刻机	JDWMS 200M（骏雕）、JDPMS_V08_A（麒雕）	
2	雕刻软件	JDpaint 5.19、雕刻机控制软件 En3d 7.19	
3	台式计算机		安装 Windows7 或以上操作系统

【实训基础知识】

计算机数控雕刻技术（简称 CNC 雕刻技术）是传统雕刻技术和现代数控技术结合的产物，它秉承了传统雕刻精细轻巧、灵活自如的操作特点，同时利用了数控加工中的自动化技术，并将二者有机地结合在一起，成为一种新的雕刻技术。CNC 雕刻机集计算机辅助设计技术（CAD 技术）、计算机辅助制造技术（CAM 技术）、数控技术（NC 技术）、精密制造技术于一体。数控雕刻流程如图 2-4-1 所示。

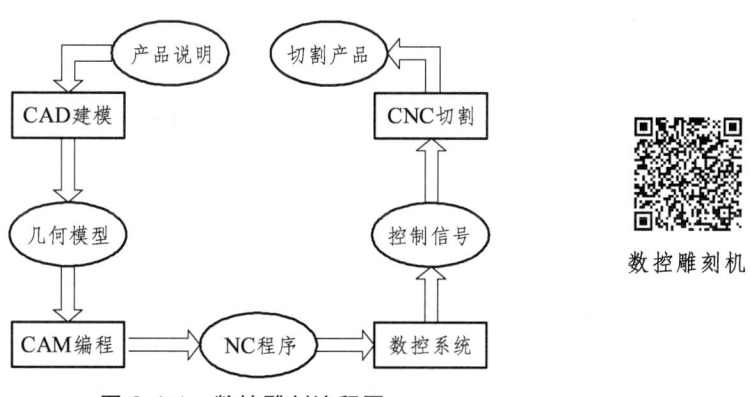

图 2-4-1　数控雕刻流程图

CNC 雕刻来源于传统手工雕刻和数控加工，在弥补手工雕刻和数控加工的不足之处的同时，最大可能地吸取了二者的优点，将它们融会贯通，逐渐形成数控雕刻的特点：加工对象尺寸小、形态复杂，采用高速铣削加工，采用小刀具，产品尺寸精度高，强项是加工浮雕作品。

实训中完成 CAD 建模和 CAM 编程等环节的软件是 JDpaint；在机床的控制台上所用的控制软件是 En3d。

本实训中主要实践平面雕刻。平面雕刻的方法较多（参见本实训阅读资料"二"），实训中涉及的雕刻方法有单线切割、区域加工和轮廓切割等加工方法，如图 2-4-2 所示。

（a）单线切割：沿曲线进行雕刻，也用于不封闭边界修边

（b）区域加工：用于除去平面凹槽内的材料

（c）轮廓切割：切割封闭轮廓

图 2-4-2　实训中涉及的雕刻方法

平面雕刻常用的刀具很多（参见本实训阅读资料"三"），实训中涉及的刀具主要有平底刀和锥度平底刀（见图 2-4-3）。

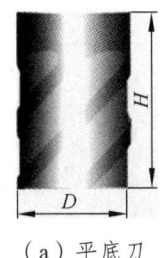
（a）平底刀

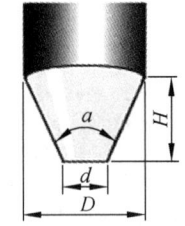
（b）锥度平底刀

图 2-4-3　实训中涉及的雕刻刀具

【实训内容】

实训内容分为以下 6 个步骤：
建模→生成刀具路径→加工过程模拟→输出刀具路径→机床上加工作品。

一、建　模

运用 JDPaint 建模时，要完成相应的功能就要点击状态工具栏上相应的按钮，进行选择工具状态、节点编辑状态、文件编辑状态等状态的切换（见图 2-4-4）。

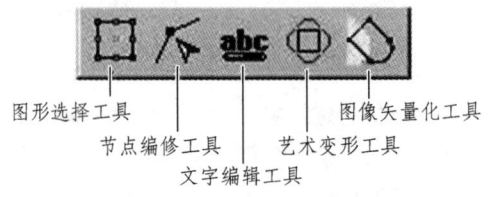

图 2-4-4　状态工具栏

建模中的一些常见操作

（1）本实训中可自主建立平面模型，要求作品中有图形，作品（包括边框）最大边不超过 90 mm。可采用直接画图或抄图（描图）方式绘制。

如采用描图方式，则按以下步骤操作：

① 点击"文件/输入/所有格式"→点击"变换/图形聚中"→选中图片→点击"导航栏/加锁/已选对象加锁"。

② 用直线或多义线勾描图形轮廓→节点编修→图形修编→调整大小。

提示：

① 复制、粘贴、裁剪、镜像、阵列等按钮或菜单项可加快建模速度。

② 鼠标中轮滚动可快捷改变视图大小，shift＋中轮可平移视图。

③ 图形 蒿 、线延伸 入 等工具可进行图形修编。

④ 进入节点编辑状态可灵活编辑图形。

⑤ 建模完成后，尽量消去不必要的节点，这样可提高加工速度。

⑥ 滚动鼠标中轮或点击"视图"按钮可以改变视图的大小，但不能改变对象的大小。

（2）* 利用 JDpaint 软件绘制如图 2-4-5 所示的练习图例。

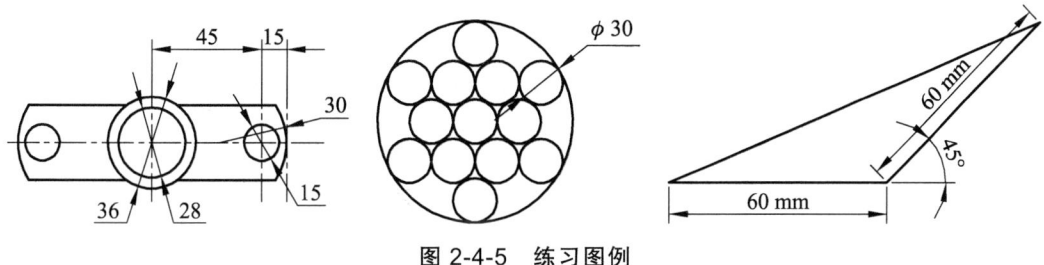

图 2-4-5　练习图例

（3）* 按图 2-4-6 所给的要求设计并加工铭牌（用自己的姓名和学号）。

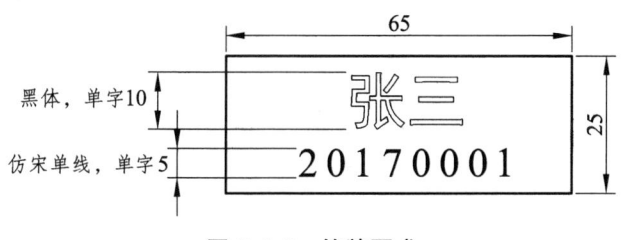

图 2-4-6　铭牌要求

二、生成刀具路径

生成刀具路径，即通过 JDpaint 软件的 CAM 编程功能生成控制刀具运动路径的代码。JDpaint 仅从加工工艺的需求出发生成路径。对于初学用户，通过菜单命令"刀具路径/路径向导"即可生成刀具路径。它允许用户仅输入几个关键数据或使用一些缺省值方便地生成路径。

提示：因设备台（套）数有限，实训时间有限，无法提供换刀时间，为保证实训的完整性，故实训中作品（要加工）的雕刻方法只采用单线切割，刀具用锥度平底刀 JD-30-0.3。

选择需要生成刀具路径的几何对象，包括点、曲线、文字等，分别对边框和中间部分的雕刻区域进行刀具路径的生成。

生成刀具路径的步骤如图 2-4-7 所示。

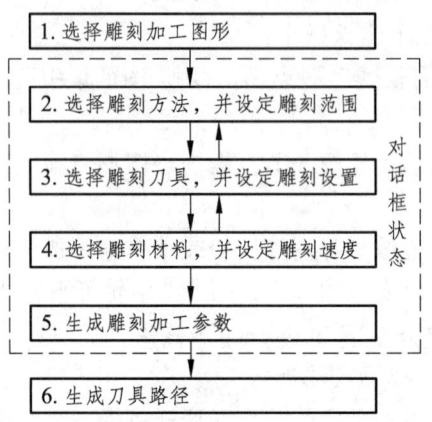

图 2-4-7　生成刀具路径的步骤

(一) 选择中间部分雕刻区域，启动雕刻方法

点击菜单"刀具路径/路径向导"（选择"单线切割"）→点击"半径补偿"（选择"关闭"）→表面高度（设为"0"）→加工深度（设为 0.1）→点击下一步，如图 2-4-8 所示。

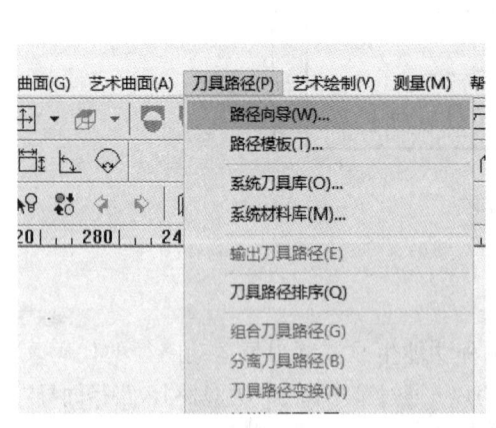

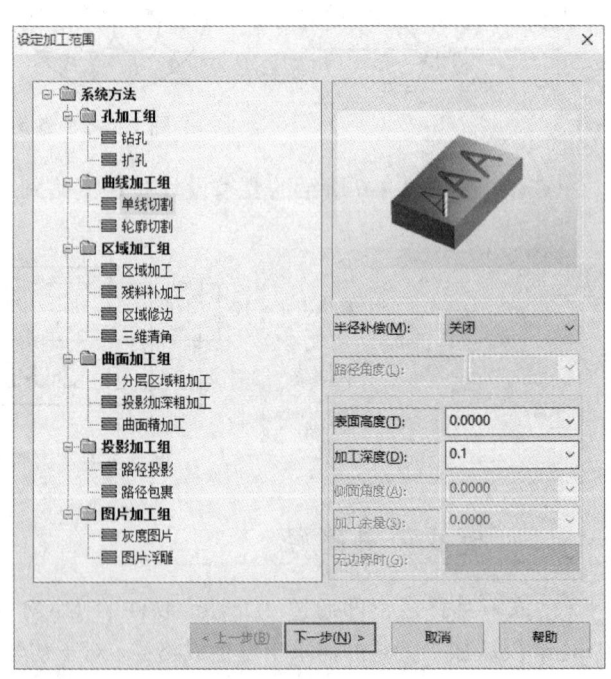

图 2-4-8　选择加工方法

(二) 选择雕刻刀具

选择锥度平底刀（JD-30-0.3），其余参数采用默认值，如图 2-4-9 所示。

(三) 选择雕刻材料

选择"双色板"→主轴转速（设为"19000"）→进给速度（设定为"3"）→吃刀深度（设定为"0.1"）→其余参数设定为默认值→点击"下一步"→参数设定为默认值→点击完成，这样就生成了中间部分的刀具路径，如图 2-4-10 所示。

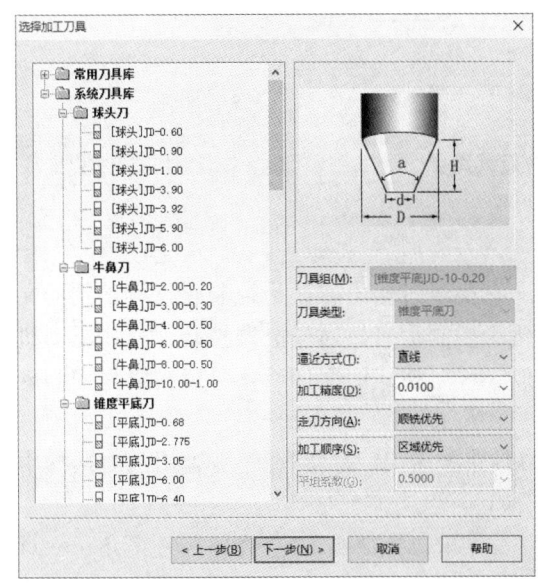

图 2-4-9 选择雕刻刀具

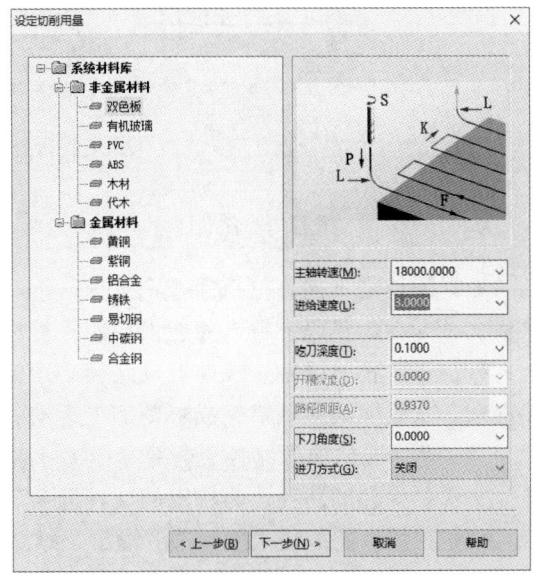

图 2-4-10 选择材料及其他参数

(四) 选择边框

生成刀具路径方法与前面相同，只是边框加工深度设定为"1.0"，吃刀深度设定为"0.5"。

三、加工过程模拟

（1）点击菜单项"刀具路径/加工过程模拟"→点击导航栏按钮"开始"→进行加工过程模拟。提示：

① 如果没有生成刀具路径或者刀具路径被全部隐藏了，系统提示"没有刀具路径，不能模拟!"，并自动退出加工模拟命令。

② 如果用户已经选择了刀具路径，系统提示"只模拟选择路径？"，如果选择"是"，加工模拟命令仅仅模拟选中的路径，否则模拟全部可见的路径。

（2）如果模拟中出现反复加工或者有路径错误的情况，可删除刀具路径，重新生成。

通过导航栏过滤器选择刀具路径并删除刀具路径的方法如图 2-4-11 所示。

提示：点击导航栏之前不要选择任何对象!

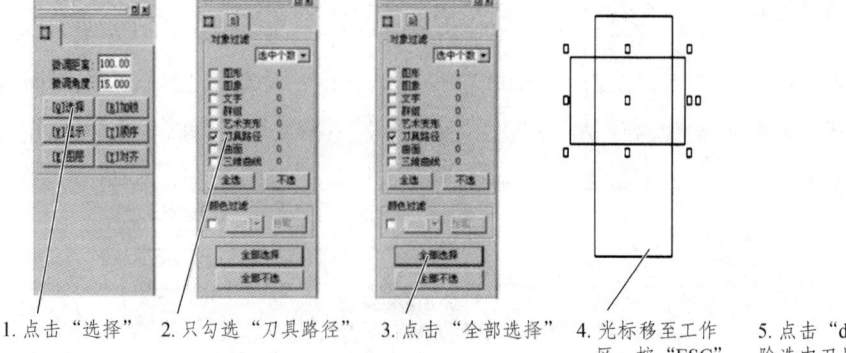

1. 点击"选择" 2. 只勾选"刀具路径" 3. 点击"全部选择" 4. 光标移至工作区，按"ESC" 5. 点击"delete"键，删除选中刀具路径

图 2-4-11　删除刀具路径

四、输出刀具路径

刀具路径是不能直接控制雕刻机进行加工的，它要经过输出转化为控制软件可识别的文件格式（即 NC 代码）后，才能由控制计算机转化为控制信号，通过电器控制部分，驱动机床进行加工。精雕软件生成的刀具路径必须输出成 ENG 格式的文件后才可以被雕刻控制软件识别，从而驱动雕刻机完成雕刻加工运动。

（1）选择要输出的路径（全部选择）→点击刀具路径/输出刀具路径→在弹出的对话框中选择文件要保存的路径，为输出的文件取名（*.ENG），点击"完成"。

（2）在弹出的对话框中勾选"输出二维路径"→点击"特征点"（选择路径左下角）→点击"确定"，如图 2-4-12 所示。

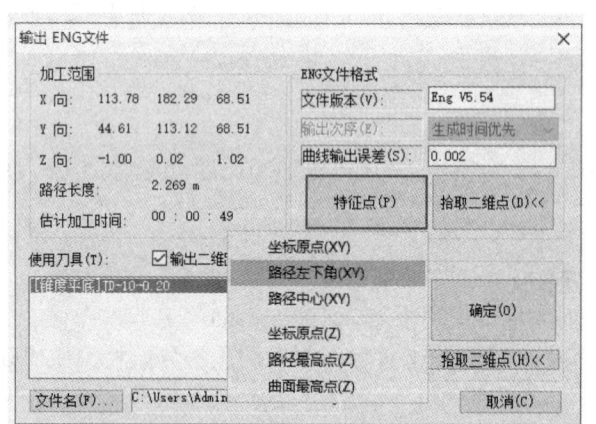

固定加工材料双色板

图 2-4-12　输出刀具路径

五、机床上加工作品

(一) 固定加工材料双色板

贴单面胶：要逐条贴满玻璃板，不留间隙、不重叠（见图 2-4-13）。

贴双面胶：间隔贴，间距为胶布宽度的一半，第一条和最后一条贴到双色板边缘（见图 2-4-14）。

贴双色板：将双色板弯曲，中间先稍微向下凸出贴到工作台上，再将两侧放下贴好，贴好后使劲拍紧，如图 2-4-15 所示。

图 2-4-13　工作台贴单面胶　　图 2-4-14　双色板贴双面胶　　图 2-4-15　贴双色板到工作台

(二) 传输文件

准备好后，将输出的雕刻文件用 U 盘拷贝到雕刻机的控制电脑上，利用雕刻机加工控制软件"En3d"打开雕刻文件"*.ENG"。

(三) 进入加工界面

进入软件界面后，选中要加工的图形（先选择中间部分）→在菜单栏点击"加工"→点击"选择"，进入"雕刻加工"界面，如图 2-4-16 所示。

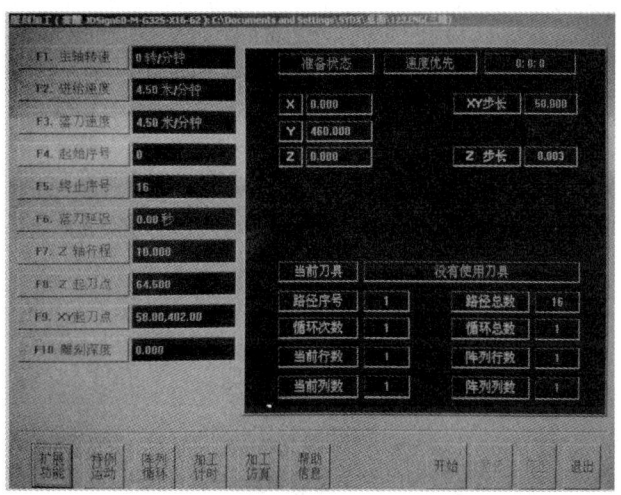

图 2-4-16　雕刻加工界面

(四) 确定工件原点

（1）实训中的数控雕刻机床坐标系为 X 轴、Y 轴在水平方向，Z 轴在竖直方向。

（2）通过"Alt"+"D"键把刀具逐步下降→当刀具下端快接触双色板表面时，通过"Ctrl"+"PageDown"把 Z 轴步长逐步减小→最后几步 0.1 mm→当刀具下端接触雕刻材料表面时会有碎屑飞起，这时表明刀具已接触材料表面，此时刀具应停止下降，不要再移动刀具。

（3）点击"工件原点"→"当前 XY"和"当前 Z"（获取 X、Y、Z 坐标值）→点"确认"（改变 X、Y、Z 任一个的值，必须点确定，否则不被记录）。

注意：向下移动主轴时，应逐次操作，每操作一次要等主轴下移后再操作，严禁连续按键。

提示：

① 移动主轴：

"→""←""↑""↓"：水平移动主轴。

"Alt + D""Alt + U"：竖直移动主轴。

移动刀具先需要修改 X、Y 步长和 Z 步长，步长为手动一次 X、Y 或 Z 轴的移动距离。

确定工件原点

② 修改步长：

Page UP：增大 XY 轴的手工步长，最大为 100 mm。

Page Down：减小 XY 轴的手工步长，最小为 0.003 mm。

Ctrl + Page UP：增大 Z 轴的手工步长，最大为 5 mm。

Ctrl + Page Down：减小 Z 轴的手工步长，最小为 0.003 mm。

(五) 确定其他加工参数

点击"进给速度"（输入"3"）→点击"深度微调"（输入-0.1 或-0.2）。

提示：如果是骏雕机（1号机），"加工深度"则输入 0.1 或 0.2；"定位高度"输入 1。设置完参数后，在软件左上角区域查看，确认参数的设定情况（见图 2-4-17）。

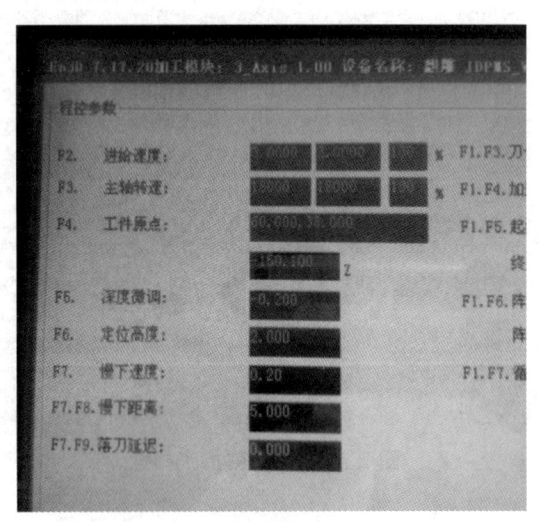

确定其他
加工参数

图 2-4-17　加工参数区域示意图

(六) 加工控制

设好加工参数后，点"开始"/开始加工"启动加工。启动加工后，加工深度不合适的，点击"Esc"暂停加工→点击"深度微调"调整深度→点击"继续"重启加工。

加工结束后，会弹出结束提示对话框，同时蜂鸣器有声光提示。不需要继续加工则点击"结束加工"；如需重新再加工，则点击"重启加工"。加工完成后，点击软件右上角的"退出"退出加工界面，回到软件初始界面，继续选择其他路径或打开新的文件加工。

(七) 选中边框，然后按步骤 5 进行设置

提示：

（1）选"继续"是从暂停时的位置开始加工；选"停止"+"开始"是重新从头加工。

（2）每次微调深度按 0.1 mm 或 0.2 mm 的间隔增加，不宜过大。

（3）暂停加工，按控制台电脑的键盘上的"Esc"键。

注意：出现紧急情况时，及时按下图 2-4-18 所示的"急停"键。

(八) 停主轴操作

更换材料、刀具或加工结束时，需要停主轴。先点击"主轴转速"将主轴转速设为"0"后点击"确认"或点击"停止"按钮将主轴停止，再调整步长 XY 到较大的值，将主轴快速移至工作台的左上角（换刀时，移至中间），如图 2-4-19 所示，这时就可以更换材料、取件了。

注意：严禁在主轴未停止的情况进行更换材料、取件等操作！

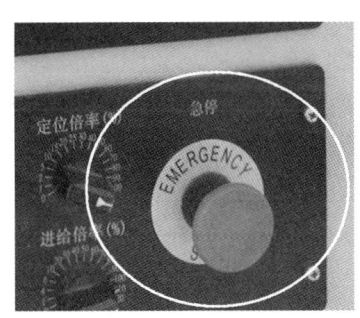 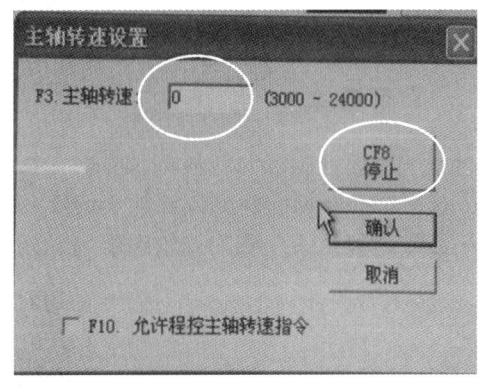

图 2-4-18　急停键　　　　　　　　图 2-4-19　停机操作

(九) * 加工金属

加工金属时，为保证加工质量，需打开冷却液。

【安全操作规程及注意事项】

（1）设备运动时严禁近距离观察切削表面，防止切削屑飞入眼睛。

（2）主轴旋转时严禁用手触摸，避免意外伤害。设备运动时，严禁用手触摸切削表面，严禁擦拭工件表面。

（3）机床的横梁及挡板上严禁放任何物品，操作工程中严禁趴在机床上，更不允许坐或倚靠在机床架上。

（4）加工完毕要关闭机床电源，收拾工、量具，清洁机床和地面。

【预习要求及思考题】

一、课前预习要求

（1）预习本工种的全部内容。
（2）了解数控雕刻的特点和应用行业。
（3）根据老师要求完成加工作品的设计。

二、思考题

实训中设计和加工环节与实际生产中的设计和加工环节有哪些不同？

【阅读资料】

一、建模软件 JDpaint 简介

建模软件 JDpaint 简介

二、平面雕刻方法

各种雕刻加工方法被分列在钻孔雕刻、轮廓雕刻、区域雕刻、曲面雕刻和投影雕刻等 5 个雕刻方法组中，不同的雕刻方法所需的雕刻图形和应用范围也不尽相同。实训项目是平面雕刻，平面雕刻包括钻孔雕刻、轮廓雕刻、区域雕刻。

常见平面雕刻方法

三、雕刻常用的刀具

雕刻的常见刀具有平底刀（柱刀）、锥度平底刀、球头刀，牛鼻刀等刀具。雕刻行业用得最多的刀具是锥度平底刀。

实训五　3D 打印

【实训目的】

（1）了解 3D 打印技术原理、发展趋势。
（2）掌握 3D 打印设备操作流程。
（3）掌握简单三维模型的设计和切片及加工。

【实训设备及工具】

序号	名称	型号规格	备注
1	3D 打印机	Weedo F150	200 mm×150 mm×150 mm；最高打印精度：0.1 mm 材料：PLA 1.75 mm。喷嘴直径：0.4 mm。3D 打印类型：FDM
2	切片软件		Cura-Weedo 定制版
3	计算机		内装 Windows7 以上系统

【实训基础知识】

熔融沉积成型（Fused Deposition Modeling，FDM）通俗来讲就是利用高温将材料融化成液态，通过打印头挤出后固化，最后在立体空间上排列形成立体实物，其工艺原理如图 2-5-1 所示。

Weedo F150 型 3D 打印机属于 FDM 类型，机身全部封闭，顶部、前方、左右两侧设置可开启和关闭的盖子，共 4 个方向。

本实训使用的软件包括 3D 建模软件 123D Design 和切片软件 Cura-Weedo，主要用于模型建立和模型切片，切片后的模型输入 3D 打印机加工出作品。

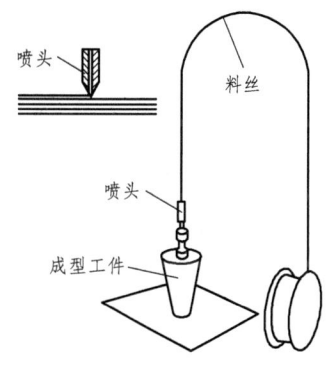

图 2-5-1　FDM 类型 3D 打印机的工艺原理

【实训内容】

实训内容包括先通过 3D 建模，再将模型导入切片软件做进一步参数化设计，最后传输给 3D 打印机进行生产，完成实训作品。

实训步骤如图 2-5-2 所示。

三维建模 —输出→ STL文件 —输入→ 砌片设计 —输出→ Gcode代码 —输入→ 3D打印机（一般）

Gcode代码 —转换→ x3g代码 —输入→ 3D打印机（本品牌）

图 2-5-2　实训步骤

一、3D 建模软件 123D Design

123D Design 的基本界面（见图 2-5-3）有三部分：上面一行图标，右边一条图标，中间一个淡蓝色的坐标即工作台。建议充分利用工作台上的网格，有利于将物体与物体对齐，每一个网格的间距是 5 mm。

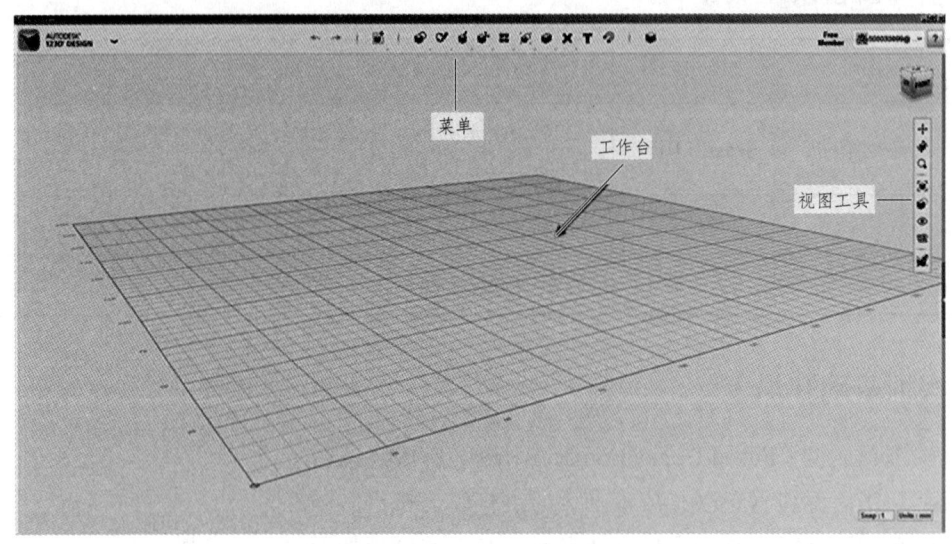

图 2-5-3　123D Design 基本操作界面

(一) 三维建模案例(1)：水杯建模

在菜单中找出圆柱和圆环并放出，注意要将圆环的圆心，同圆柱的圆心，确定在同一条直线上，便于以后的操作对齐，如图 2-5-4 所示。圆柱和圆环的主次半径采用默认值即可，随后进行方位调节和比例大小调节，调到规定位置。

圆环体经过调节后如图 2-5-5 所示，最终确定在与圆柱体所规定的位置上。

抽空后倒圆角，实现杯子建模完成，如图 2-5-6 所示，完成后注意保存。

模型设计完成后，把光标移到左上角，就会出现下拉菜单：点击"保存"，选择"到我的计算机"，这是一般保存格式，保存到"我的电脑"，要求保存到最后一个盘的根目录下，文件名要求只能是英文或数字的组合。

保存好后点"导出为 3D 文件"，选择"STL"，这是将模型用三角形网格文件格式"STL"保存，然后准备输出给切片软件。

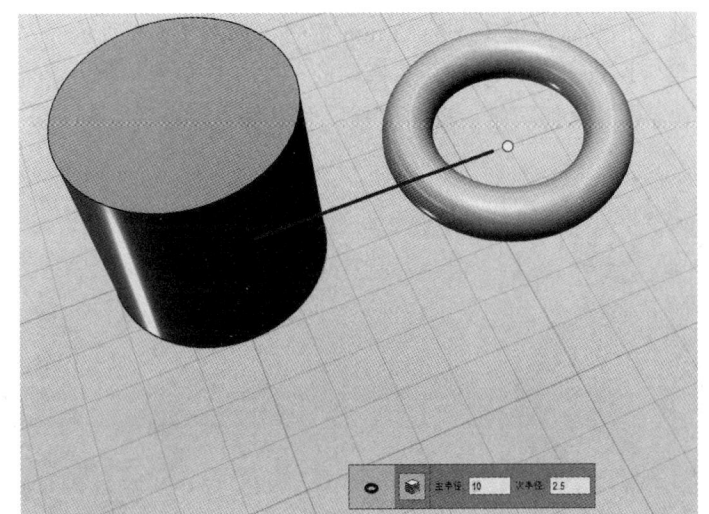

杯子建模

图 2-5-4 圆柱与圆环坐落在同一根线上

图 2-5-5 圆柱与圆环最终确定位置　　　　图 2-5-6 杯子建模完成

(二) 三维建模案例(2)：花瓶建模

绘制草图，第一个圆直径 20 mm，上移 40 mm，第二个圆直径 15 mm，上移 30 mm，第三个圆直径 35 mm，上移 15 mm，第四个圆在底面，直径 20 mm，如图 2-5-7 所示。

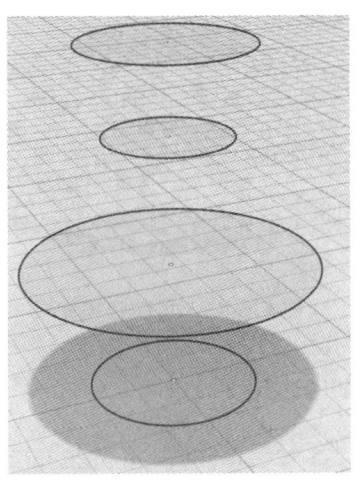

花瓶建模

图 2-5-7 草图绘制

放样后进行抽壳，壁厚设置为 1.5~2 mm 之间，如图 2-5-8 所示。

瓶颈修饰完成后，点击花瓶瓶身，选择移动，按住箭头水平将花瓶拖出，离开草图。如图 2-5-9 所示，随后点击外部网格，确定完成，将草图选中删除，注意保存。

图 2-5-8　抽壳效果图　　　　　　　图 2-5-9　将花瓶拖离草图

(三) 三维建模案例(3)：吊牌建模

绘制草图，随后进行拉伸，完成基台建模，如图 2-5-10 所示。

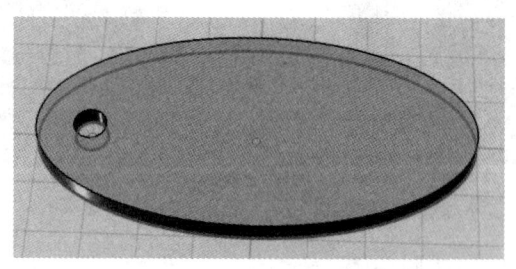 

吊牌建模

图 2-5-10　吊牌基台建模

根据文本设置，确定相关文字，拉伸，最后拖出，删除草图，如图 2-5-11 所示。

图 2-5-11　吊牌建模完成

二、切片软件 Cura-Weedo

Cura-Weedo 的界面（见图 2-5-12）打开后，首先把左方的切片参数在老师的指导下设置好，或者根据要求进行设置，在实际操作中也可根据模型结构需要而进行特殊设置。

切片软件

图 2-5-12　切片软件界面

对模型尺寸和模型比例进行缩放的功能如图 2-5-13 所示，随后点击工作台面以读取模型结构。

完成切片设计后，要注意保存，先生成 Gcode 格式文件，再生成 X3G 格式文件，如图 2-5-14 所示，最后将 X3G 格式文件发送到 3D 打印机的 SD 内存卡中。

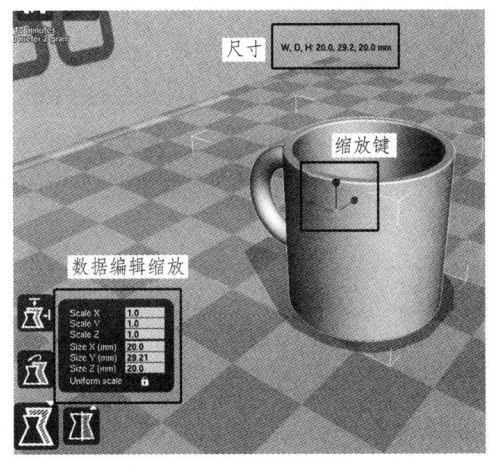

图 2-5-13　模型尺寸和模型比例编辑

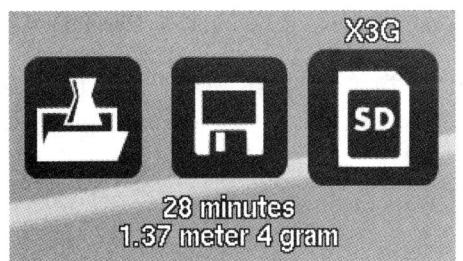

图 2-5-14　生成 X3G 格式文件

三、3D 打印机的基本操作

3D 打印机的 SD 内存卡必须按照正确方式重新插入卡槽内，不得出现偏差，如图 2-5-15

115

所示。插入的时候芯片朝上,请一定要对准卡槽,一旦发现插入比较困难,必须取出,重新再来,不得强插!

3D 打印
实际操作

图 2-5-15　正确插入 SD 卡

打开机舱门检查打印空间是否完好并适合打印,如图 2-5-16 所示。然后点开开关,在液晶显示屏上显示出操作界面(见图 2-5-17),选择第一个"打印 SD 卡中文件"按"OK",再继续选择要打印的文件,按"OK"即可。

打印过程中应注意观察,若发现问题及时报告老师。

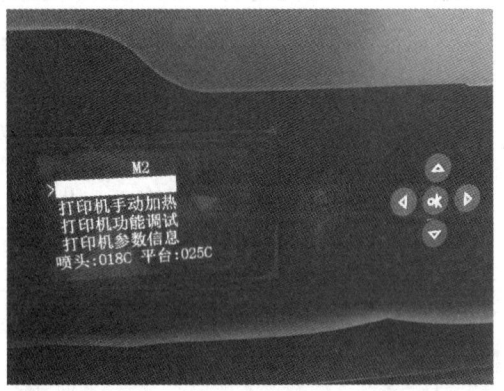

图 2-5-16　检查打印空间　　　　图 2-5-17　打印机液晶显示屏操作界面

【安全操作规程及注意事项】

(1)操作者应熟悉 3D 打印机以及相关工具和量具的使用,熟悉 3D 打印机的结构、性能及传动系统、加热部位、电气结构等基本知识、使用维护方法和 3D 打印机安全技术操作规程。

(2)使用前检查 3D 打印机的开关和线路连接,检查 3D 打印机的加热喷头及各个轴的电机是否有堵塞或者卡滞现象,如有以上现象必须进行处理。

(3)检查 3D 打印机相关工具和量具是否齐全,若不齐全应及时汇报老师。

(4)美纹纸应均匀粘贴在成型平台板上,不得出现气泡与褶皱。美纹纸之间不要出现重叠粘贴,不要贴到成型平台板底面,避免成型平台板表面出现不平衡。使用后若发现美纹纸出现破损,应及时更换。

（5）成型平台板两边应放置在打印平台的槽内，前部必须跟槽边壁接触，以保证在打印过程中顺利进行原点归位。

（6）检查 3D 打印机所用丝材状况，丝材不足应及时更换，丝材断裂应及时接上。

（7）打印之前利用打印机的液晶显示屏进行调试，对打印喷头与成型平台板面的高度进行调节。

（8）检查 3D 打印机的安全防护装置是否完好，缺少安全防护装置的 3D 打印机不准工作。

（9）在 3D 打印机运行过程中，应将打印机四面的门全部关上。禁止将手伸进打印空间，禁止用手触碰加热喷头，以免被烫伤。打印过程中应将教室的门窗打开进行通风，保持空气流通。

（10）不能用手去强行推动 3D 打印机的打印平台。

（11）打印过程中严禁用嘴吹和用手直接清理打印废料，必须在停机后用相关工具进行清理。

（12）必须正确使用 SD 卡，在插拔过程中避免其意外掉入 3D 打印机内部。若意外掉入 3D 打印机内部，应及时报告老师。

（13）打印中遇到紧急情况应立即停止打印，然后将打印平台下降至一定高度，取下成型平台板，用相关工具清理废料，打印喷头上残存的废料也应用工具一并清除。

（14）坚守岗位，认真操作，因事需要较长时间离开 3D 打印机时要停机，关闭电源。

（15）打印结束后，停止 3D 打印机的运行，切断电源。使用相关工具取下打印产品时，必须佩戴防护手套，避免伤手，也避免损坏打印产品。

（16）使用相关工具在成型平台板上清理废料时，必须佩戴防护手套，避免利器伤手，全过程必须在指导老师监督下进行。

（17）检查相关工具、量具是否完好无缺，将其整理好并放到指定位置。对桌面、打印空间、教学现场进行清扫，关闭计算机。

（18）发生事故时应保护事故现场，及时报告指导老师进行处理。

（19）3D 打印机出现故障必须找专人维修，不准擅自拆卸。

（20）设备无特殊情况每个月保养一次，清扫机身表面的灰尘，擦杠，轴承上油，清理送料齿轮残存料渣等。若打印比较频繁，需及时清理舱室废料，每星期进行擦杠，清理齿轮残料等工作，如有不出料的情况出现，做一次齿轮残料清理。

【预习要求及思考题】

一、课前预习要求

（1）预习本工种的全部内容。

（2）练习并掌握 123D Design 软件的基本操作。

（3）根据老师要求完成加工作品的设计。

二、思考题

切片软件在 3D 打印流程中的作用是什么？

【阅读资料】

3D 打印的定义：增材制造（Additive Manufacturing，AM），即任何在计算机的控制下，将 3D 模型或者其他电子数据源，通过各种以增料过程为主的方式，通过一层层堆积材料来进行加工成型的方式，都称为 3D 打印或者增材制造。

3D 打印（3DP）是快速成型技术的一种，它是一种以数字模型文件为基础，运用粉末状金属或塑料等可黏合材料，通过逐层打印的方式来构造物体的技术。

3D 打印通常是采用数字技术材料打印机来实现的。常在模具制造、工业设计等领域被用于制造模型，后逐渐用于一些产品的直接制造，已经有使用这种技术打印而成的零部件。该技术在珠宝、鞋类、工业设计、建筑、工程和施工（AEC）、汽车、航空航天、牙科和医疗产业、教育、地理信息系统、土木工程、枪支以及其他领域都有应用。

3D 打印相关资料

实训六　激光加工

【实训目的】

（1）了解激光及激光加工的基本知识。
（2）掌握非金属切割和雕刻的加工工艺。
（3）掌握非金属切割和雕刻的基本操作。
（4）了解金属切割、激光焊接、激光内雕的工艺和加工过程。

【实训设备及工具】

序号	设备名称	规格型号	备注
1	桌面型激光雕刻机	S6040	非金属切割、雕刻；600 mm×400 mm
2	光纤激光切割机	SQ-1325-Q	金属薄板切割；1 500 mm×3 000 mm
3	绿光激光 3D 雕刻机	SD-323-DG	水晶内雕；300 mm×400 mm×150 mm
4	激光焊接机	ZT-HB-500	薄板焊接；300 mm×300 mm
5	非金属激光切割机	E1309M	非金属切割、雕刻；1 300 mm×900 mm
6	多功能激光雕刻机	D80M	平面图案雕刻；800 mm×600 mm
7	台式计算机		Windows 系统处理图形和工艺
8	游标卡尺	0.02 mm	0～150 mm

【实训基础知识】

一、激光的产生

由受激辐射得到的放大了的光是相干光，称之为激光，如图 2-6-1 所示。

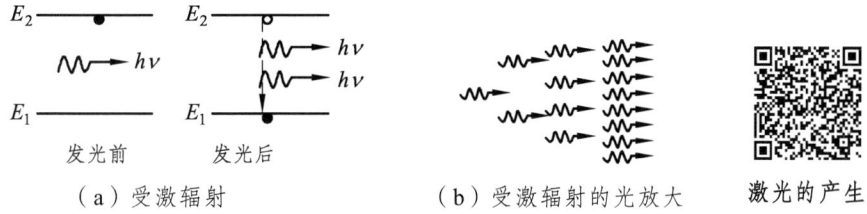

（a）受激辐射　　　（b）受激辐射的光放大　　　激光的产生

图 2-6-1　受激辐射示意图

激光的产生必须同时具备三个条件：实现粒子反转、使粒子被激发、实现激光放大及激光特性。

激光有四个显著的特性：单色性、相干性、方向性、高亮度。

二、激光器

激光器是激光设备中产生激光的部件，是整个激光设备最核心的部件。激光器由激光工作物质、激励源、谐振腔、电源、冷却系统、控制系统等组成。

常见激光器的特点比较见表 2-6-1。

表 2-6-1　常见激光器的特点

激光器类型	电光转换率	稳定性	维护成本	激光质量	冷却方式	应用范围	功率
CO2	8%～10%	好	极低	好	水冷、风冷	广泛	小
固体	1%～3%	差	高	好	水冷	广泛	小
半导体	20%～40%	好	低	好	风冷	较广	小
光纤	30%以上	好	低	好	风冷、水冷	广泛	大

三、激光的传导

激光器产生的激光通过一定的光路传导至激光头，聚焦后照射到被加工材料完成加工。激光的传导方式主要有光学折返传导、柔性光纤传导、机械导光臂传导等。

一般情况下为了稳定输出会将激光器固定，相对来说激光的传输方向也是固定的。但为了满足加工需求，需要采取某些方式来改变激光的传输方向，使激光传输成为一个动态的传输，这就是光路结构。光路结构有机械臂式、飞行光路、运动台式、龙门结构、振镜式、振镜加工作台等。

常见的聚焦方式有平场镜聚焦、激光随动聚焦、动态聚焦三种。

激光的传导

四、激光的应用

激光应用的领域主要有工业、医疗、商业、科研、信息和军事等。在工业中主要用于材料加工和测量控制；在医疗中主要应用于治疗和诊断等。

激光的应用

五、激光加工的特点和类型

(一) 激光加工的特点

（1）非接触加工。加工不用刀具，无刀具磨损、拆装等问题；无机械应力，热变形小。

（2）对加工材料的热影响区小。激光束照射到的物体表面是局部区域，虽然在加工部位的温度高，但加工移动速度快，其热影响区很小，对非照射区域几乎没有影响。

（3）加工的灵活性高。激光束易于聚焦、发散和导向，可以方便地得到不同的光斑尺寸和功率大小，以适应不同的加工要求。

（4）微区加工。激光束可以聚焦到波长级的光斑，使用这样小的高能量光斑可以进行微区加工。

（5）可以穿过透明介质对密闭容器内的工件进行各种加工。

（6）加工材料范围广，适用于加工各种金属、非金属材料，特别适用于加工高熔点、高硬度、高脆性材料。

(二) 激光加工的主要类型

从本质上讲，激光加工是激光束与材料相互作用而引起材料在形状或组织性能方面的改变过程，从这一角度可将激光加工分为激光材料去除加工、激光材料增材加工、激光材料改性、激光微细加工等。

【实训内容】

了解桌面型激光雕刻机的组成；熟悉 RDWorks 软件并掌握其基本操作；熟悉非金属切割和雕刻加工流程并掌握其基本操作；掌握加工工艺并应用于作品加工；了解金属切割、激光焊接、激光内雕的工艺和加工过程。

一、非金属切割和雕刻加工

(一) 桌面型激光雕刻机的组成

S6040 型雕刻机

激光加工设备主要由激光器、光路系统、控制系统、冷却系统与辅助设备等构成。本实训使用的设备为桌面型激光雕刻机（型号 S6040），其主要参数见表 2-6-2。

表 2-6-2　S6040 桌面型激光雕刻机的主要参数

激光器	CO_2 激光器 60 W	整机功率/W	800
光路结构	飞行光路	扫描速度/（mm/s）	0~800 可调
工作幅面/mm	600×400×130	外观尺寸/mm	1 070×790×540
主要功能	切割，平面雕刻，3D 雕刻，打孔，划线		
加工材料	橡胶、玻璃、亚克力、纸张、塑料、竹木、骨制品、PVC、双色板、胶合板、皮革、布料、烤过漆的金属、金属覆膜板、水晶、石英、大理石/石头、陶瓷等		
支持软件	CorelDraw、Photoshop、CAD、CAXA 等		

(二) RDWorks 软件

1. 软件介绍

RDWorks 软件的安装与设置

S6040 桌面型激光雕刻机通过计算机加载的 RDWorks 软件，实现对激光数控机床的有效控制，根据用户的不同要求完成加工任务。软件支持的矢量文件格式有 dxf、ai、plt、dst、dsb 等；位图格式有 bmp、jpg、gif、png、mng 等。软件主界面如图 2-6-2 所示。

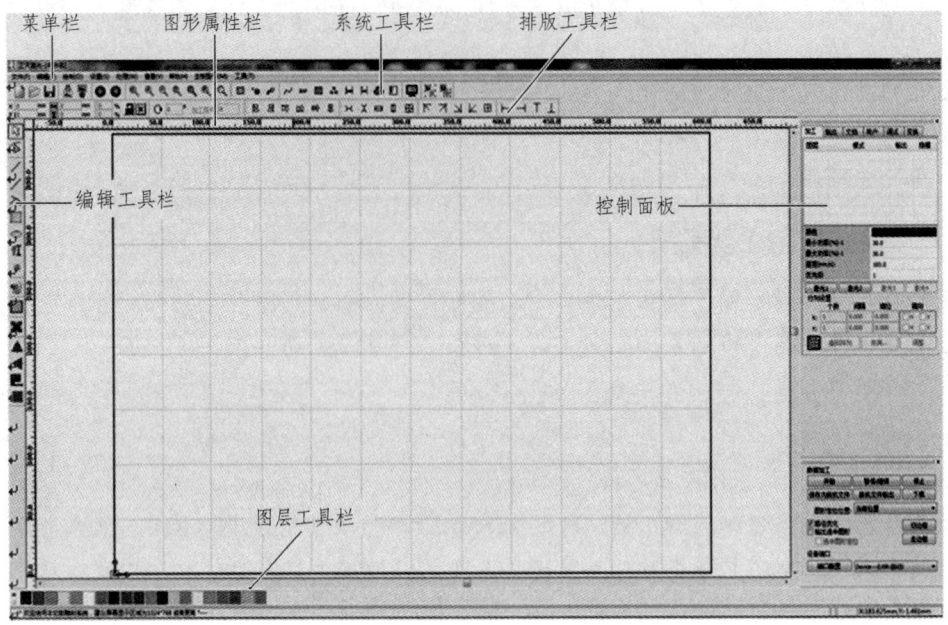

图 2-6-2　RDWorks 主界面

通过 RDWorks 软件，我们可以完成加工作品设计、工艺设置、加工过程控制等操作。

2. 实训要求

（1）熟悉软件，检查轴向镜像和激光头位置是否需要调整。

（2）自行设计一个作品，包含一大一小两个封闭图形（不超过 40 mm），并设成不同的图层。

RDWorks 软件的基本操作

(三) 非金属切割和雕刻加工操作

1. 加工操作流程

非金属切割和雕刻加工操作的基本流程：设计加工文件→设置工艺参数→开启机床→下载加工数据文件至机床→在机床上打开文件→设置加工原点→调节焦点→启动加工。

（1）设计加工文件。进行切割加工时，可通过 RDWorks 软件进行绘图，画出需要切割的轮廓。RDWorks 软件提供的绘图功能较弱，建议在加工前先在其他绘图软件中将加工图画好，保存为 DXF、AI 等格式的文件后再导入软件中使用。

进行位图的雕刻扫描加工时，需要先导入图片。如果从加工预览中发现细节效果体现得不好，可通过软件的"位图处理"功能进行调图。

（2）设置工艺参数。根据加工图形和材料等情况设定工艺参数。每批次每个型号的材料使用前最好先做工艺参数试验，确定最优的加工工艺参数。

（3）开启机床。开机时，按开水箱电源→开启机床主电源→拧钥匙开关至开启位→开激光电源的操作流程开启机床。

位图的选择与处理　　工艺参数设置　　开启机床　　加工操作

（4）下载加工数据文件。在 RDWorks 软件右侧区域有加工的控制面板，可以直接控制加工。但操作者需要在电脑和设备之间来回移动，操作不方便，有一定的安全隐患。因此一般采取把加工数据文件传至机床，通过机床控制面板来完成加工操作：选中要加工的所有图层的内容，点击"下载"按钮，在弹出的对话框中给数据文件命名后点击"确定"，将加工数据文件传送至机床。

（5）打开加工数据文件。在机床控制面板上按压"文件"按钮，通过上下方向键选择需要加工的文件后按压"确定"按钮打开文件。

（6）设定加工原点。通过操作面板上的"前""后""左""右"按键移动激光头，根据红光光斑位置确定合适的加工原点后，按压面板上的"定位"键记录加工原点坐标；再按压"边框"按钮，让激光头在毛坯上沿零件最大尺寸的矩形边框运行一次，以确定零件在毛坯上的加工位置是否合适。

在确定加工原点时应注意与软件中加工图形原点的相对位置保持一致。比如，加工图形的原点设置在左上角，则加工时应将激光头移动至加工区域的左上角作为加工原点。

注意：在水平移动激光头的过程中，要确保激光头的移动路径上无毛坯材料、工装等阻碍；移动过程中应逐步操作，不要连续按压方向键。

（7）调节焦点。加工时，焦点应正好位于材料表面。通过标准的 6 mm 焦距块检查激光头距毛坯表面的高度是否合适。不合适则按压"Z/U"键后，通过"左""右"方向键调整加工平台的高度，调整好后需要按压"退出"键，退出焦点调节操作。

注意：在升高工作台时，应将焦距块从激光头下取出，避免激光头撞上焦距块而损坏激光头。

（8）启动加工。一切准备就绪后，轻轻合上机床防护盖，按压"启动"键启动加工。

加工过程中操作人员不能离开，要密切关注加工情况和设备状况。

2．实训要求

（1）在 RDWorks 软件中设计一个尺寸不超过 40 mm 的图形，根据提供的材料设置工艺参数后练习加工操作，每位同学至少要练习完成一次加工操作流程中第 1~8 步的完整操作过程，并在练习操作过程中调整工艺参数。

（2）每位同学完成实训作品的加工。

(四) 非金属切割和雕刻加工工艺

非金属切割和雕刻加工的主要工艺参数有速度、功率、吹气、反色雕刻、扫描间隔、图层优先级、焦点位置等。

1．速　度

加工速度越快，效率越高，加工越浅；加工速度越慢，效率越低，加工越深。如图 2-6-3 所示，通过设定恒定功率和不同速度对木板进行切割实验，可以验证速度对加工深度的影响。

速度越快,意味着加工效率越高,但是切割时并不建议把切割速度仅仅设置为刚好切透材料的数值,因为材料本身厚度不均匀、弯曲等可能会导致激光无法切透材料。因此,把切割速度设置得慢一点有助于零件轮廓被完全切透。

(a)速度:500 mm/s　　(b)速度:100 mm/s　　(c)速度:20 mm/s　　(d)速度:5 mm/s

图 2-6-3　不同加工速度下加工深度比较

2. 功　率

功率越大,能量越高,加工就越深;功率越小,能量越低,加工就越浅。如图 2-6-4 所示,通过设定恒定的加工速度和不同的加工功率对木板进行切割实验,可以验证功率大小对切割深度的影响。但设置功率参数时并非越大越好,功率过大会出现切割边缘发黑、材料背面蜂窝板反射严重等问题。另外,加工过程中激光头的速度是变化的,比如激光切割直线的速度比拐弯处的速度快。为了让切割面质量总体一致,通常会设置最小功率和最大功率。

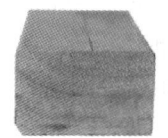 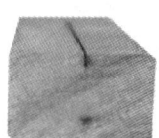 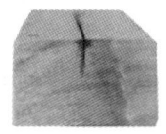 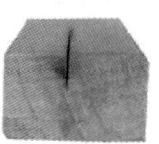

(a)功率:1%　　(b)功率:10%　　(c)功率:50%　　(d)功率:70%

图 2-6-4　不同加工功率下加工深度比较

3. 吹　气

一般来说,吹气越强,加工效果越好。强吹气时切割边缘不仅没有被烟给熏染,而且切割的过程也没有浓烟产生,加工过程更加环保、安全。弱吹气效果最差,边缘有明显的熏痕。不吹气的效果与强吹气差别不大,但不吹气在切割过程中会产生大量烟雾,而且没有强风阻燃,材料容易着火,危险性很大。

4. 反色雕刻

雕刻扫描加工时,系统默认加工图形中黑色的区域。如果需要加工白色的区域,则需要在图层参数对话框中勾选"反色雕刻"选项,如图 2-6-5 所示。该操作不会改变加工区和非加工区的分界轮廓。

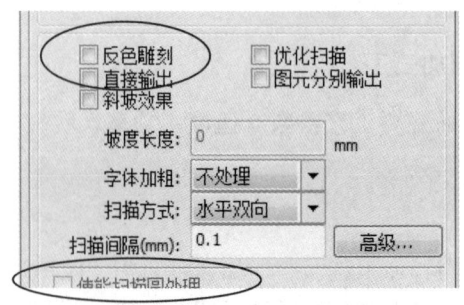

图 2-6-5　反色雕刻和扫描间隔参数设置

5. 扫描间隔

雕刻扫描加工时，是按逐行扫描、不连续出光的方式进行的，当扫描到需要加工的点时才释放激光。相邻两行之间的距离由扫描间隔决定，即扫描精度。扫描间隔的大小与精度、加工时间成反比，即间隔越小，精度越高，加工时间越长。参数设置如图 2-6-5 所示。

6. 图层优先级

加工时，需要考虑不同部分的加工顺序。基本原则是先加工雕刻部分，再依次加工切割的小轮廓和大轮廓，最后切割外边框。可通过增加图层并在软件中设置图层优先级来实现加工顺序的控制，优先级高的先加工。

7. 焦点位置

加工中材料表面处于聚焦镜焦点位置时，加工效果最好，加工力最强。因此，在启动加工前需要调整工作台高度，让材料表面处于焦点位置。激光头下缘距材料表面 6 mm 高度时，材料表面正好处于焦点位置。图 2-6-7 所示是固定切割功率、速度，采用不同的焦点位置切割的效果。

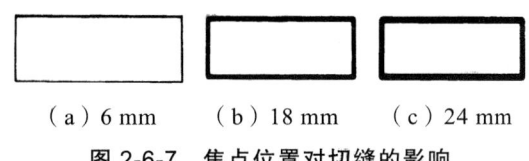

（a）6 mm　　（b）18 mm　　（c）24 mm

图 2-6-7　焦点位置对切缝的影响

8. 常用材料的工艺参数（见表 2-6-3）

表 2-6-3　常用材料的工艺参数

材料	参数类别	切割							雕刻
		1 mm	2 mm	3 mm	4 mm	5 mm	6 mm	8 mm	
木板	速度/(mm·s⁻¹)	40	30	15	10	8			200~250
	功率/%	30~35	35~40	50~55	60~65	70~75			12~15
	是否吹气	是							是
有机玻璃	速度/(mm·s⁻¹)	—	16	12	10	8	6	4	200~300
	功率/%	—	50~55	55~60	60~65	65~70	70~75	80~85	15~20
	是否吹气	是							是
纸板	速度/(mm·s⁻¹)	40	30						200~250
	功率/%	30~35	35~40						12~15
	是否吹气	是							是

注：表中参数是在激光器功率为 60 W 的桌面型雕刻机上试验出来的，切割加工留有适当能量余量。

(五) 加工注意事项

加工前首先确认设备状态是否良好；其次要准备好加工文件；第三要选取合适的工艺参数。

进行位图的雕刻加工时，选图对最后的整体效果起到决定性的作用。一般以线条为主要构图元素的图片加工效果好，而以颜色接近的色块构图的图片效果差。另外，细节的体现效果可通过位图处理进行调图来改善。

(六) 安全操作规程

（1）未弄清材料是否能用激光加工前，不要对其加工。
（2）在移动激光头前，务必确保行进路径上无障碍物。
（3）放置材料前，应将激光头移至工作台左上角，避免与材料发生碰撞。
（4）在关防护盖时，应托住防护盖轻放，避免其直接自由下落。
（5）设备启动加工后，操作人员不得擅自离开或托人代管。
（6）在加工过程中发现异常时，应立即停机，及时排除故障。
（7）加工完毕要关闭机床电源，收拾工具，并清洁机床和地面。

二、金属切割加工

实训中，金属切割采用的是光纤激光切割机，激光器功率800 W，加工幅面1 500 mm×3 000 mm，能切割3 mm以内的钢板和2 mm以内的铝板、铜板等有色金属板。

金属切割加工

金属切割加工操作的基本流程：开机→导入文件与处理→设置切割引线→标定材料→设置工艺参数→设置加工原点→调整焦距→开气并调整气压→启动加工。

加工时根据零件和材料的种类及厚度等情况，设定切割工艺参数。如果有预先保存的工艺文档，也可以直接调用。每批次每个型号的材料使用前最好先做工艺参数试验，以确定最优的切割参数。

三、激光焊接加工

实训中，激光焊接采用的是ZT-HB-500型激光焊接机，激光器功率500 W，加工幅面300 mm×300 mm，主要焊接薄钢板，单次焊融深度约为0.5 mm。

焊接加工

激光焊接加工操作的基本流程：开机→放置待焊工件→导入文件或绘图→设置焊接工艺参数→调节焦距→启动焊接。

焊接的主要工艺参数有电流、脉宽、频率和焦距。对于实训使用的机床，一般来说，电流不超过130 A，脉宽不超过4，频率不超过20 Hz，焦距为146 mm，使用平台焊接时具体的工艺参数见表2-6-4。

表2-6-4　平台焊接工艺参数

板厚	电流 I/A	脉宽 M	频率/Hz	焦距/mm
1	100	2～3	20	146
2	110	3	20	146

四、激光内雕加工

实训中,激光内雕采用的是绿光激光 3D 雕刻机,激光器功率 3 W,加工幅面 300 mm × 400 mm,主要针对水晶、亚克力等透明材料。

激光内雕加工操作的基本流程:开机→启动算点软件并导入文件→设置水晶尺寸并调整图像→设置参数并转化云点文件→在打点软件中打开文件→设置参数→调整电压→机器复位后启动加工。

内雕加工

内雕的工艺包含以下几个方面:一是初始图像的质量要求比较高,这是保证加工质量的基础;二是通过算点软件控制加工对象的加工点数,一般来说点数越多,加工质量越好,但加工效率就越低;三是设置合适的加工电压,电压过高或过低都不行。

【预习要求及思考题】

一、课前预习要求

(1)预习本工种的全部内容。
(2)练习并掌握 RDWorks 软件的基本操作。
(3)根据老师要求完成加工作品的设计。

二、思考题

(1)如何实现在一个工件中既切割加工出通孔也雕刻出表面图案?
(2)当发现需要切穿的切割轮廓没有切穿时,如何处理才能在原加工位置上完成切穿加工?
(3)如何实现在一块材料的两面进行加工且加工位置正确?

第三章　机电控制技术

机电控制技术即指将信息控制软件、电子器材与机械设备同时纳入一个系统中的技术，是工业自动化实现的基础技术。本章实训工种包括电气控制基础、电子制作、模块化机器人、开源硬件、PCB 加工 5 个工种。

电气控制基础实训主要是让学生了解低压电器的结构、原理、作用以及 PLC 的基本概念，掌握电动机典型电路的分析方法。

电子制作实训主要是让学生了解电子元器件的特点和识别方法，掌握电子焊接的基本知识和焊接方法，并完成简单电子产品的制作。

模块化机器人实训主要是让学生学习机器人基本模块的控制方法，掌握机器人编程的基本思路，并完成一些简单的实践项目。

开源硬件实训是让学生了解开源硬件 Arduino 的基础用法，并完成一些简单的实践项目。

PCB 加工实训让学生了解电路图设计软件的用法，掌握简单电路图的设计方法，以及用 PCB 加工设备加工制作电路板的方法和技能。

实训一　电气控制基础

【实训目的】

（1）了解基本用电安全常识。
（2）熟悉电气控制中常用元件的工作原理及构造。
（3）掌握电气柜的使用方法，熟悉电气控制及采用线槽布线的布线技能。
（4）熟悉典型电路的基本原理和控制过程，掌握基本的接线技能。
（5）* 了解 PLC 的硬件电路，熟悉 PLC 编程的原理及方法。
（6）* 熟悉 STEP7-Micro/WIN 编程软件，掌握简单梯形图程序的编制方法。

【实训设备及工具】

序号	名称	规格型号
1	电气柜	BH-WDI
2	PLC	西门子 S7-200，CPU224XP
3	异步电动机	三相
4	交流接触器、热继电器	
5	按钮开关、熔断器、小型三相断路器	
6	十字螺丝刀、万用表	
7	编程软件	STEP7-Micro/WIN

【实训基础知识】

一、实训设备

设备主体为 BH-WDI 电气柜（见图 3-1-1），面板上有仪表、电源开关、指示灯和按钮，柜体上安装了各种元器件及设备，可进行照明电路、仪表电路、继电接触控制电路、实用电子技术线路、可编程控制器等内容的实训。

图 3-1-1　实训装置

二、电气原理图

电气原理图分为主电路和控制电路两部分,交流接触器利用主触点来控制主电路,用辅助触点来导通控制回路。

主触点用于通断主电路,允许通过较大的电流,通常为常开触点,串联在主回路中(多为电机)接通或者断开电路,以达到控制电路(电机运行)的目的。

辅助触点有常开和常闭两种,只能通过较小的电流,配合接触器线圈应用在控制回路中,通过控制接触器的线圈来间接控制电路的运行。小型接触器也经常作为中间继电器配合主电路使用。辅助触点一般有下面三个作用:

(一) 形成自锁回路

交流接触器通过自身常开辅助触头使线圈总是处于得电状态的现象叫自锁,这个常开辅助触头就叫作自锁触头。自锁一般是对自身回路的控制。

自锁回路是电力控制中必不可少也是应用最广泛的基本电路,如图 3-1-2 所示。当按下启动按钮 SB2,交流接触器 KM 线圈得电吸合,相应的主回路中交流接触器 KM 主触点闭合接通电路,常开辅助触点闭合,形成自锁,以确保启动按钮 SB2 松开后接触器也不会失电断开,电路仍然进行状态保持。相关动态演示请参考视频资料"自锁电路动态演示"。

实际应用:自锁电路是将接触器的常开触点和启动按钮并联。

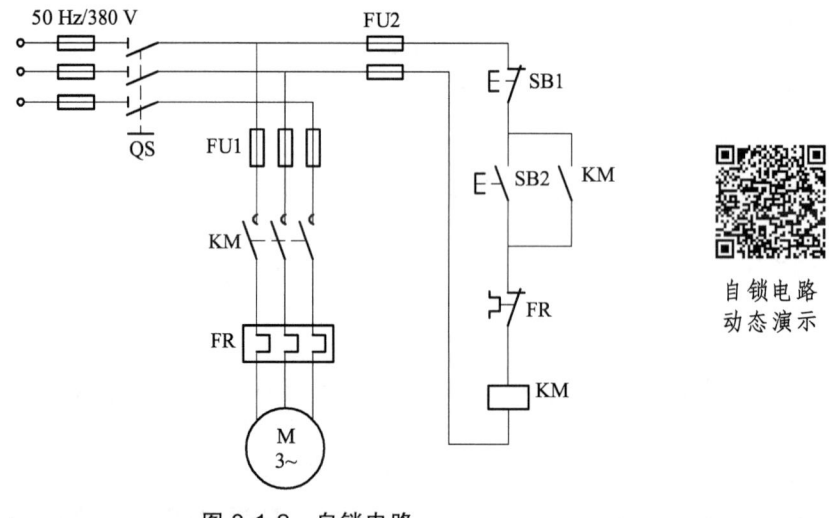

图 3-1-2 自锁电路

(二) 形成互锁回路

互锁:几个回路之间,当一个接触器得电动作,通过其辅助触点使另一个接触器不能得电动作,接触器之间的这种互相制约作用就叫互锁。互锁一般是对其他回路的控制。

接触器互锁电路也是应用相当广泛的基本电路,如图 3-1-3 所示。交流接触器 KM1 的常闭触点串联在交流接触器 KM2 线圈回路中;相应的,交流接触器 KM2 的常闭触点也串联在交流接触器 KM1 线圈回路中,这两个交流接触器不能同时工作。相关动态演示请参看二维码视频资料"互锁电路动态演示"。

实际应用：接触器的互锁电路中，使用的是接触器的常闭触点和互锁的接触器线圈串联。

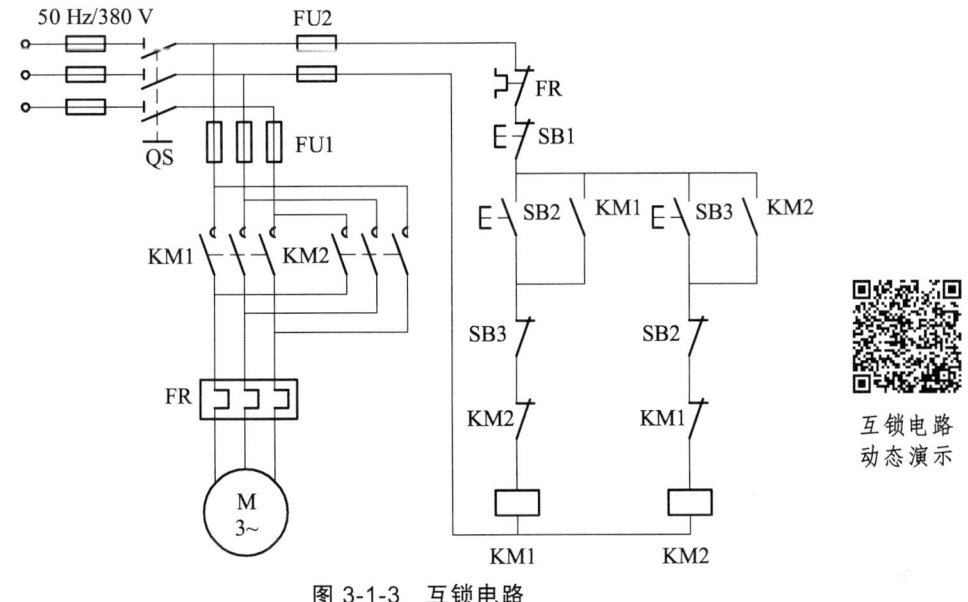

图 3-1-3　互锁电路

(三) 进行电路的信号传递

一般情况下可以通过接触器的辅助常开触点或者常闭触点进行开关量的信号传递。例如接触器控制电动机运行，利用辅助触点控制电动机"停止"和"运行"信号的发送。

接触器的常开触点控制电动机"运行"信号指示，常闭触点控制电动机"停止"信号指示。正常情况下，电动机处于待机状态，接触器常闭触点用来接通"停止"指示灯信号，告诉我们电动机在"停止"位置。当电动机运行时，接触器吸合，常开触点闭合，常闭触点断开，相应的"停止"指示回路断电，"运行"指示回路导通，此时传递出的信号为"停止"指示灯灭，"运行"指示灯亮。

三、实训原理

继电-接触控制在各类生产机械中获得了广泛的应用，凡是需要进行前后、上下、左右、进退等运动的生产机械，均采用传统的典型的正反转继电-接触控制。

(一) 交流接触器的构造

交流电动机继电-接触控制电路的主要设备是交流接触器，其主要构造包括：

（1）电磁机构，通常采用电磁铁形式，由吸引线圈、铁心和衔铁等组成。

（2）触头系统，包括主触头和辅助触头，还可根据吸引线圈得电前后触头的动作状态，分为动合（常开）、动断（常闭）两类。

（3）灭弧系统，在切断大电流的触头上装有灭弧罩，以迅速切断电弧。

（4）反力装置，包括弹簧、传动机构、接线柱和外壳等。

（5）支架和底座，用于接触器的固定和安装。

(二）交流接触器的工作原理

（1）当接触器线圈通电后，线圈电流会产生磁场，产生的磁场使静铁心产生电磁吸力吸引动铁心，并带动交流接触器触点动作，即常闭触点断开、常开触点闭合（两者是联动的）。

KM 动态演示

当线圈断电时，电磁吸力消失，衔铁在复位弹簧的作用下释放，使触点复原，常开触点断开，常闭触点闭合。其动作原理可观看二维码视频资料"KM 动态演示"。

（2）在控制回路中常采用接触器的辅助触头来实现自锁和互锁控制，要求接触器线圈得电后能自动保持动作后的状态，这就是自锁，通常采用接触器自身的动合触头与启动按钮并联来实现，以达到电动机的长期运行，这一动合触头称为"自锁触头"，使两个电器不能同时得电动作的控制，称为互锁控制，如为了避免正、反转两个接触器同时得电而造成三相电源短路事故，必须增设互锁控制环节。为操作上的方便，也为防止因接触器主触头长期大电流的烧蚀而偶发触头粘连后造成三相电源的短路事故，通常在具有正、反转控制的线路中采用既有接触器的动断辅助触头的电气互锁，又有复合按钮机械互锁的双重互锁控制环节。

（3）控制按钮通常用于短时通、断小电流的控制回路，以实现近、远距离控制电动机等执行部件的启、停或正、反转控制。按钮是专供人工操作使用的。按下按钮，按钮状态改变，常开触头闭合，常闭触头断开。松开按钮，在复位弹簧的作用下恢复原来的工作状态。对于复合按钮，其触点的动作规律是：当按下时，其动断触头先断，动合触头后合；当松手时，则动合触头先断，动断触头后合。

（4）在电动机运行过程中，应对可能出现的故障进行保护：

① 采用熔断器作短路保护，当电动机或电器发生短路时，及时熔断熔体，达到保护线路、保护电源的目的。熔体熔断时间与流过的电流的关系称为熔断器的保护特性，这是选择熔体的主要依据。

② 采用热继电器实现过载保护，使电动机免受过载之危害，其主要的技术指标是整定电流值，即电流超过此值的 20% 时，其动断触头应能在一定时间内断开，切断控制回路，动作后只能由人工进行复位。

（5）在电气控制线路中，最常见的故障发生在接触器上。接触器线圈的电压等级通常有 220 V 和 380 V 等，使用时必须认清，切勿疏忽。否则，电压过高易烧坏线圈；电压过低，吸力不够，不易吸合或吸合频繁，这不但会产生很大的噪声，也会因磁路气隙增大，致使电流过大，也易烧坏线圈。此外，在接触器铁心的部分端面上嵌有短路铜环，其作用是为了使铁心吸合牢靠，消除颤动与噪声，若发现短路环脱落或断裂现象，接触器将会产生很大的震动与噪声。

（6）指示灯 HL1 为电机动运转指示灯，通过交流接触器 KM 的辅助常开触点控制，HL2 为电动机停止指示灯，通过交流接触器 KM 的辅助常闭触点控制。

四、* 可编程序控制器（Programmable Logic Controller）

可编程控制器（Programmable Logic Controller，PLC）是一个以微处理器为核心的数字运算操作的电子系统装置，专为应用在工业现场而设计的。它采用可编程序的存储器，用以在其内部存储和执行逻辑运算、顺序控制、定时/计数和算术运算等操作指令，并通过数字式或模拟式的输入、输出接口，控制各种类型的机械或生产过程。

可编程控制器基本上按照继电-接触式系统的电气原理图进行编程,其编程的最终目的是控制输出对象,输出对象的问题解决了,基本的编程任务也就完成了。

关于 PLC 详细学习资料请参看二维码资料 "PLC 学习资料"。

五、测量仪表

用万用表"声讯"挡测量电路的通断或是常开、常闭触点(见图 3-1-4)。在正常状态下,万用表发出蜂鸣声,表明电路处于小内阻状态导通;万用表不发出声响,显示屏显示"1",表明电路断开。

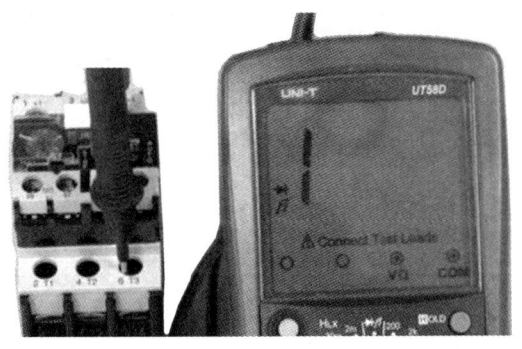

图 3-1-4 用万用表"声讯"挡测量

PLC 学习资料

【实训内容】

一、导线连接实现

(1)三相异步电动机自锁启停控制的主回路原理图参考图 3-1-5(a)所示。

(2)三相异步电动机自锁启停控制的控制回路原理图参考图 3-1-5(b)所示。

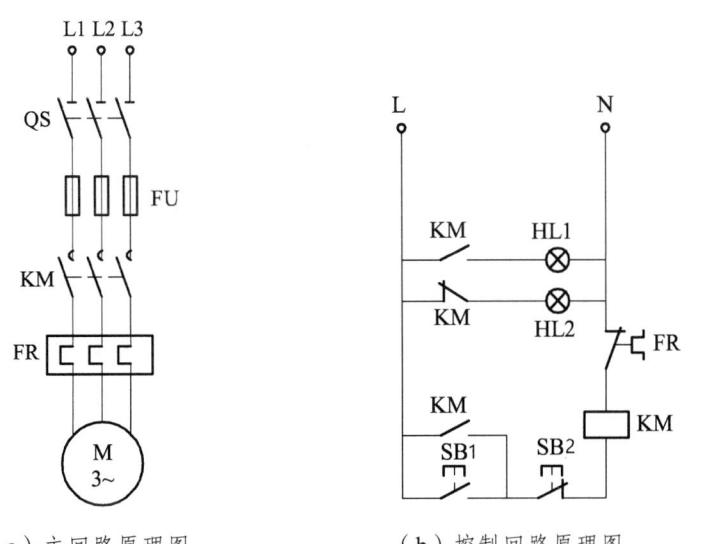

(a)主回路原理图　　　　(b)控制回路原理图

图 3-1-5 三相异步电动机自锁控制电路参考原理图

133

二、*PLC 实现

（1）三相异步电动机启动控制动力主回路原理图参考图 3-1-6（a）所示。
（2）三相异步电动机启动 PLC 控制回路原理图参考图 3-1-6（b）所示。
（3）理解实验的原理及控制要求，列出 PLC 资源配置表（请参考表 3-1-1 所示）。

实训主要是通过开启控制按钮 SB1 给 PLC 开启信号，在未按下停止控制按钮 SB2 以及热继电器常闭触点 FR 未断开时，PLC 输出控制接触器 KM 线圈带电，其主触头吸合使电机启动。

表 3-1-1 PLC 资源配置

项目	序号	位号	符号	说明
输入点	1	I0.0	SB1	启动按钮信号
	2	I0.1	SB2	停止按钮信号
	3	I0.2	FR	热继电器辅助触点
输出点	1	Q0.0	KM	接触器
	2	Q0.1	HL1	启动指示灯
	3	Q0.2	HL2	停止指示灯

（4）在计算机上安装好 STEP7-Micro/WIN 编程软件，编制梯形图程序，并下载到 PLC。

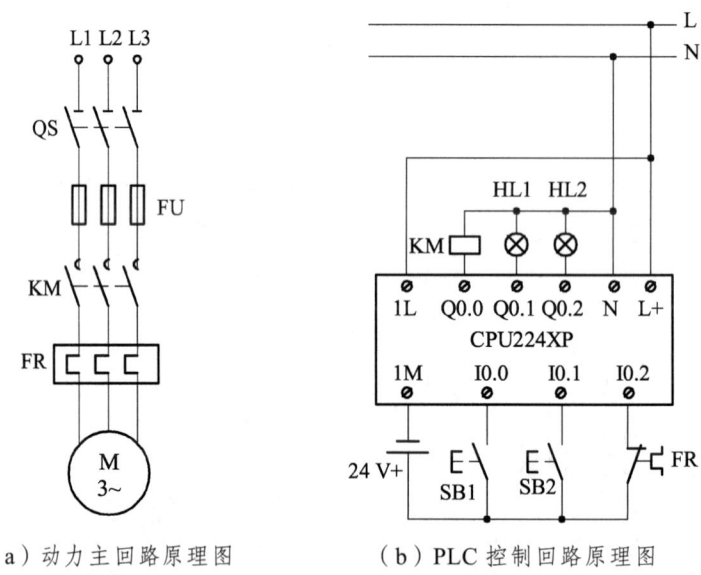

（a）动力主回路原理图　　　（b）PLC 控制回路原理图

图 3-1-6 PLC 控制三相异步电动机启动控制电路参考原理图

三、实训步骤

（1）认识各电器的结构、图形符号、接线方法，理解其工作原理，能够正确分析原理图。
（2）抄录电动机及各电器铭牌数据。
（3）用万用表欧姆挡检查各电器线圈、触头是否完好。

（4）参考图 3-1-5 所示自锁电路进行接线。三相鼠笼式异步电动机接成 Y 形接法；实验电路主回路电源接小型三相断路器输出端 L1、L2、L3，供电线电压为 380 V；二次控制回路电源接小型二相断路器 L、N，供电电压为 220 V。自锁线路接好并经指导教师检查合格后，方可进行通电操作。

① 合上电源控制屏上的电源总开关，并按下电源启动按钮。

② 合上小型断路器 QS，启动主回路和控制回路的电源。

③ 按下启动按钮 SB1，松手后观察电动机 M 是否继续运转及指示灯的工作情况。

④ 按下停止按钮 SB2，松手后观察电动机 M 是否停止运转及指示灯的工作情况。

⑤ 按下控制屏停止按钮，切断实验线路三相电源，拆除控制回路中自锁触头 KM，再接通三相电源，启动电动机，观察电动机及接触器的运转情况，从而验证自锁触头的作用。

⑥ 实验完毕，按下电源停止按钮，切断实验线路的三相交流电源，拆除线路。

（5）* 参考图 3-1-5 所示线路进行 PLC 电路接线。具体步骤如下：

① 主电路连接不变，PLC 控制回路从熔断器的输出端 L、N 供给 PLC 电源，供电电压为 220 V，同时 L 也作为 PLC 输出公共端。

② 常开按钮 SB1、SB2 以及热继电器的常闭触点均连至 PLC 的输入端。PLC 输出端直接和接触器线圈 KM、开启指示灯 HL1、停止指示灯 HL2 相连。

接好线路，经指导教师检查后，方可进行以下通电操作：

① 开启控制屏电源总开关，合上小型断路器 QS，按柜体电源启动按钮，启动电源。

② 将编好的程序下载到 PLC 中。

③ 按启动按钮 SB1，对电动机 M 进行启动操作，比较按下 SB1 前后，电动机和接触器的运行情况以及电动机、指示灯的工作情况。

④ 按停止按钮 SB2，对电动机 M 进行停止操作，比较按下 SB2 前后，电动机和接触器的运行情况以及电动机、指示灯的工作情况。

⑤ 实验完毕，按柜体电源停止按钮，切断实验线路三相交流电源，拆除线路。

【安全操作规程及注意事项】

（1）不随意操作课程要求以外的其他电器，如果发现安全隐患，需要及时向老师汇报。

（2）只有在断电的情况下，方可用万用电表欧姆挡或声讯挡来检查线路的接线正确与否。

（3）只有在断电状态下，才可以接线和拆线，严禁带电操作。

（4）通电检查在老师指导下进行，严禁私自通电。

（5）主线路接线时用红、黄、绿三种颜色的导线，一种颜色代表一相，接线时一定要注意各相之间的连线不能弄混淆，否则会导致相间短路。

（6）控制电路接线时用黑色导线，先串后并。

（7）操作时要胆大、心细、谨慎，尤其是上电后禁止用手触及各电器元件的导电部分及电动机的转动部分，以免触电及意外损伤。

（8）接线时合理安排布线，所有导线走线槽，保持走线美观，接线要求牢靠、整齐、清楚、安全可靠，尤其要注意 PLC 及其输入、输出端电源部分的接线。

【预习要求及思考题】

一、课前预习要求

（1）预习本工种的全部内容。
（2）理解接触器的结构和工作原理。
（3）理解按钮的结构和工作原理。
（4）能够分析三相异步电动机自锁和互锁控制电路的电气原理图。
（5）* 了解PLC的基本知识，理解常用启/保/停电路的梯形图程序。

二、思考题

（1）如果没有自锁触点，电机的运行状态会有什么改变？试比较点动控制线路与长动控制线路在结构和功能上的主要区别是什么。
（2）在控制线路中，短路、过载、失压保护、欠压保护等功能是如何实现的？在实际运行过程中，这几种保护有何意义？
（3）在电动机正、反转控制线路中，为什么必须保证两个接触器不能同时工作？采用哪些措施可解决此问题？这些方法有何利弊？最佳方案是什么？
（4）* 请分析：如果将电动机改成点动控制，那么PLC程序该如何调整？
（5）* 请分析：如果接入PLC输入点的停止按钮换成常闭触点，那么PLC程序该如何调整？

【阅读资料】

常用元器件的详细讲解内容请参考二维码资料"常用元器件"。

常用元器件

实训二 电子制作

【实训目的】

（1）认识常用电子元器件，了解各个元器件在电路中的作用。
（2）了解万用表的功能和用法，学会用万用表检测电路和电子元器件。
（3）认识电烙铁，学会使用电烙铁，掌握五步焊接法。
（4）能够正确使用电烙铁焊接装配课程要求的电路，实现电路要求的功能。

【实训设备及工具】

序号	名称	规格型号
1	万用表	IUT33D 型
2	电烙铁、斜口钳、镊子、吸锡器	

【实训基础知识】

一、电子元器件

电子元器件通常指电器、无线电、仪表等工业的某些零件，如电阻、电容、电感、二极管器件的总称，它是电子元件和小型机器、仪器的组成部分，其本身常由若干零件构成，可以在同类产品中通用。

电子元器件包括电阻、电容、电感、电子管、散热器、机电元件、连接器、半导体分立器件、电声器件、激光器件、电子显示器件、光电器件、传感器、电源、开关、微特电机、电子变压器、继电器。

(一) 电阻(Resistor)

电阻是一个限流元件，接在电路中后，可以限制通过它所连支路的电流大小。除了限流外，还可以稳定和调节电路中的电流和电压，作为分流器、分压器和消耗电能的负载等。

电阻阻值的标识方法

电阻根据制作工艺、材料以及功能的不同可以分为很多种，图 3-2-1 列举了一些常见的电阻。

电阻阻值的识别方法请参见二维码资料"电阻阻值的标识方法"。

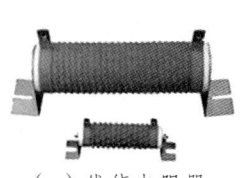
（a）线绕电阻器

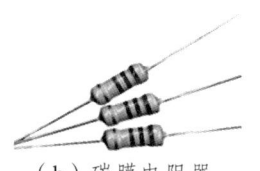
（b）碳膜电阻器

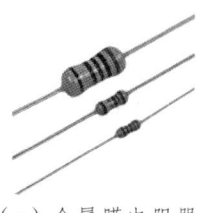
（c）金属膜电阻器

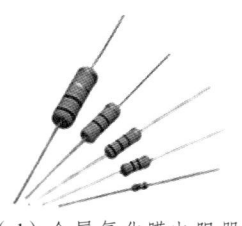
（d）金属氧化膜电阻器

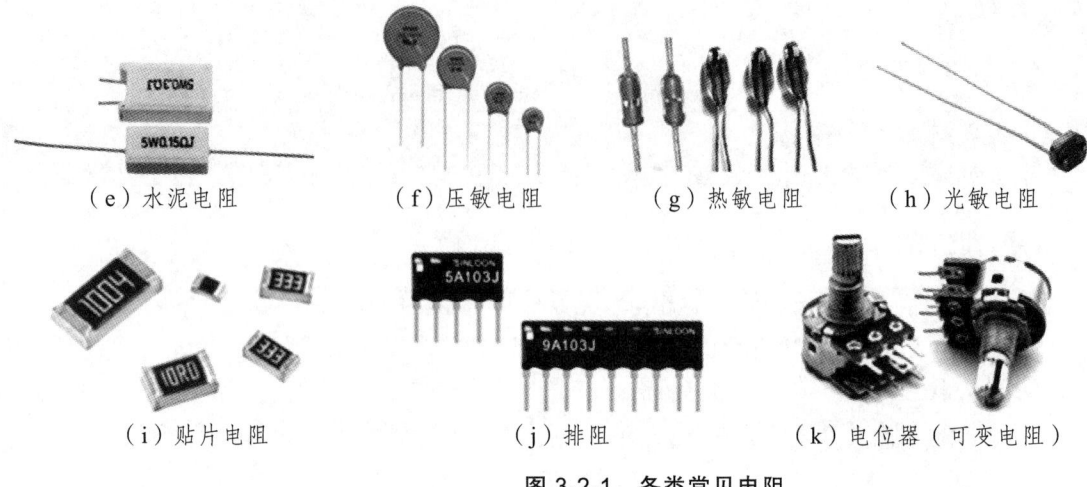

(e) 水泥电阻　　(f) 压敏电阻　　(g) 热敏电阻　　(h) 光敏电阻

(i) 贴片电阻　　(j) 排阻　　(k) 电位器（可变电阻）

图 3-2-1　各类常见电阻

(二) 电容(Capacitor)

电容具有存储电荷的作用，是电子设备中大量使用的电子元件之一，广泛应用于电路中的隔直通交、耦合、旁路、滤波、调谐回路、能量转换、控制等。任何两个彼此绝缘且相隔很近的导体（包括导线）间都可构成一个电容。

电容的种类很多，图 3-2-2 列举了一些常见的电容。电容按结构分，有固定电容、可变电容、微调电容；按介质材料分，有纸介电容、瓷介电容、玻璃釉电容、独石电容、涤纶电容、云母电容、铝电解电容、钽电解电容、聚苯乙烯电容、聚碳酸酯薄膜电容等；按极性分，有极性电容和无极性电容；按安装结构分，有直插电容和贴片电容。

电容容值的标识方法

电容容量的标识方法请参见二维码资料"电容容值的标识方法"。

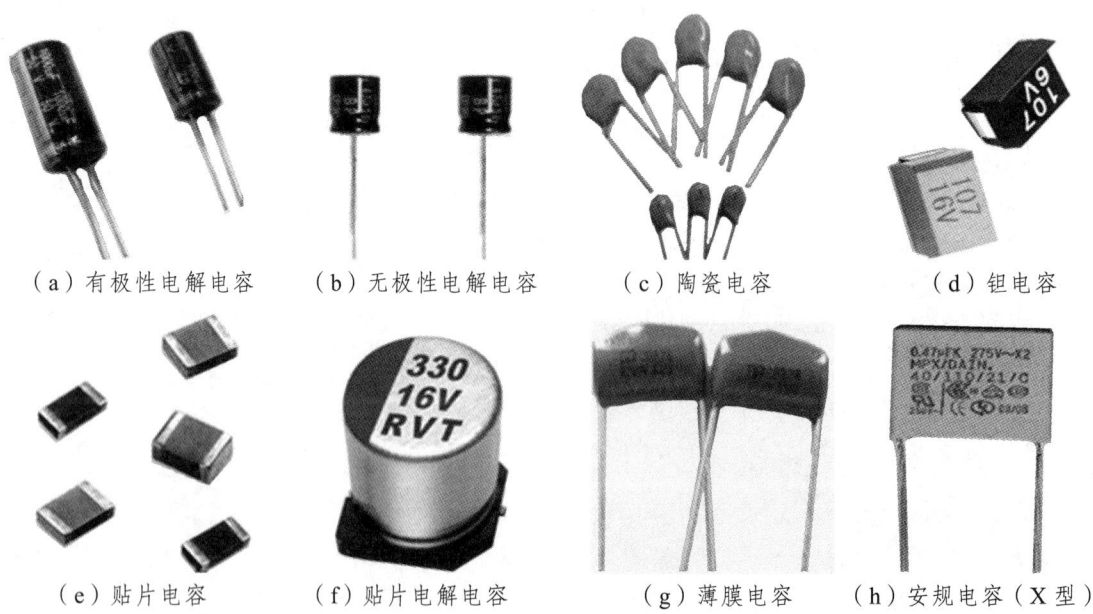

(a) 有极性电解电容　　(b) 无极性电解电容　　(c) 陶瓷电容　　(d) 钽电容

(e) 贴片电容　　(f) 贴片电解电容　　(g) 薄膜电容　　(h) 安规电容（X型）

图 3-2-2　各类常见电容

(三) 二极管(Diode)

二极管有两个电极，具有单向导电性，正向导通，反向截止，只允许电流由单一方向流过，具有整流的功能。变容二极管（Varicap Diode）可用来当作电子式的可调电容器。二极管最普遍的功能就是只允许电流由单一方向通过（称为顺向偏压），反向时阻断（称为逆向偏压）。因此，二极管可以被想象成电子版的逆止阀。

二极管的种类有很多，图 3-2-3 列举了常见的二极管。

图 3-2-3　常见二极管

(四) 开关(Switch)

开关是一个可以使电路中的电流中断或流到其他电路的电子元件。常见的开关是让人操作的机电设备，它有一个或数个电子接点。开关的"闭合"（Closed）表示电子接点导通，允许电流流过；开关的"开路"（Open）表示电子接点不导通形成断路，不允许电流流过。

拨动开关、轻触开关、船形开关是各类电器设备中常用的开关，如图 3-2-4 所示。

（a）拨动开关　　　　（b）轻触开关　　　　（c）船形开关

图 3-2-4　常见开关

接近开关有很多种，包括光电开关、电容开关、霍尔开关、热释电开关等，如图 3-2-5 所示。接近开关一般用于检测物体或者特殊材料靠近。

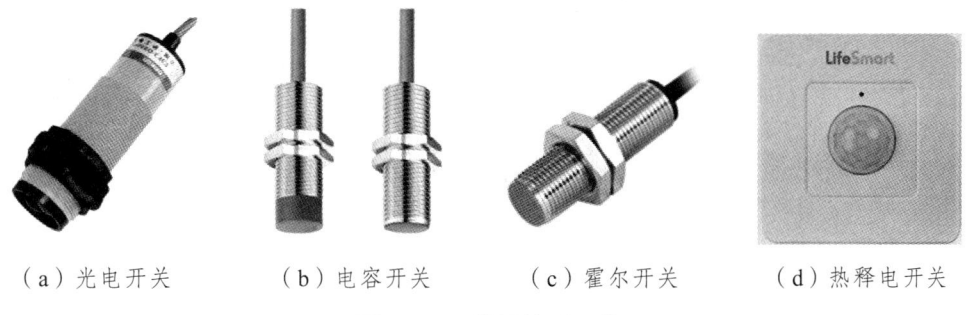

（a）光电开关　　　（b）电容开关　　　（c）霍尔开关　　　（d）热释电开关

图 3-2-5　常见接近开关

(五) 集成电路(Integrated Circuit，IC)

集成电路是一种微型电子器件或部件，采用一定的工艺把一个电路中所需的晶体管、二极管、电阻、电容和电感等元件及布线互连在一起，制作在一小块或几小块半导体晶片或介质基片上，然后封装到一个管壳内，成为具有所需电路功能的微型结构。集成电路中的所有元件在结构上已组成一个整体，使电子元件向着微型化、低功耗和高可靠性方面迈进了一大步。常见的集成电路如图 3-2-6 所示。

图 3-2-6　常见集成电路

集成电路有多种不同的分类方法，可以按照功能结构、制作工艺、集成度高低、导电类型不同、用途、应用领域、外形等不同方法来分类。

集成电路在安装使用时要注意管脚顺序，识别方法请参见二维码资料"IC 管脚顺序识别方法"。

IC 管脚顺序识别方法

二、万用表

万用表是电力、电子等部门不可或缺的测量仪表，可测量直流电流、直流电压、交流电流、交流电压、电阻和音频电平等，有的万用表还可以测电容量、电感量及半导体的一些参数（如 β）。

图 3-2-7 所示为 IUT33D 型数字万用表，使用方法参见二维码资料"万用表的使用方法"。

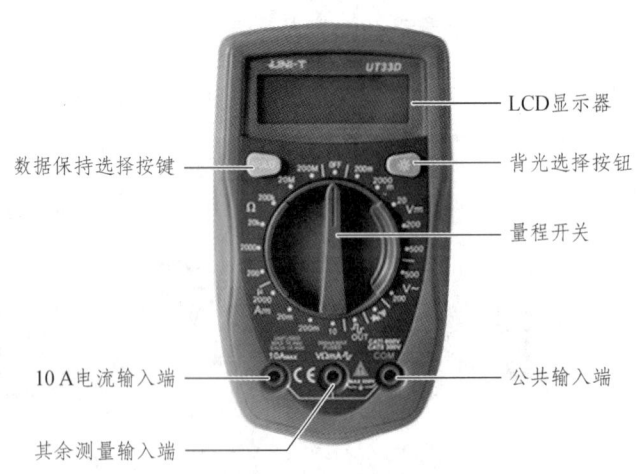

图 3-2-7　IUT33D 型数字万用表功能介绍图

三、焊 接

常用的焊接工具如图 3-2-8 所示，各种工具的介绍请参见二维码资料"焊接工具介绍"。

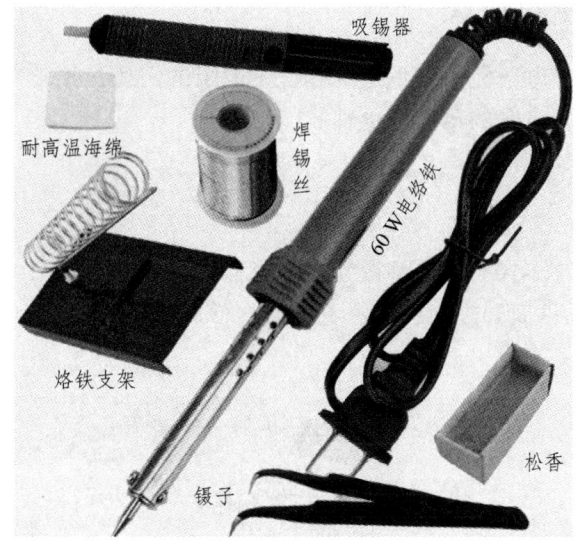

图 3-2-8 电子焊接工具

电烙铁五步焊接法如图 3-2-9 所示，详细讲解请参见二维码资料"五步焊接法"。

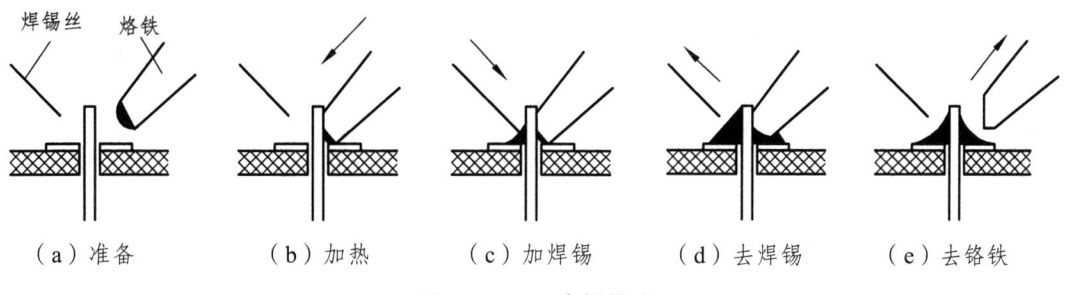

图 3-2-9 五步焊接法

良好焊点和有缺陷焊点解析请参见二维码视频资料"电子焊接常见焊点"。

五步焊接法　　　　　　　电子焊接常见焊点

【实训内容】

一、识别电子元器件

课程准备了粘贴有 4 种以上电子元器件实物的"电子元器件识别卡片"，每位同学随机从

"电子元器件识别卡片"中抽取一张进行识别,需要写出自己手中"电子元器件识别卡片"上元器件的名称、重要参数,并判断元器件的极性。

二、万用表的使用训练

(1)用万用表测量"电子元器件识别卡片"中电阻的阻值,比较实测值和标识值。
(2)用万用表判断二极管的单向导电性。

三、焊接训练

使用万用板(见图 3-2-10)和一些散装电子元器件(见图 3-2-11)进行焊接练习。焊接时正确区分 PCB 板的元件面和焊面,注意电子元器件应从 PCB 板的元件面安装,焊点落在焊面。

图 3-2-10 万用板

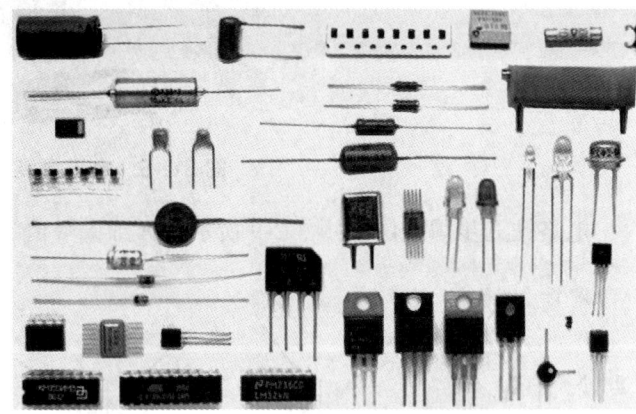

图 3-2-11 散装电子元器件

四、焊接装配功能电路

(1)按照发放的功能电路的电气要求,在 PCB 板上顺序放置电子元器件并进行焊接。
(2)焊接完毕后检测电路及焊点,处理不符合电气要求的短路、断路和错误的元器件,装配完成电路。产品应当符合电气原理、电子焊接与装配的工艺要求,能够实现预设功能。

【安全操作规程及注意事项】

(1)烙铁头的温度较高,应合理放置其周围物品,摆放整齐,注意安全,避免烫伤。
(2)烙铁头的温度在 300~360 ℃,一般来说,松香熔化较快又不冒烟时的温度较为适宜。
(3)焊接时间要适当,从加热焊接点到焊料熔化并完成焊接,应在几秒钟时间内完成。
(4)焊料与焊剂使用要适量,焊接点上的焊料与焊剂使用过多或过少都会影响焊接质量。
(5)防止焊接点上的焊锡任意流动,理想的焊接应当是焊锡只焊接在需要焊接的地方。在焊接操作时,开始时焊料要少些,待焊接点达到焊接温度,焊料流入焊接点空隙后再补充焊料,迅速完成焊接。

（6）焊接过程中不要触动焊接点，在焊料尚未完全凝固时，不应移动焊接点上的被焊器件及导线，否则焊接点会变形，出现虚焊现象。

（7）焊接完毕，应将PCB板表面的多余引脚剪掉，及时清除剪掉的导线头及焊接时掉下的锡渣等，防止落入产品内带来隐患。

（8）电子焊接时，元器件按照从低到高、先小后大、从内到外的焊接顺序，依次为电阻、电容、二极管、三极管、集成电路、大功率管。

（9）对于有极性的元器件，焊接时需注意安装方向，否则会损坏元器件和电路板。

（10）焊接集成电路时，看有无相应的芯片插座。有芯片插座的，先焊接插座，焊接完成再将芯片插入插座。没有芯片插座时，先焊接边缘对角的两只引脚，使其定位，然后再从左到右、自上而下逐个焊接。

（11）芯片与底座是有方向的，焊接时要严格按照PCB板上的缺口所指的方向，使芯片、底座与PCB三者的缺口都对应。

（12）芯片在安装前应调整两边的针脚位置，使其全部插入底座对应的插口中。

（13）万用表在测电流、电压时，不能带电换量程；选择量程时，要先选大的，后选小的，尽量使被测值接近于量程；测电阻时，不能带电测量，因为测量电阻时，万用表由内部电池供电，如果带电测量则相当于接入一个额外的电源，可能损坏表头；用毕，应将转换开关旋转到"OFF"挡再关闭万用表。

【预习要求及思考题】

一、课前预习要求

（1）预习本工种的全部内容。
（2）能够识别常用电子元器件，掌握各种元器件在电路中的作用。
（3）了解万用表的使用方法。
（4）认识各种焊接工具，了解每一种焊接工具的用途及使用方法。
（5）了解电烙铁的使用方法，熟悉五步焊接法。
（6）能够区分良好焊点和有缺陷焊点。

二、思考题

（1）如何使用万用表检测不同的电子元器件以及判断电路故障。
（2）如何焊接出良好的焊点？有缺陷的焊点是如何形成的？
（3）思考电子焊接时需要注意哪些问题？

实训三　开源硬件编程

【实训目的】

（1）掌握开源硬件的基本概念和有关常识。
（2）掌握 Arduino 控制板的开发环境搭建方法。
（3）掌握 Arduino 的程序下载和调试方法。
（4）掌握 Arduino 基本编程方法。
（5）掌握 Arduino 输入输出控制方法。
（6）掌握 Arduino 常见传感器和控制器的使用方法。

【实训设备及工具】

序号	名称	规格型号	备注
1	计算机	Windows 10 操作系统	Arduino 编程平台
2	Arduino 开发套件	包括课程所含元器件：Arduino uno 或兼容板，ArduinoIDE，面包板，导线，元器件等	搭建训练用电路

【实训基础知识】

实训系统由计算机和安装在计算机上的 Arduino IDE 软件、Arduino 控制板、传感器、执行器组成。

学生使用 Arduino IDE 软件在计算机上为 Arduino 控制板编写程序。Arduino 控制板接收传感器的数据，在程序的逻辑控制下，输出控制信号给执行器，实现某些功能，其结构如图 3-3-1 所示。

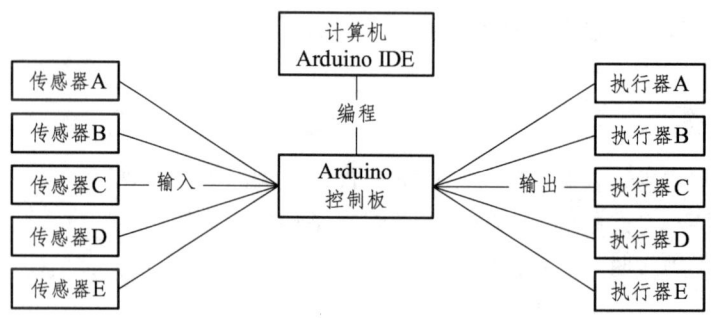

图 3-3-1　Arduino 编程实训系统结构图

一、开源硬件及 Arduino

关于开源硬件的基本概念及 Arduino 介绍请参见相关学习网站（Arduino 官方网站）和二维码视频资料"课程导入与 Arduino 介绍""Arduino 项目"。

课程导入与 Arduino 介绍

Arduino 项目举例

二、Seeeduino 兼容控制板

实训中所用到的控制板为 Arduino uno，其兼容板有 Seeeduino v4.2 或其他，在此以 Seeeduino v4.2 为例，介绍其硬件结构（见图 3-3-2）及其主要参数（见表 3-3-1）和使用方法。具体内容可参见学习网站（Seeeduino 官方网站）和二维码视频资料"Arduino 控制器、相关元件及编程环境介绍"。

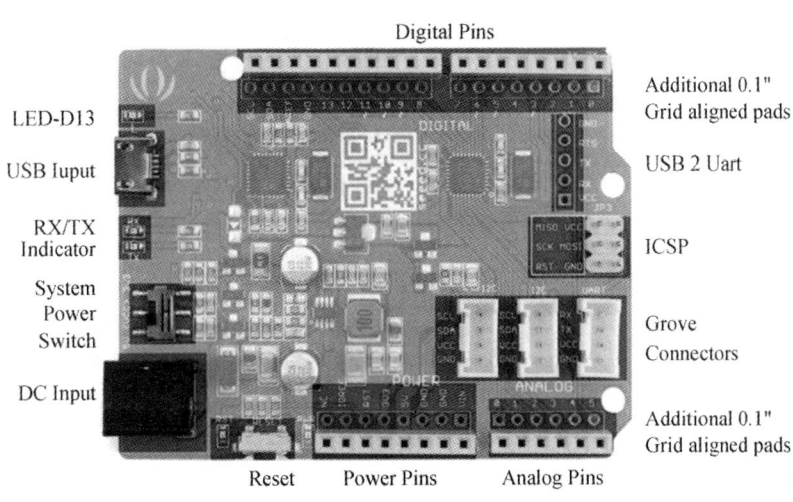

图 3-3-2　Seeeduino 硬件结构

表 3-3-1　Seeeduino 兼容控制板参数

项目	值
DC Jack 输入电压/V	7～12
5 V 引脚	使用 Micro USB 供电最大 500 mA
5 V 引脚	使用 DC Jack 供电最大 2 000 mA
3.3 V 引脚	最大 500 mA
I/O 管脚直流供电/mA	40
闪存/KB	32
RAM/KB	2
EEPROM/KB	1
时钟频率/MHz	16
尺寸/mm	68.6×53.4
质量/g	26

Arduino 控制器、相关元件及编程环境介绍

三、Arduino 集成开发环境软件的安装和使用

下载 Arduino IDE 软件并安装完毕后，在桌面和开始菜单可见图 3-3-3 所示图标。

双击图标打开 Arduino IDE 软件，可见如图 3-3-4 所示的软件界面。主要步骤为：工具→设置开发板→选择端口→编程→编译（验证）程序→上传程序。初学者可点击"帮助→参考"来查看一些函数的使用方法，也可以自主学习第三方库的程序。安装库主要有在线或离线两种方式（菜单路径是：项目 Sketch/加载库 Include library/管理库 manage Libraries 或项目 Sketch/加载库 Include library/添加.ZIP 库/add.ZIP Libraries），库一旦安装好，便可在 Arduino IDE>>文件（File）/示例中查看并使用。具体参见二维码视频资料"Arduino 控制器、相关元件及编程环境介绍"。"库的安装"见【实训内容】任务 7 中的"调试液晶屏和温湿度传感器"。

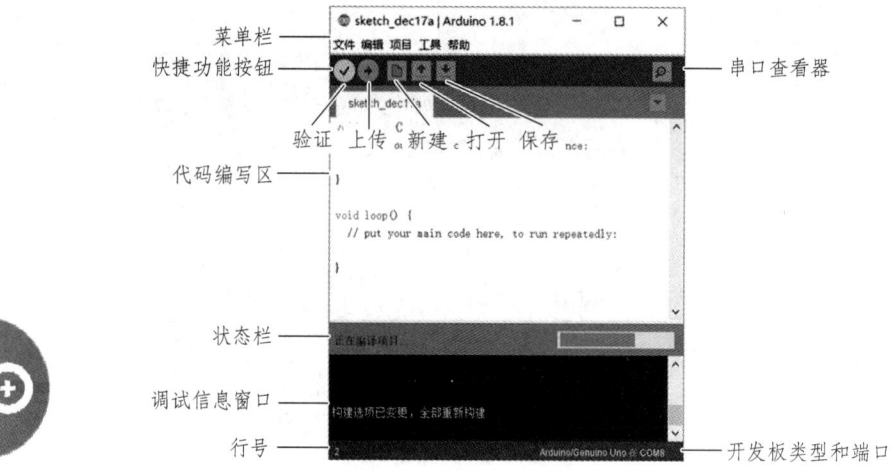

图 3-3-3　Arduino IDE 软件的图标　　　　图 3-3-4　Arduino IDE 常用功能与快捷按钮分布

四、基本编程结构和常见元件的模块编程

(一) 最小的 Arduino 程序

（1）打开 Arduino IDE。

（2）打开示例程序："Arduino IDE>>文件(File)/示例(samples)/basics/Bareminimum"。

（3）Arduino 的程序必备两个函数："setup()"函数和"loop()"函数。前者在程序开始时运行一次，一般用于配置；后者则是循环运行，用于执行具体任务。

（4）试一试编译程序（验证）和上传或下载程序（运行）。

(二) 发光二极管

（1）连接电路：发光二极管长脚—正极（arduino uno D13）；发光二极管短脚—负极 GND（中间可串一适当电阻限流）。

（2）打开程序示例："Arduino IDE>>文件/示例/01.basics/Blink"。Blink 程序是经典的 Arduino 入门程序，常被用于测试开发板。

(三) 开关 PushButton

（1）打开示例程序："Arduino IDE>>文件/示例/02.Digital/button"，阅读注释，了解电路如何连接，了解程序功能。

（2）连接电路：一端—5V，另一端串联适当电阻—GND，测试端—数字端口2。

（3）编译、下载程序。

(四) 无源蜂鸣器

（1）连接电路：无源蜂鸣器（Buzzer）负极(–)—arduino uno GND；无源蜂鸣器（Buzzer）正极(+)—arduino uno 数字口8。

（2）加载示例程序："Arduino IDE>>文件/示例/02.Digital/toneMelody"。

（3）查看效果：上电后，蜂鸣器播出乐曲。

（4）思考：本例程序只是将乐曲播放一遍，如何改成循环播放呢？如何修改曲子呢？

(五) 电位器

（1）打开示例程序："Arduino IDE>>文件/示例/Analog/03.AnalogInput"，阅读注释，了解电路如何连接。

（2）连接电路：Vcc—5V，GND—GND，测试端—模拟端口A0。

（3）编译、下载程序。

（4）将电位器换成光敏电阻，试一试。

(六) LM35型模拟温度传感器(见图3-3-5)

（1）连接电路：LM35GND(负极)—arduino uno GND；LM35Vcc(正极)—arduino uno 5V；LM35OUT(数据)—arduino uno A0(Analog)。

（2）基于示例编写程序：打开"Arduino IDE>>文件/示例/03.Analog/AnalogInOutSerial"，然后修改。将outputValue = map(sensorValue, 0, 1023, 0, 255)改为：

outputValue = sensorValue = (5.0*analogRead(sensorValue)*1000.0)/10/1024；

（3）查看效果：上电后，打开串口监视器，查看温度测量数据，用指头轻轻触碰传感器表面，观察温度变化。

（4）思考：温度是如何测量出来的？

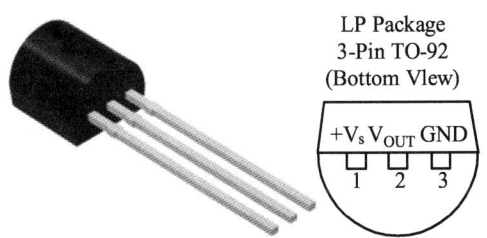

图3-3-5　LM35型模拟温湿度传感器外观和接口定义

图3-3-6　SG90型舵机

(七)舵机(见图 3-3-6)

(1)连接电路：SG90 舵机 Vcc(红色)——arduino uno 5V；SG90 舵机 GND(棕色)——arduino uno GND；SG90 舵机 pulse(橙色)——arduino uno9(PWM)。

(2)打开示例程序："Arduino IDE>>文件/示例/Servo/Sweep"。

(3)查看效果：舵机 180°摆动。

(4)思考：舵机的脉冲接口除了端口 9，还可以使用哪些端口？

(八)DHT22 型温湿度传感器

(1)安装 DHTLib 库。(请参考下面任务 7 中的二维码视频资料"调试液晶屏和温湿度传感器")

(2)连接电路：dht22(AM2302) + 或 Vcc——arduino uno 5V；dht22(AM2302) - 或 GND——arduino uno GND；dht22(AM2302)OUT 或 S——arduino uno5(digital)。

(3)打开示例程序："Arduino IDE>>文件/示例/DHTLib/dht22_test"，阅读注释，了解使用的端口及程序功能。

(4)编译、下载程序。

(5)打开串口监视器查看效果，注意波特率变化。

(九)液晶显示器 LiquidCrystal_I2C

(1)安装"LiquidCrystal_I2C"库。

(2)连接电路：lcd1602-iicVcc——arduino uno 5V；lcd1602-iicGND——arduino uno GND；lcd1602-iicSDA——arduino uno SDA；lcd1602-iicSCL——arduino uno SCL。

(3)打开示例程序："Arduino IDE>>文件/示例/LiquidCrystal_I2C/helloworld"，阅读注释，了解功能。

(4)编译、下载程序。

(5)查看屏幕效果：如果屏幕无显示，检查两个地方：

① 找到"LiquidCrystal_I2C lcd(0x27，20，4)"修改"I2C"地址"0x27"为"0x3f"，或厂家提供的其他地址。

② 用螺丝刀调整显示器背后的电位器，改变对比度。

(十)面包板及杜邦线

完成一个 Arduino 项目离不开电路的搭建，搭建一个完整的电路则需借助面包板和导线（杜邦线），具体使用方法请参见二维码视频资料"Arduino 控制器、相关元件及编程环境介绍"。

【实训内容】

一、基本项目制作

(一)任务 1——流水灯的制作(数字输出函数的应用)

该任务必用的三个主要函数：模式设置函数"pinMode()"、延时函数"delay()"、数字输出函数"digitalWrite()"。具体用法参见示例程序："Arduino IDE>>文件/示例/ 01.Basics/Blink"。

此处具体介绍数字输出函数"digitalWrite()"，它是 Arduino 数字输出编程的主要方法。该函数通过输出"HIGH"或者"LOW"值来控制 Arduino 数字端口的电平。

（1）语法：digitalWrite(pin，value)

（2）参数：pin——端口号（一般标注在端口旁边，如 Arduino UNO 上数字端口标有 0、1、2 等的字样）；value——"HIGH"或者"LOW"。

（3）返回值：无。

（4）思考：如何搭建流水灯/跑马灯电路？怎样编程实现跑马灯功能？

为使实训能快速顺利地完成，实际操作前可借助在线仿真平台来完成项目的制作。在线仿真平台网址：www.tinkercad.com。方法：用现有邮箱创建一个账号，并登录该网站，点击个人头像→点设计→circuit→新建电路，即可进行搭建电路和编程的仿真，详细步骤可参见二维码视频资料"仿真简介"，示例及流水灯参见二维码视频资料"示例及流水灯"。

仿真简介

示例及流水灯

（二）任务 2——用微动开关控制发光二极管或蜂鸣器(数字输入函数的应用)

Arduino 数字输入编程的主要方法是使用"digitalRead()"函数。该函数测量数字端口的电压，高电平返回"HIGH"，低电平返回"LOW"。

（1）语法：digitalRead(pin)

（2）参数：pin——端口号（一般标注在端口旁边，如 Arduino UNO 上的数字端口标有 0、1、2 等字样）。

（3）返回值："HIGH"或者"LOW"。

（4）打开示例程序："Arduino IDE>>文件/示例/02.Digital/button"；获取端口 2（接 pushbutton）的值，并输出给端口 13（接 LED 或蜂鸣器的正极）。

（5）注：如果端口没有连接任何东西，返回的结果随机出现"HIGH"或"LOW"。

（6）思考：对应上述示例程序，如何搭建微动开关控制的电路，使得按下"pushbutton"LED 亮或蜂鸣器响，松开"pushbutton"则 LED 灭或蜂鸣器无声。可参考本实训的【实训基础知识】第四部分内容和二维码视频资料"微动开关控制发光二极管"。

微动开关控制发光二极管

（三）任务 3——使用串口输出电路中开关检测端的电平值(串口通信的应用)

Arduino 板可以通过串口与计算机或者其他设备进行通信。所有的 Arduino 都至少有一个串口，名为"Serial"。这个串口使用数字端口的 0（RX）和 1（TX）端口进行通信，同时与计算机连接的 USB 也是用这个串口。因此，当使用串口时，无法使用 0 和 1 进行数字输入和输出。

使用 Arduino IDE 软件内置的串口查看器与 Arduino 板进行通信，注意波特

串口输出的应用

率需要和在"begin()"函数中的设置保持一致。

（1）串口打开：使用"begin()"函数来实现。

语法：Serial.begin(speed); Serial.begin(speed, config)。

参数：speed——波特率（baud）；long——参数类型；config——设置数据（data）、奇偶校验（parity）和停止位（stop bits）

返回值：无。

（2）串口打印输出：通常使用"print()"和"println()"两个函数来实现。二者的区别是，"println()"函数会额外输出回车（ASCII 13，or'\r'）和换行字符（ASCII 10，or'\n'）。

语法：Serial.print(val); Serial.println(val); Serial.print(val, format); Serial.println(val, format)

参数：val——要打印到串口的值，可以是任何数据类型；format——格式，进制（数据是整数时）或者小数点位置（数据是浮点数时）。

返回值：无。

size_t(long)：打印的字符长度。

示例程序："Arduino IDE>>文件/示例/01.Basics/DigitalReadSerial"。

（3）串口输入：Arduino 的串口输入最常用的是"read()"函数。

语法：Serial.read()

参数：无。

返回值：收到数据的第一个字节，如果没有数据，返回"-1"。

（4）思考：如何使用串口来查看"任务 2"的电路中按钮测试端口 2 的电平值，并在绘图器中查看波形图。参见二维码视频资料"串口输出的应用"。注意：监视器和绘图器在同一时间只能打开一个。

(四) 任务 4——测量模拟端口从电位器获得的电压值(模拟输入的应用)

测量模拟端口电压值。Arduino 板包括 6 通道（Mini 或者 Nano 为 8 通道，Mega 为 16 通道），10 位模数转换器（Analog to digital converter）。因此测量的结果为 0~1 023 的数值。输入的范围和精度可以使用函数"analogReference()"来设定。

模拟值的读取需要耗时 100 μs，也就是 1 s 采样 10 000 次。

（1）语法：analogRead(pin)

（2）参数：pin——模拟端口号（大多数的 Arduino 板是 0~5，在 Mini 和 Nano 上是 0~7，Mega 板是 0~15）。

（3）返回值：int——整形数值 0~1 023。

测量模拟端口
电位器的电压

（4）示例程序："Arduino IDE>>文件/示例/01.Basics/AnalogReadSerial"。

（5）思考：如何用串口查看电位器中间端子在模拟端口的输入变化？参见二维码视频资料"测量模拟端口电位器的电压"。

(五) 任务 5——电位器给 LED 调光(模拟输出的应用)

Arduino 模拟输出编程的主要方法是使用函数"analogWrite()"。该函数输出一个模拟值

（PWM）到一个端口。可以用来控制灯光的亮度变化、驱动电机调速等。

调用"analogWrite()"，端口会输出某个占空比（duty cycle）的方波，直到下次在这个端口再次调用"analogWrite()"［或者"digitalRead()""digitalWrite()"］。PWM的频率在大多数的端口是近似490 Hz，Uno和相似板子上的端口5和端口6可以达到980 Hz，Leonardo板的端口3和端口11也可以达到980 Hz。使用之前不需要调用"pinMode()"来设置端口模式。

（1）语法：analogWrite(pin, value)

（2）参数：pin——端口号（Arduino UNO上的数字端口标有0、1、2等字样），大多数Arduino开发板的模拟输出端口为3、5、6、9、10和11，这些端口在开发板上一般标有"～"符号。Value——占空比0～255。

（3）返回值：无。

（4）示例程序：Arduino IDE>>文件/示例/03.Analog/AnalogInOutSerial。

（5）思考：如何用电位器给LED调光。参见二维码视频资料"电位器给LED调光"。

(六) 任务6——电位器调节舵机(模拟输出和舵机的应用)

学习舵机控制函数"servo.write(angle)"。

示例程序："Arduino IDE>>文件/示例/Servo/Sweep"。参见二维码视频资料"电位器调节舵机"。

(七) 任务7——调试液晶屏和温湿度传感器

按本实训的【实训基础知识】第四部分第（八）、第（九）条进行，检查液晶屏和温湿度传感器能否正常使用。参见二维码视频资料"调试液晶屏和温湿度传感器"。

电位器给LED调光　　电位器调节舵机　　调试液晶屏和温湿度传感器

二、综合项目制作

使用课程提供的材料，开发一台温湿度数据采集器，包括温度、湿度数据的采集，液晶屏幕显示，LED或蜂鸣器报警，串口传输功能。参见二维码视频资料"串口输出的应用"和"调试液晶屏和温湿度传感器"。

(一) 要　求

要求完成温湿度数据采集器的开发，并演示以下功能：

（1）使用串口查看器实时查看温度、湿度信息。

（2）液晶屏幕实时显示温度、湿度信息。

（3）温度大于25 °C或者湿度大于60%，LED灯闪烁或蜂鸣器报警。

温湿度
数据采集器的
制作要求

(二) 材料(见表3-3-2)

表 3-3-2　所需材料

序号	名称	数量
1	Arduino UNO 兼容控制板	1个
2	DHT22 温湿度传感器	1个
3	发光二极管或蜂鸣器	1个
4	220 Ω 电阻	1个
5	2 行 16 字符 I2C 接口液晶显示屏	1个

(三) 电路连接

按图 3-3-7 所示的温湿度采集电路原理图布置自己的面包板电路，具体可参见二维码视频资料"温湿度数据采集器的制作要求"。

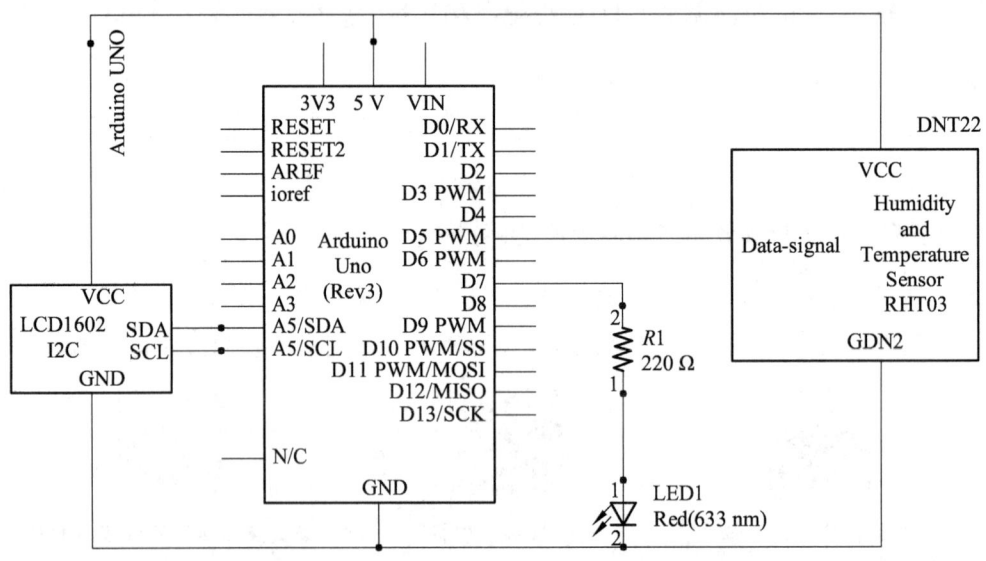

图 3-3-7　Arduino 温湿度采集器电路原理图

(四) * 项目拓展

将本项目的温湿度采集系统安装到一个轮式机器人上，研发一台具有蓝牙温湿度采集功能的机器人。

【安全操作规程及注意事项】

（1）电路连接完成前，不得上电。
（2）不得在金属板上连接、调试电路。
（3）不得在通电状态下连接、调试电路。
（4）在电路通电前，应先检查供电电路是否有短路问题。

（5）在电路连接中，5 V 电路一律使用红色线材，GND 电路一律使用黑色线材。

（6）如发现电路有异常高温或者闻到异味，应立即切断电路电源，然后慎重检查电路连接中是否有短路现象。

（7）课程结束时，应关闭计算机，关闭显示器，将材料放回元件盒，并摆放整齐。

【预习要求及思考题】

一、课前预习要求

（1）预习本工种的全部内容。
（2）浏览 Arduino 官方网站，查询 Arduino UNO 开发板的技术参数。
（3）浏览 Seeeduino 官方网站，熟悉 seeeduinoV4.2 的硬件结构。
（4）完成任务 1~任务 6 的在线仿真，仿真学习可参考二维码视频资料"仿真简介"。

二、思考题

（1）课程中制作的温湿度采集器可以用在哪些地方？如何小型化？如果在野外环境下使用，如何为本系统供电？
（2）制作一个 Arduino 项目的流程是怎样的？

实训四　模块化机器人

【实训目的】

（1）掌握机器人的组成、分类、特点及应用知识，了解机器人的最新发展情况及前沿技术。

（2）能利用C语言或者图形化编程语言实现对机器人的控制。

（3）掌握用于轮式机器人的基础传感器和控制部件的基础知识和基本应用。

【实训设备及工具】

序号	名称	型号规格	备注
1	机器人	ETRobot	
2	图形化编程软件	Mixly	
3	代码编程软件	Arduino IDE	
4	台式计算机		安装 Windows 10 操作系统

【实训基础知识】

一、ETRobot 机器人简介

ETRobot 机器人是模块化机器人课程的实践平台，其整体构造如图 3-4-1 所示。

ETRobot
机器人简介

图 3-4-1　ETRobot 机器人的整体构造

机器人一般由控制系统、驱动装置、执行机构、检测装置、机械结构及电源等部分组成，本教材使用的 ETRbot 机器人采用了开源硬件 Arduino mega 2560 开发板作为其控制系统，驱动装置为额定电压为 12 V 的直流减速电机,执行机构是两个橡胶轮和牛眼万向轮,检测装置分别为 HC-SR04 型号的超声波测距传感器模块、E18-D80NK 漫反射式光电开关、GP2Y0E03 红外测距模块及 DFrobot 模拟声音检测模块,机械结构采用了自主设计的金属底板及支架。供电电源采用标称电压为 12 V 的锂电池供电。相关内容参考二维码资料"ETRobot 机器人简介"。

二、ETRobot 机器人的集成开发环境软件

(一) Arduino IDE

Arduino IDE 是 Arduino 官方专门为开源硬件 Arduino 提供的集成开发环境,集程序设计、调试、编译、下载等功能于一体,适用于网络工程、物联网、机器人、艺术和设计等多个领域的项目开发。Arduino IDE 拥有便捷的编程环境,给予用户极大的自由想象空间,能极大地拓展用户的设计灵感。Arduino IDE 软件的编程界面如图 3-4-2 所示。Arduino IDE 软件的安装方法参见二维码视频资料"Arduino IDE 安装教程"。

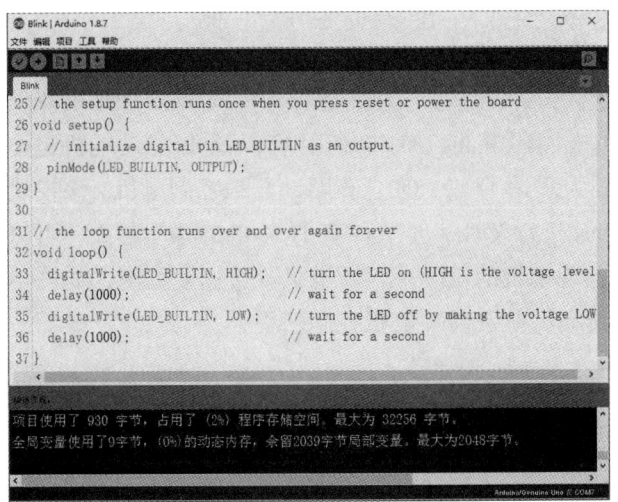

Arduino IDE
安装教程

图 3-4-2 Arduino IDE 的编程界面

(二) Mixly

Mixly(米思齐)是一款图形化编程软件,由北师大创客教育技术团队基于谷歌公司的 blockly 核心二次开发,主要面向无代码编程基础的开源硬件用户设计。Mixly 用户可以通过拼接积木块的方式来编写程序。本质上,图形化编程软件是一种图形文本——代码的翻译工具,本身并不具备为开源硬件编译代码的功能,所以在 Mixly 软件上设计的 Arduino 图形程序,会被转化为 Arduino 的标准程序语言再进行编译和上传。到目前为止,Mixly 已经支持 Arduino、Micropython、Python 等编程语言。Mixly 软件的使用大大降低了开源硬件的使用门槛。Mixly 软件的编程界面如图 3-4-3 所示。Mixly 软件的安装方法参见二维码视频资料"Mixly 安装教程"。

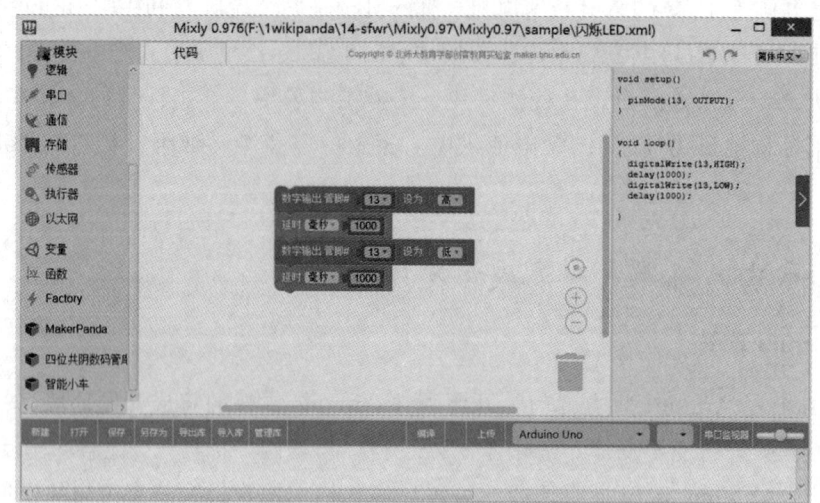

图 3-4-3　Mixly 的编程界面

三、ETRobot 机器人各模块的控制实现

(一) L298N 直流电机驱动控制

电机属于功率器件，单片机的 I/O 口输出电流不足以驱动电机工作，需要专门的电机驱动模块。ETRobot 机器人采用了 L298N 电机驱动器来控制电机。该模块基于意法半导体公司的 L298N 电机驱动芯片进行设计，是一种双 H 桥电机驱动芯片，可以驱动两个直流电机或者一个步进电机，能实现电机的正、反转及电机旋转速度控制，如图 3-4-4 所示。直流电机的控制实现可参见二维码视频资料"电机控制例程"。

电机控制例程

图 3-4-4　直流电机驱动示意图

L298N 逻辑功能控制表如下所示：

IN1	IN2	直流电机的状态
0	1	正转
1	0	反转
0	0	停止
1	1	停止

(二) 超声波测距传感器控制

声波是一种机械纵波，频率高于 20 000 Hz 以上的声波称为超声波。动物中的蝙蝠、海豚可以发射超声波，它们靠超声波对环境进行感知和定位。工业上普遍使用超声波探头进行无损检测，例如钢铁、混凝土等内部裂缝缺陷可以用超声波扫描仪进行探测。医疗上使用的超声波扫描仪（如 B 超）可以对人体内部器官进行探测，以判断器官是否有病变。

ETRobot 机器人上安装了 HC-SR04 超声波测距传感器模块（见图 3-4-5），用于对外界环境进行探测和感知，该传感器模块的工作原理和控制过程详见二维码资料"HC-SR04 超声波测距传感器的工作原理和控制例程"。

图 3-4-5　HC-SR04 超声波测距传感器

HC-SR04 超声波测距传感器的工作原理和控制例程

(三) LCD1602 显示屏控制

LCD1602 是一款常见的字符型液晶显示器（见图 3-4-6），因其能显示 16×2（16 列 ×2 行）个字符而得名，通常我们使用 LCD1602 中集成的字库芯片，通过库提供的 API，可以很方便地用它来显示英文字母和一些符号。常用的 LCD1602 显示屏为 I2C 控制接口设计，方便单片机控制显示。常用的 I2C 通信地址有 0x20、0x27、0x3F 三种，本课程中使用的是 0x27。

LCD1602 液晶显示屏的工作原理及控制过程详见二维码资料"LCD1602 液晶显示屏的工作原理及控制例程"。

图 3-4-6　LCD1602 液晶显示屏的正、反面

LCD1602 液晶显示屏的工作原理及控制例程

(四) 蜂鸣器模块控制

蜂鸣器是一种一体化结构的电子讯响器（见图 3-4-7），采用直流电压供电，广泛应用于计算机、打印机、复印机、报警器、电子玩具、汽车电子设备、电话机、定时器等电子产品中作发声器件，起到提示或报警的功能。

蜂鸣器从音源上区分，可以分为有源蜂鸣器和无源蜂鸣器两种。有源蜂鸣器内部装有集成电路，不需要音频驱动信号，只要接通直流电源就可以发声；无源蜂鸣器只有外加音频驱动信号才能发声。ETRobot 机器人采用了无源蜂鸣器模块，用于实现报警、播放音乐等功能。

蜂鸣器的工作原理及控制过程详见二维码资料"蜂鸣器的工作原理及控制例程"。

图 3-4-7　蜂鸣器模块

蜂鸣器的工作原理及控制例程

(五) 光电开关控制

光电开关是光电接近开关的简称，它利用被检测物体对光束的遮挡或反射，由同步回路接通电路，从而检测物体的有无。根据光路不同，光电开关分为对射式、镜面反射式（回归反射）和漫反射式（扩散反射）三种。

光电开关常用于流水线工件检测、液位控制、产品计数、速度检测、定长剪切、孔洞识别、信号延时、自动门传感、色标检出、冲床和剪切机以及安全防护等诸多领域。此外，利用红外线的隐蔽性，还可在银行、仓库、商店、办公室以及其他需要的场合作为防盗警戒之用。

ETRobot 机器人上的光电开关传感器为漫射型（见图 3-4-8），当检测到物体靠近时，其输出信号值为 0，否则输出信号值 1。ETRobot 机器人可通过程序判断传感器的返回值，从而判断出传感器方向是否有障碍物。光电开关的工作原理及控制例程详见二维码资料"光电开关的工作原理及控制例程"。

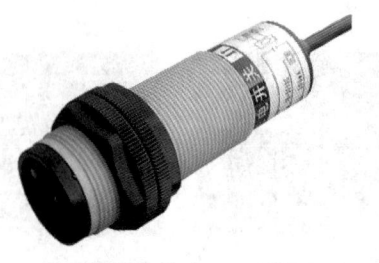

图 3-4-8　漫射型光电开关

光电开关的工作原理及控制例程

(六) 声强传感器控制

声强传感器是基于电容式柱极体的声音信号强度检测传感器（见图 3-4-9），其信号放大电路具有 300 倍的信号放大能力，输出模拟信号采用 3.3 V 或 5 V 电压为基准进行 A/D 采样。该传感器模块可用于对周围环境中的声音强度进行检测，实现根据声音互动的效果，用于制作声控机器人、声控开关、声控报警等。声强传感器的工作原理及控制过程详见二维码资料"声强传感器的工作原理及控制例程"。

图 3-4-9　声强传感器

声强传感器的工作原理及控制例程

(七) 红外测距传感器

ETRobot 机器人上安装了 GP2Y0E03 红外测距传感器模块（见图 3-4-10），其作用与超声波测距模块相似，主要通过测距探测障碍物。该模块集成了 CMOS 传感器和红外 LED，基于三角测距原理测距。主要应用于清洁机器人、人形机器人、无触点开关、节能设备、游乐设施等领域。GP2Y0E03 红外测距传感器的工作原理及控制过程详见二维码资料"红外测距传感器的工作原理及控制例程"。

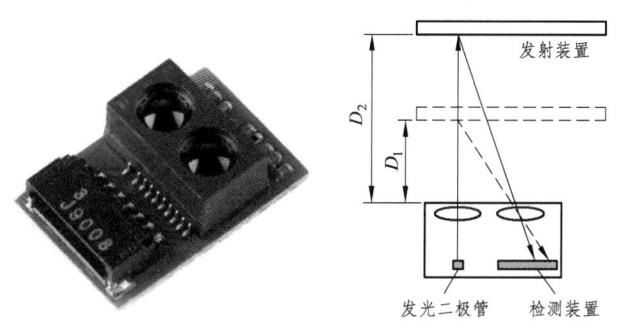

图 3-4-10　GP2Y0E03 红外测距传感器

红外测距传感器的工作原理及控制例程

四、电机测速与机器人的精准运动控制

ETRobot 机器人的驱动电机（JGA25-371）上安装有霍尔测速传感器（见图 3-4-11），可用于对电机进行测速进而实现闭环控制。

霍尔测速传感器中的磁轮与电机转轴相连，当转轴转动时，磁轮随之转动，固定在磁性转盘附近的霍尔开关元件便可在每一个小磁铁通过时产生一个相应的脉冲，检测出单位时间的脉冲数，便可知道被测对象的转速。磁性转盘上的小磁铁数目的多少，将决定霍尔测速传感器的分辨率，该型号电机磁轮上的小磁块数目为 26 个，故原始分辨率为 26CPR（每转 26 个脉冲）。

 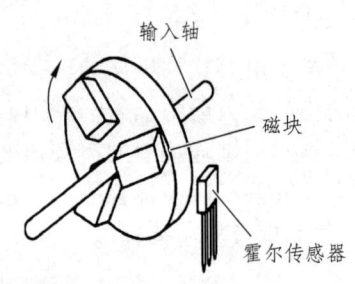

图 3-4-11　霍尔测速传感器的外形及原理示意图

由于电机输出经过了减速齿轮箱的减速和扭力放大，电机输出轴的转速 n 可由以下公式计算：

$$n = \frac{60 \times N}{26 \times 21.3} \text{（rpm）}$$

式中：N 为每秒钟内电机旋转时输出的脉冲个数，26 为原始分辨率，21.3 为电机减速比，转速 n 的单位为：rpm（转/分钟）。

电机测速控制例程

【实训内容】

利用所掌握的电机驱动、传感器控制等技术，编写控制程序，实现 ETRobot 在地面上的智能避障行驶。

【安全操作规程及注意事项】

（1）严禁插拔机器人主控板上的导线。
（2）调试机器人时，将机器人置于调试支架上，严禁直接在桌面调试机器人。禁止在别人身后调试机器人。
（3）调试或展示机器人运动项目时，机器人行走方向勿朝向人。
（4）当轮子电机出现堵转情况时，请关掉电源或去除导致机器人轮子电机堵转的物体。

【预习要求及思考题】

一、课前预习要求

（1）预习本工种的全部内容，了解课堂要求和规定。
（2）熟悉 ETRobot 机器人上各个模块的功能及其控制原理。

二、思考题

（1）思考：相对于 ETRobot 机器人，轮式移动机器人（如扫地机器人）如何才能更高效地感知环境信息？
（2）目前在主流的机器人上都应用了哪些传感器？

实训五　PCB 加工

【实训目的】

(1) 了解 PCB 加工的特点及电路板雕刻的 CAD/CAM 设计制作一体化加工流程。
(2) 掌握利用电路设计软件"立创"EDA 进行简单 PCB 电路板设计的过程。
(3) 掌握电路板雕刻机控制软件 DreamCreator 进行 PCB 电路板雕刻的基本操作。

【实训设备及工具】

序号	名称	规格型号
1	电路板雕刻机	DM300B
2	电路图设计软件	立创 EDA
3	电路板加工软件	CircuitCAM7.0，DreamCreator1.0

【实训基础知识】

一、PCB 简介

PCB（Printed circuit boards 的简称）即印制电路板，上面至少有一个导电图形及所设计好的孔。PCB 给电子元器件及产品机械装置提供物理支撑，并实现电子元器件之间的电气连接。

加工 PCB 一般使用覆铜板。覆铜板由板基和铜箔组成，板基通常采用玻璃纤维等绝缘材料，上面再覆盖一层铜箔。覆铜板从结构上分类，有单面板、双面板和多层板；从硬度性能上分类，有硬板、软板和柔性板等；从生产要求来看，有喷锡板、镀金板和金手指板等。

PCB 简介

PCB 加工：常见的加工方法有蚀刻法和雕刻法。前者是化学方法，使用蚀刻液将导电线路以外的铜箔去除掉；后者是物理方法，使用雕刻机进行剥铜。

铜箔经过蚀刻或雕刻后就剩下一段一段曲曲折折的铜箔，这些铜箔称为走线（Trace）。走线的功能就相当于电路原理图中的连线，它们负责把元器件的引脚连接到一起。铜箔上钻有一些孔，周边有一小圈铜箔的金属化孔是用来安装电子元件的焊盘（Pad）；实现层和层之间电气连接的细小的金属化孔是通孔（Plated Through Hole）；用于固定 PCB 和机械装置的非金属化孔是安装孔（Mounting Hole）。

二、PCB 雕刻

本实训课程采用雕刻法。

PCB 雕刻是 CNC 雕刻技术和传统 PCB 加工技术结合的产物，它既有 CNC 雕刻精细轻巧、灵活自如的操作特点，又有效地减少了传统蚀刻加工法对环境造成的污染。

PCB 雕刻机集计算机辅助设计技术（CAD 技术）、计算机辅助制造技术（CAM 技术）、数控技术（NC 技术）于一体，雕刻流程如图 3-5-1 所示。

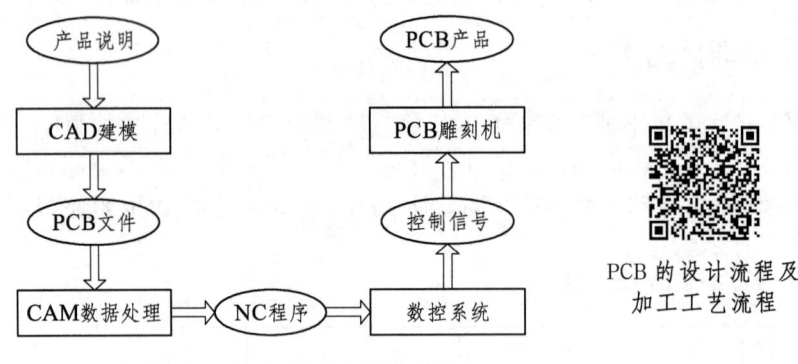

PCB 的设计流程及加工工艺流程

图 3-5-1　PCB 雕刻流程图

【实训内容】

PCB 电路板的计算机辅助设计（电路 CAD），是以电路原理图为根据，通过计算机辅助设计实现电路设计者所需要的功能。

本实训分为 4 个步骤：原理图绘制→PCB 设计→CAM 数据处理→机床上加工产品。

本实训课程使用国产立创 EDA 软件。教程是基于嘉立创 EDA（标准版）6.5.19-工程离线模式编写的。

一、原理图绘制

(一) 软件安装和启动

访问立创 EDA 软件官方网站下载标准版，选择"工程离线模式"，注册登录，该模式下工程文件保存在用户端本地。

或者访问立创 EDA 软件官方网站，选择"在线模式"，注册登录，此时工程文件保存在云端服务器，该模式支持团队协作、在线分享。

(二) 原理图绘制步骤

原理图是电路设计的第一步，是制板、仿真等后续步骤的基础，绘制时要求做到正确、规范、清晰。

原理图中本质上只有两样东西：元器件和导线。学习原理图的绘制就是学习放置元器件和连接元器件引脚。原理图绘制的一般步骤如下：

原理图绘制

原理图的新建和保存→放置元件→电气连接→标注编号→修改元器件封装→修改元器件名称→设计管理器的使用→打印与报表输出。

上述环节并不严格要求按照顺序，很多时候是可以交叉进行的。

1. 原理图的新建和保存

双击软件图标 ，打开软件→点击 →输入工程名称，并简要描述工程→进入原理图编辑页面，保存原理图文件。原理图编辑页面如图 3-5-2 所示。

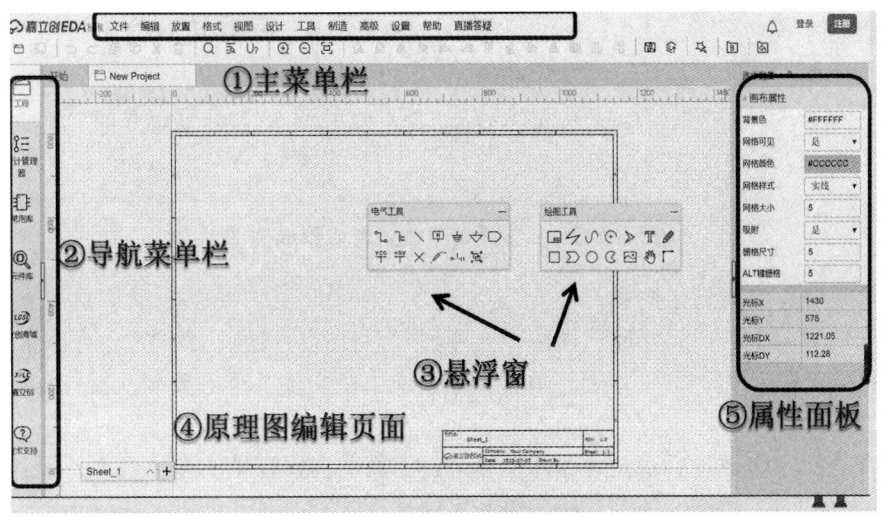

图 3-5-2　原理图编辑页面

（1）主菜单栏：鼠标放到任意图标上即显示其功能。

（2）导航菜单栏：共有 6 个菜单，常用的有工程、设计管理器、常用库和元件库。设计管理器主要负责解决元件和网络两个方面的错误。

常用库中有常用的电气标识符和常用的电子元器件原理图库。单击电气符号再点击原理图编辑器，即可把该元器件放置到原理图画布上；再点击鼠标右键，可取消元件的光标跟随。

元件库是常用库的补充，包括"系统库""立创贴片"和"用户贡献"。鼓励有奉献精神的小伙伴分享自己的元件和封装。注意，元件库必须在网络环境里使用。

（3）悬浮窗口：原理图编辑器页面有"电气工具"和"绘图工具"两个悬浮窗口，都是作图过程中需要用到的工具命令，比如"导线""VCC""GND"以及"T"文字命令等。

（4）属性面板：选中不同的对象，就会在编辑器右侧出现对应的属性面板，我们可以很方便地在这里修改所选对象的各种参数，比如画布的颜色、栅格的尺寸、走线的宽度、焊盘的直径及边框的尺寸等。

2. 放置元件

常用的基础元件一般位于"常用库"中，如果常用库中没有，就需要在"元件库"中寻找。

（1）从常用库中放置元件：

如图 3-5-3 所示，在导航菜单中，单击"常用库"图标，会在常用库的右侧展开常用库中的所有元器件；找到你要放置的元器件，在图标上单击，然后把光标移动到原理图中，就可以看到元器件被附着到了光标上。注意，立创 EDA 不支持拖拽元件到画布。

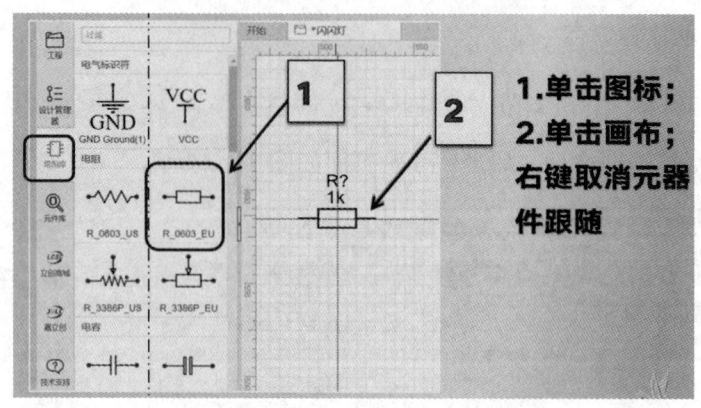

图 3-5-3 从常用库中放置电阻到原理图

（2）从元件库中放置元件：

单击导航菜单中的"元件库"图标，会弹出"元件库"窗口，如图 3-5-4 所示。

选择"类型"为"符号库"，然后在"搜索"文本框中输入你想要的元器件名称，然后单击"搜索"。

选择合适的"库别"后，在元器件上面单击，就会在窗口的右侧出现该元器件的"原理图库""PCB 库""实物图"的预览图，也有可能出现这三个预览图的其中一个或者两个。这个功能可以帮助你快速找到合适的元器件。

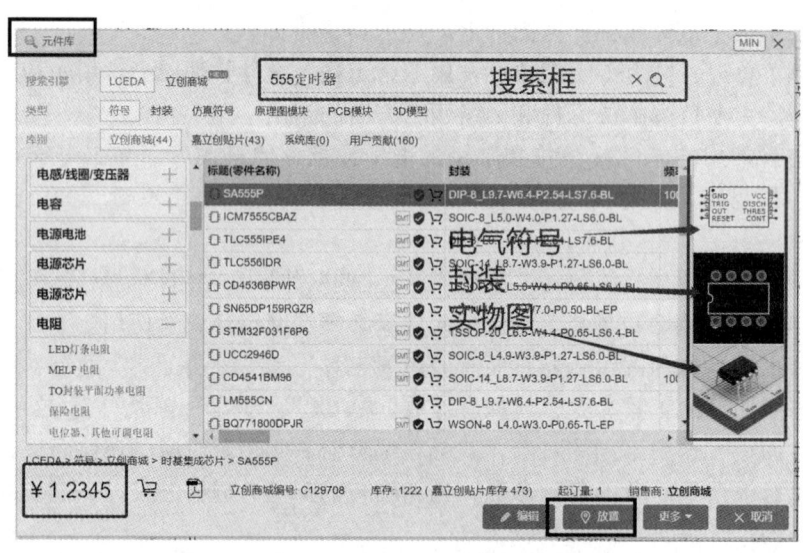

图 3-5-4 从元件库中搜索元件的步骤

3. 电气连接

元器件放置好以后，按照电路要求把它们用导线连接起来。这里主要介绍导线连接和网络标签连接两种方式。

（1）导线连接：

使用图 3-5-5（a）所示的"导线"工具连接元器件引脚，图（c）所示是执行主菜单"设计"→"原理图转 PCB"命令查看 PCB 中的连接效果。

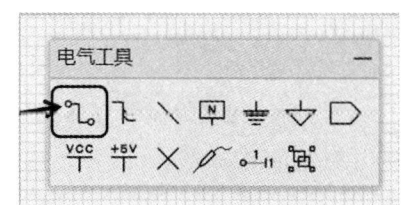  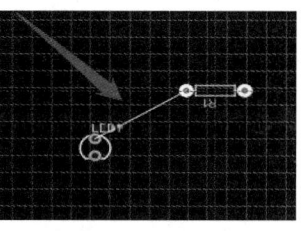

（a）"导线"工具　　　　（b）导线连接元器件引脚　　　　（c）PCB 中的连接效果

图 3-5-5　导线连接元器件并检查连接效果

（2）网络标签连接：

在复杂的原理图中，仅用导线工具连接，看起来会很乱，"网络标签"和"网络端口"工具可以为我们解决这个问题。

如图 3-5-6（a）所示，单击"网络标签"工具，在需要连接的三个点分别放置一个 Net，并修改为同一个名称，那么这三个点就相当于用导线连接起来了。我们可以执行主菜单"设计"→"原理图转 PCB"命令来查看连接效果。

注意：网络标签的名称只支持英文字母、符号与阿拉伯数字。

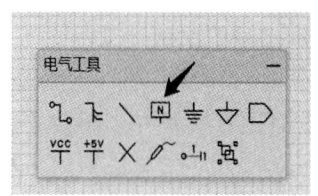 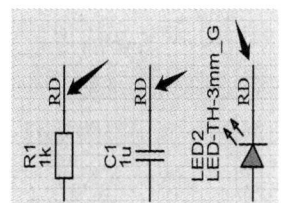 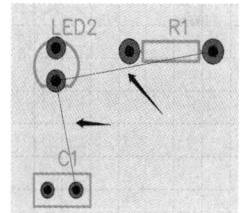

（a）"网络标签"工具　　　（b）使用"网络标签"连接元器件　　　（c）PCB 中的连接效果

图 3-5-6　使用"网络标签"连接元器件并检查连接效果

4. 标注编号

立创 EDA 会给放置在原理图中的元器件自动编号。执行主菜单"设置"→"系统设置"→"原理图"选型卡→"放置元件自动标注位号"，可以取消自动编号。

如果因各种原因造成元器件编号混乱，可以执行主菜单"编辑"→"标注编号"命令，在弹出的"标注"对话框中，选择合适的标注范围、方法和方向进行重新标注，见图 3-5-7。

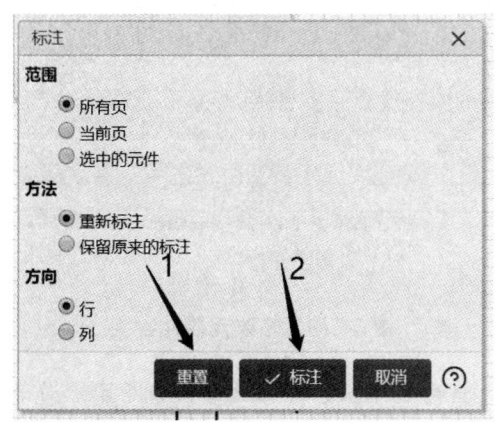

图 3-5-7　"标注"对话框

5. 修改元器件封装

（1）查看封装：

单击元器件，点击界面右侧出现的属性面板中的"封装"，软件会弹出"封装管理器"窗口，如图3-5-8所示，点击左侧栏中不同的元器件，即可查看其封装信息。

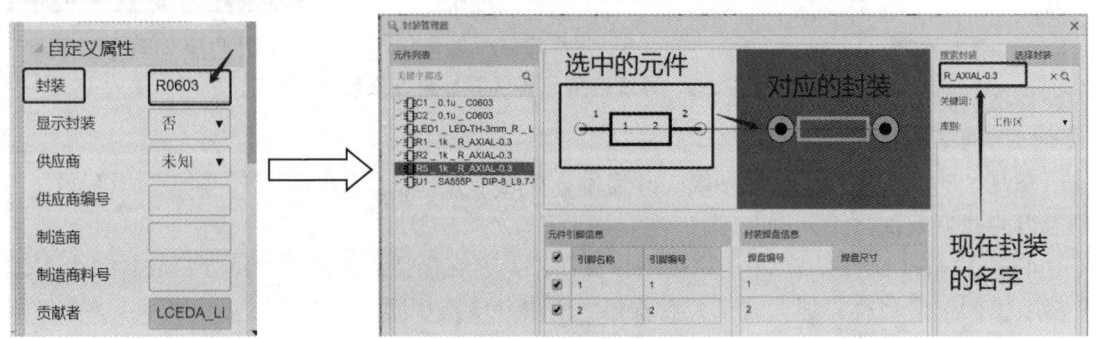

图3-5-8　查看元器件封装

（2）修改元器件封装：

在封装管理器右上角"搜索"框中输入需要的封装名称，单击"搜索"，在"搜索"框下方选择合适的库别，列表会出现所有该名称的封装。

单击想要查看的新封装，在预览窗口中就可以看到新封装的缩略图，并可在"封装焊盘信息"下的"焊盘尺寸"中看到焊盘的具体长宽尺寸和焊盘间距。根据这些信息，就可以精确选择所需封装，如图3-5-9所示。

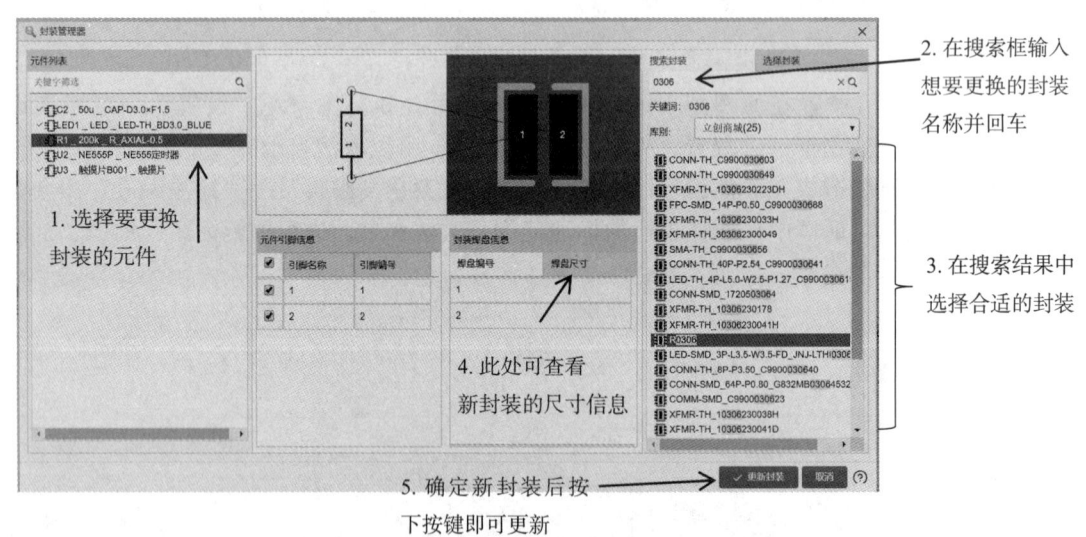

图3-5-9　修改元器件封装

在左侧"元件列表"中选择多个要修改的元器件，单击选好的新封装名称，再单击"更新封装"，可以实现批量修改元器件封装。

6. 修改元器件名称

修改元器件名称有两种方法，如图 3-5-10 所示。

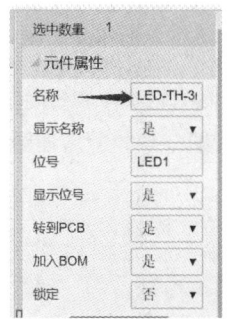
（a）在元件属性中修改名称

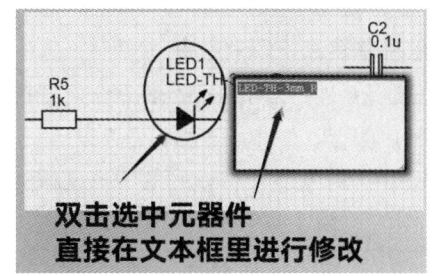
（b）双击元器件原名称，直接修改

图 3-5-10　修改元器件名称

7. 打印与报表输出

（1）打印原理图

方法一：执行主菜单"文件"→"打印"命令来输出 PDF 文件，或者直接通过打印机打印出原理图。

方法二：通过主菜单"文件"→"导出"命令，把原理图输出为 PDF 文件，也可以输出为 PNG、SVG 图片→打印。

推荐使用第二种"导出"命令打印原理图的 PDF 文件，更加美观。

（2）导出 BOM 文件

BOM 文件就是元器件清单文件，包括工程中所有用到的元器件的名称、数量、封装以及制造商、价格等信息。有了这个文件，我们就可以很方便地采购元器件了。

执行主菜单"文件"→"导出 BOM"命令即可导出物料清单。

二、PCB 设计

PCB 设计有两种方式：一种是在完成原理图的绘制后，由原理图生成 PCB；另外一种是不画原理图直接画 PCB。新手推荐使用第一种方法。

PCB 设计是整个工程设计的目的。由于要满足功能上的需要，有时还需要考虑实际中的散热和干扰等问题，因此电路板设计往往有很多规则和要求。相对于原理图设计来说，PCB 设计更需要细心和耐心。

PCB 设计的一般步骤如如下：PCB 文件的新建和保存→PCB 布局→PCB 布线→PCB 预览→输出 GERBER 文件。

(一) PCB 文件的新建和保存

1. 原理图转 PCB 文件

在画好原理图并保存后，执行主菜单"设计"→"原理图转 PCB"命令，即可一键生成 PCB 文件，同时，原理图中的所有元器件都会导入到 PCB 文件中，相当于同时完成了"新建

PCB""生成网络表"和"导入网络表"等这些操作命令,如图 3-5-11 所示。

如果原理图有改动,则执行"设计"→"更新 PCB"命令,即可把改动编译到 PCB 编辑页面。

2. 用新建菜单建立 PCB 文件

使用主菜单"文件→新建→PCB"命令,可以新建一个 PCB 文件并保存。新建好 PCB 文件以后,可以直接在 PCB 文件中绘制电路板,也可以从绘制好的原理图中导入元器件。

图 3-5-11 原理图转 PCB

(二) PCB 布局

PCB 布局是指把元器件放到合适的位置,是 PCB 设计的关键步骤。好的布局,通常是把有电气连接关系的元器件引脚相对靠近,这样可以让走线距离短,占用的空间少,从而使整个电路板的导线能够走通,且走线效果较好。

电路布局的整体要求是"整齐、均匀、紧凑、美观",即元器件排列整齐、分布均匀、版面紧凑美观,这样才能使电路板达到最高的利用率,并降低制作成本;同时,布局时还要考虑电路的机械结构、散热、电磁干扰以及布线的方便性等问题。

1. 电路板边框绘制

电路板边框的尺寸一般由产品外壳决定。

在第一次执行原理图导入 PCB 命令后,会有一个软件自动计算生成的边框,如果不需要,可以删除掉;或者通过导入 DXF 的方式,导入在 CAD 软件中画好的边框。

使用 PCB 编辑页面悬浮窗口中的各种绘图工具,可以快速绘制圆形、矩形、圆角矩形或各种异形外框。

注意:在绘制边框前,需要先在"层与元素"悬浮窗口中单击"边框层"前面的颜色窗口,将图层固定在"边框层",如图 3-5-12 所示。

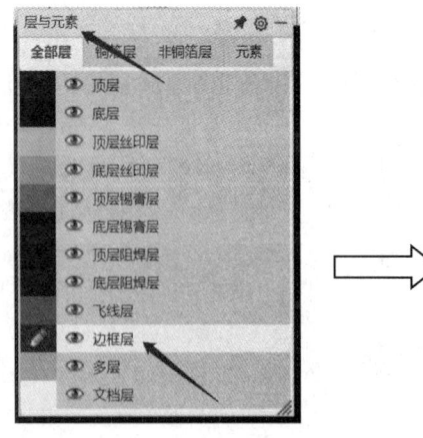
(a) 先在"层与元素"悬浮窗口中选择边框层

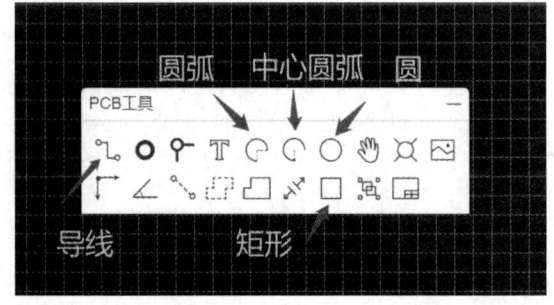
(b) "PCB 工具"悬浮窗口中的绘图工具

图 3-5-12 绘制边框

2. 添加安装孔

安装孔的位置一般由外壳的要求确定，形状一般是圆形的。

执行主菜单中的"放置"→通孔，或者使用"PCB 工具"悬浮窗口中的"通孔"，都可以绘制出安装孔。单击安装孔，可以在"孔属性"面板中修改孔直径、坐标。孔直径单位可按需要选择 mil 或者 mm，如图 3-5-13 所示。

放置"焊盘""过孔"及修改属性的操作类似于放置"安装孔"。

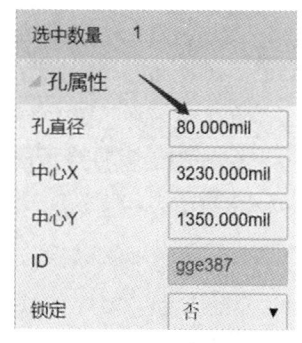

图 3-5-13　孔属性面板

3. 手动布局

手动布局，需要用鼠标把元器件拖放到合适的位置。一般情况下，可以按照原理图中元器件的相对位置摆放元器件。下面是一些基本的布局原则：

（1）需要插接导线或者其他线缆的接口元器件，一般放到电路板的外侧，并且接线的一面要朝外。

（2）元器件就近原则。元器件就近放置，可以缩短 PCB 导线的距离，如果是去耦电容或者滤波电容，越靠近元器件，效果越好。

（3）整齐排列。例如排列一个 IC 芯片的辅助电容电阻电路，围绕此 IC 整齐地排列电阻、电容可以更加美观。

(三) PCB 布线

布线，就是元器件之间的导线连接，不仅要求把所有线路走通，还需要走线合理。

布线可以分为自动布线和手动布线。设计简单电路时，自动布线可以提高效率，还可以通过手动布线修改部分导线或者微调元器件布局来满足工程要求。

布线的好坏将直接影响电路板的性能。下面介绍一些基本的布线原则：

（1）走线长度尽量短和直，在这样的走线上电信号完整性较好。

（2）走线中尽量少使用过孔。

（3）走线的宽度要尽量宽。

（4）输入/输出端的边线应避免相邻平行，以免产生反射干扰，必要时应加地线隔离。两相邻层间的布线要互相垂直，平行容易产生耦合。

注意：一般布线时禁止出现锐角走线，尽量避免直角走线的情况。单击 PCB 编辑器画布右侧的属性面板中的"其它"下面，可以修改线宽和拐角，一般设置为 45°拐角。

(四) 覆　铜

覆铜，就是在 PCB 上闲置的地方铺铜，一般情况下，我们习惯把铜接地线。覆铜接地，可以减小地线阻抗，提高抗干扰能力。

执行主菜单"放置"→铺铜，或者点击"PCB 工具"悬浮窗口中的 图标，选择 GND 网络，即可实现覆铜操作。

(五) 泪 滴

在导线和焊盘或孔的连接处，通常需要补泪滴，以去除连接处的直角，加大连接面。这样做有两个好处：一是在 PCB 制作过程中，避免因钻孔定位偏差而导致焊盘与导线断裂；二是在安装和使用过程中，可以避免因用力集中而导致连接处断裂。

在 PCB 编辑器页面，执行主菜单"工具"→泪滴命令，会弹出"泪滴"对话框，如图 3-5-14 所示。图 3-5-15 显示了补泪滴前后焊盘与导线连接的变化。

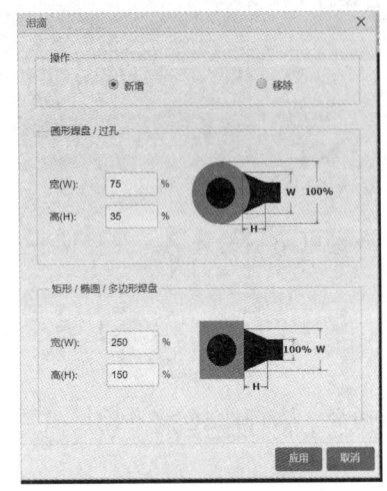

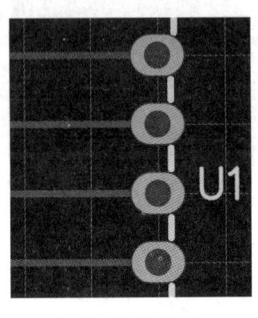 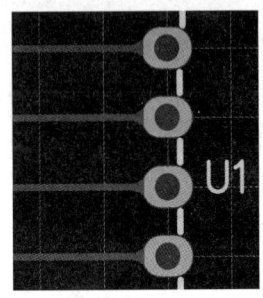

（a）补泪滴前　　　　（b）补泪滴后

图 3-5-14　"泪滴"对话框　　　　图 3-5-15　补泪滴前后的焊盘导线

(六) 放置图片 LOGO

在 PCB 编辑器页面，单击"PCB 工具"悬浮窗口中的图片按钮，弹出"插入图片到 PCB"对话框。在对话框中，单击"选择一个图片"按钮，把要添加的图片打开，图 3-5-16 所示是打开 LOGO 图片以后的界面。图中，左边是原图，右边是转化好后的 LOGO。

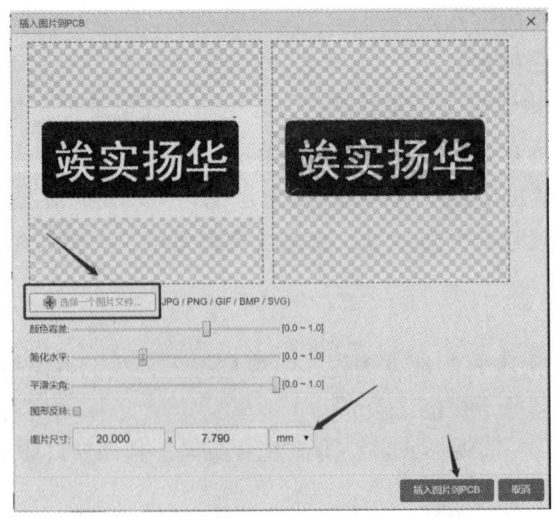

图 3-5-16　"插入图片到 PCB"对话框

可以通过调整"颜色容差""简化水平""平滑尖角"滑动条来调整显示效果。支持打开多种图片格式的文件，例如 JPG、PNG、GIF、BMP 和 SVG 等。注意：最好使用黑白色的图片。

(七) PCB 预览

执行主菜单"视图"→"2D 预览"或"3D 预览"，可以帮助我们提前观察到 PCB 制作出来的模样。

2D 预览下可以看到 PCB 的正面和反面，宛如照片；3D 预览下，使用鼠标可以对 PCB 进行放大、缩小以及 360° 翻转。

在预览界面右侧的属性面板中，可以修改 PCB 的颜色，也可以将焊盘喷锡修改为金色或银色，还可以设置是否显示丝印。

(八) 一键生成 GERBER

由于设计软件的种类较多，为了方便后期加工制造，一般都统一将设计的 PCB 文件以 Gerber 格式的文件输出，然后由 CAM 软件处理加工。

执行主菜单命令"制造"，在弹出的窗口中单击"PCB 制板文件（Gerber）"即可下载压缩好的 Gerber 文件。在单击"生成 Gerber"之前，也可以选择 DRC（电气规则）检查，并根据提示信息修改线路图，如图 3-5-17 所示。

图 3-5-17　DRC 检查弹窗

三、CAM 数据处理

计算机辅助设计（Computer Aided Manufacturing，CAM）通过计算机编程生成机床设备能够读取的数控代码，驱动机床设备运行。它的输入信息是零件的工艺路线和工序内容，输出信息是刀具加工时的运动轨迹（刀位文件）和数控程序。

CAM 数据处理

实训采用 CIRCUITCAM 软件完成 GERBER 文件到机床加工文件的转换。

转换流程为：导入 GERBER 文件→对应文件和图层→设置刀具雕刻路径→设置铣边路径→导出 LMD 文件。

(一) 导入 GERBER 文件

双击打开 CircuitCAM 软件，将 Gerber 压缩包中后缀为 GBL、GBO、GBS、GKO、GTL、GTO、GTS 和 DRL 的文件导入软件，如图 3-5-18 所示。

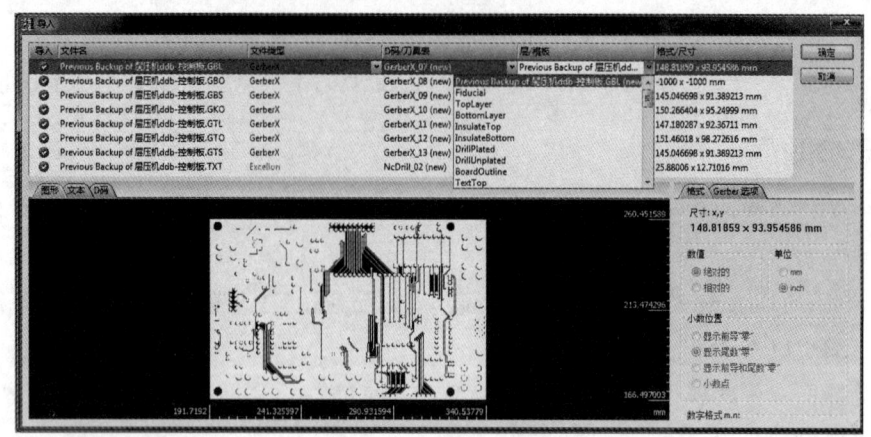

图 3-5-18 导入文件

(二) 对应文件和图层

文件导入软件后首先按表 3-5-1 修改各层对应的格式,修改后如图 3-5-19 所示。

表 3-5-1 各层数据的后缀与 CAM 软件的各图层对应关系

文件后缀	全称	层	CAM 里对应的层
GBL	Gerber bottom layer	底层线路	bottomlayer
GBO	Gerber bottom over layer	底层阻焊	SilkScreen bottom
GBS	Gerber bottom solder mask	底层字符	SoldMask bottom
GKO	Gerber keep out layer	轮廓层	boardoutline
GTL	Gerber top layer	顶层线路	toplayer
GTO	Gerber top over layer	顶层阻焊	SilkScreen top
GTS	Gerber top mask	顶层字符	SoldMask top
DRL		打孔层	DrillPlated

注:以上为制作双面板所需文件;若制作单面板,可以去掉底层相应文件。

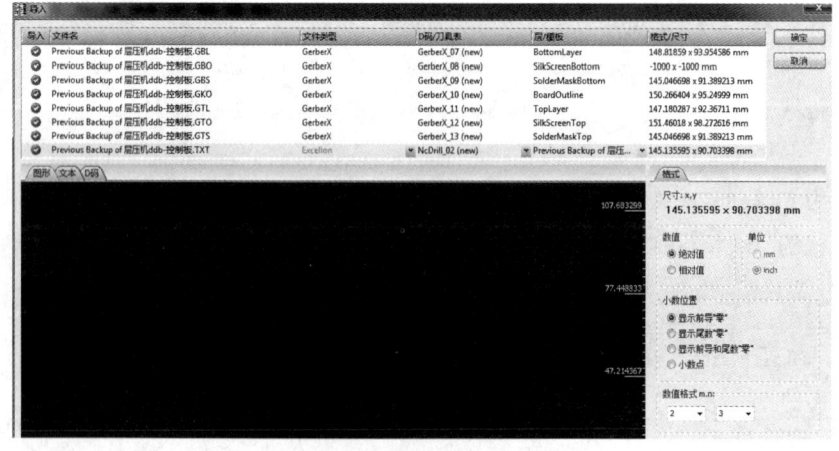

图 3-5-19 修改文件对应层

(三) 设置刀具雕刻路径

导入数据之后，CAM 软件需要在右侧的批处理栏内进行刻刀的路径计算。一般选择第三个模板来进行，点击之后出现图 3-5-20 所示对话框，将图 3-5-20 中的 Tool big 设为 End Mill1.0，Layer robout 选择 Board outline 层。

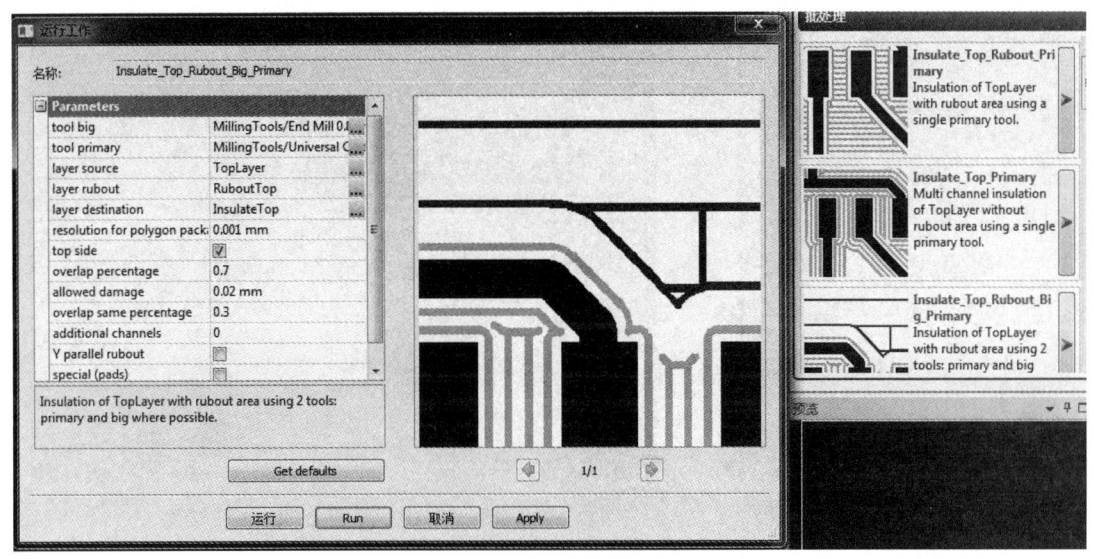

图 3-5-20 设置刀路

CAM 生成的加工路径如图 3-5-21 所示，其中绿色的线条显示的是万用铣刀的加工路径，蓝色的线条是 End Mill1.0 刀具的加工路径。

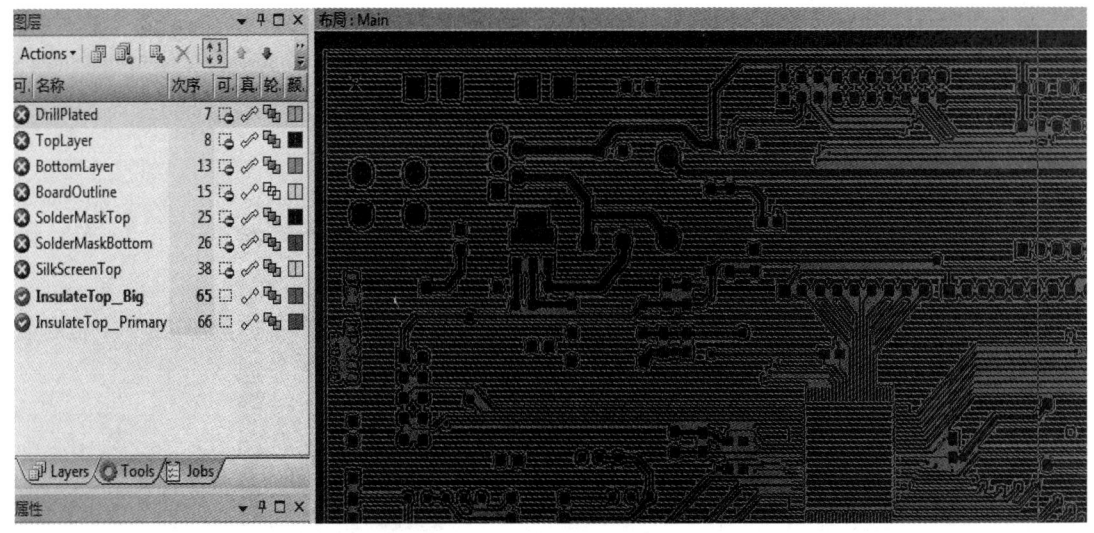

图 3-5-21 剥铜设置

(四) 设置铣边路径

执行主菜单"刀路"→"铣边路径"，会弹出图 3-5-22 所示对话框，具体设置如图所示。

(五)导出 LMD 文件

先保存 CAM 文件,然后执行文件→导出→LMD→LMD_PCB_Prototyping,即成功导出 LMD 加工文件,如图 3-5-23 所示。

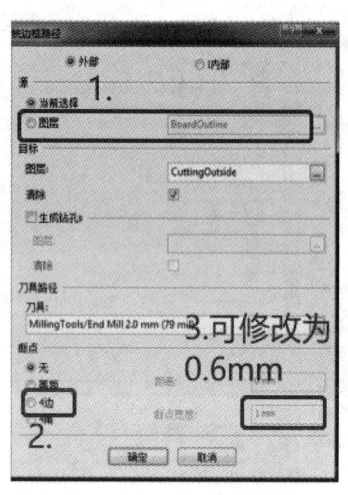

图 3-5-22 设置铣边框路径

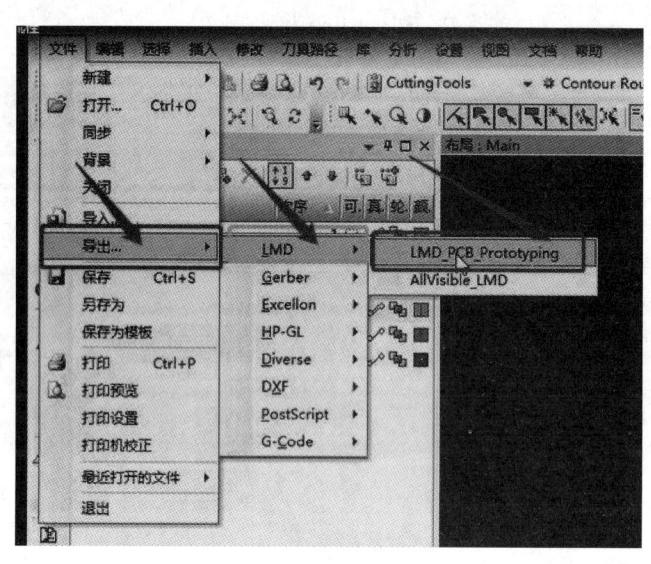

图 3-5-23 导出 LMD 加工文件

四、机床上加工产品

DM300B 是一款桌面型 PCB 雕刻机,它具有加工速度快、加工精度高、操作简单、外形小巧等优点。机体包含 X、Y、Z 三个独立步进电机,通过三个轴配合运转,确保了雕刻机加工更加流畅,可使雕刻机在短时间内完成打孔、铣线等操作。该机器的结构如图 3-5-24(a)所示,图 3-5-24(b)所示为机头。

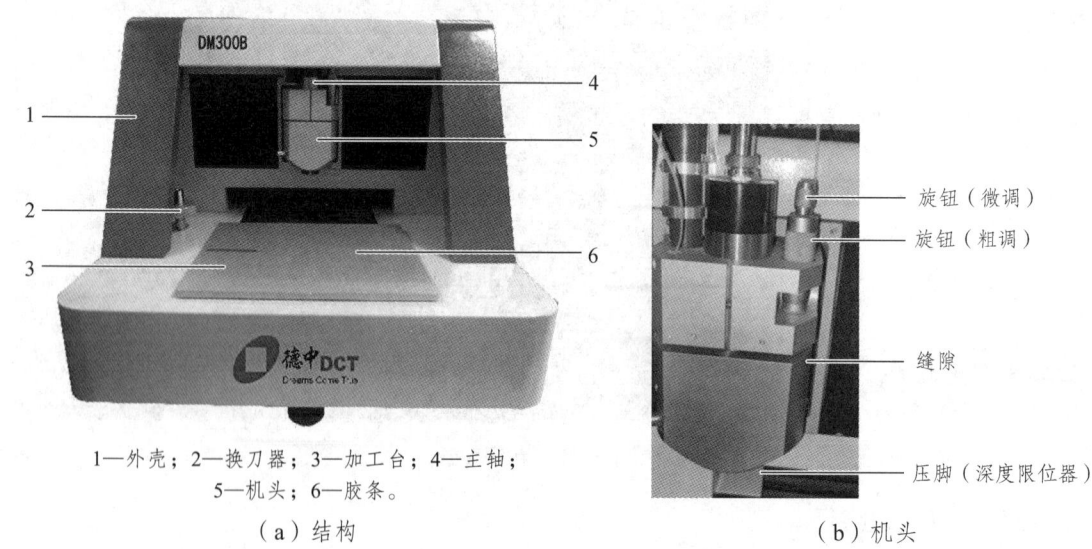

1—外壳;2—换刀器;3—加工台;4—主轴;
5—机头;6—胶条。

(a)结构　　　　　　　　　　　(b)机头

图 3-5-24 DM300B 型 PCB 型雕刻机

(一) 开　机

（1）通过图 3-5-25 所示的接口，为 DM300B 型雕刻机提供 220 V 交流电并与计算机连接。

（2）先打开雕刻机右后方的红色电源开关、打开吸尘器开关，再开启计算机上的 DreamCreaTor 软件。

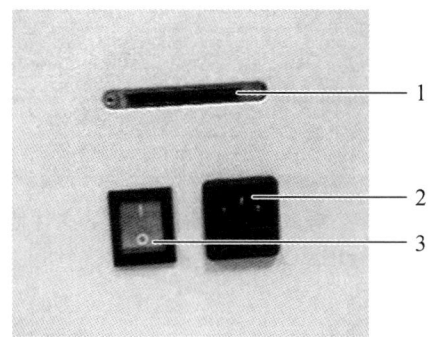

1—数据传输线接口；2—电源接口；3—电源开关。

图 3-5-25　雕刻机接口

（3）用销钉将垫板、覆铜板固定在加工台上，可用不干胶进行辅助固定。垫板在下，覆铜板在上。

(二) 准备工作

1. 导入文件

（1）执行主菜单"文件"→"新建项目"→在"模板选择"弹窗中按"确定"。

（2）执行主菜单"文件"→"导入各层轨迹文件"，在图 3-5-26 所示的"图层文件导入"浮窗中选择"LMD 导入"，导入处理好的 LMD 加工文件。

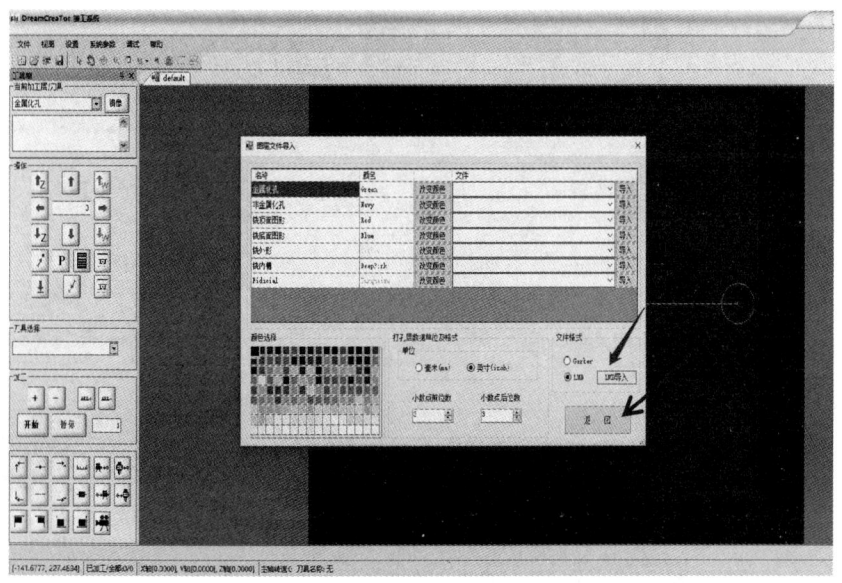

图 3-5-26　图层文件导入

(3)如图 3-5-27 所示，出现完整的 LMD 文件地址时，按下"返回"按钮。

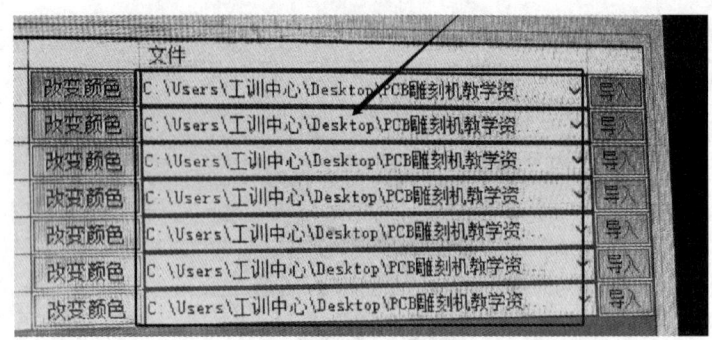

图 3-5-27　导入成功则显示完整的文件地址

2. 对刀与定位

(1)在覆铜板空白打印区域上画好对刀点记号"×"，打印区域尺寸要略大于电路板尺寸。

(2)在图 3-5-28 所示的"操作"面板上，结合各方向键和文本框里的加工头移动距离数值，移动加工头直至刀尖悬停至"×"点上方。

注意：文本框里输入"X"，表示加工头每次移动 X mm 距离；对刀过程中刀尖不可触碰到覆铜板。

(3)对完刀后，点击图 3-5-29 所示按钮，导入的电路图形停靠至加工头，定位完毕。

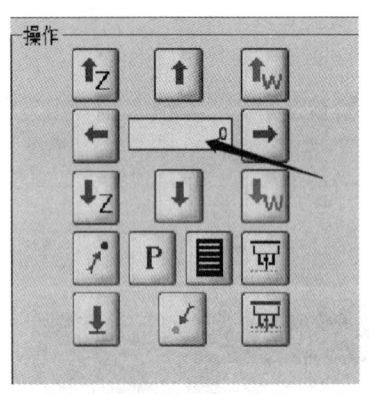

图 3-5-28　"操作"面板

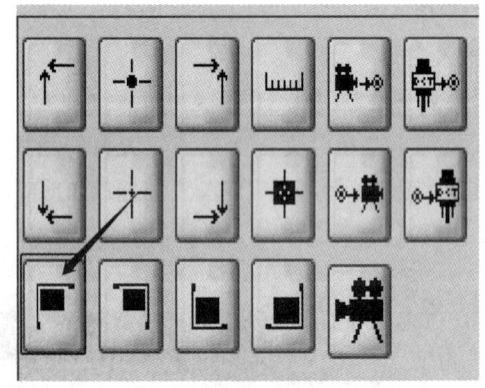

图 3-5-29　图形停靠至设备

3. 刀具参数设置

(1)选定图层和刀具。各图层对应的刀具可在软件左上角的"当前加工层/刀具"处查看，点击 ▼ 可切换图层，如图 3-5-30 所示。

(2)执行主菜单"系统参数"→"刀具参数设置"，在弹出的"刀具设置"对话框中选择上一步选定的刀具，设置好 1 号箭头所指的"起钻位"和"停钻位"，按下 2 号箭头所指的"修改"按键对坐标进行保存，如图 3-5-31 所示。

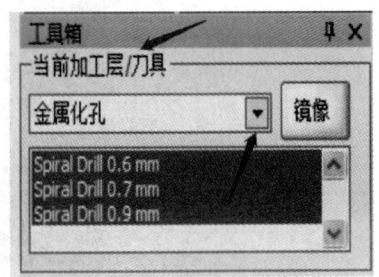

图 3-5-30　图层对应的刀具

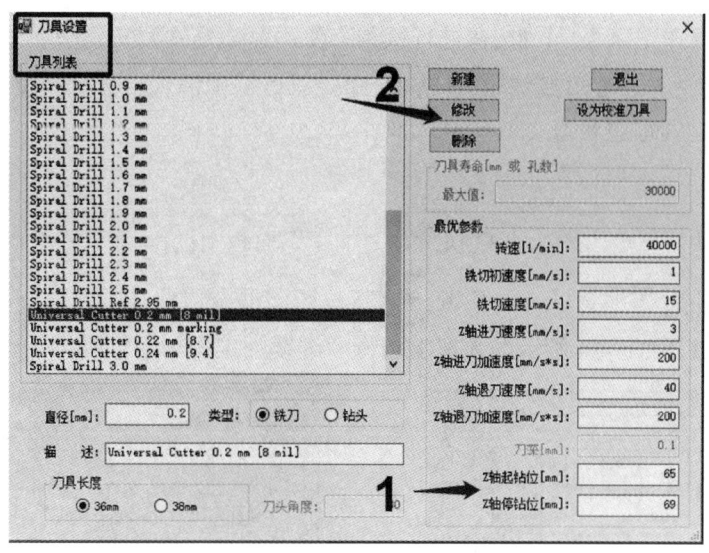

图 3-5-31 刀具参数设置

(三) 雕 刻

雕刻顺序一般为：钻孔→铣顶面图形→铣底面图形→铣外形。其中铣顶面图形和铣底面图形需要进行"试刻"。试刻刀具分别是万用铣刀和剥铜用的 Endmil 1.0 端铣刀。

1. 试 刻

（1）选定打印图层（顶面图形或底面图形）→单击"操作"面板 按钮→弹出图 3-5-32（a）所示的"试刀区选择"浮窗，调整方向和间隔距离→点击"开始选择"按钮，在线路图形附近设置试刻区，如图 3-5-32（b）所示。

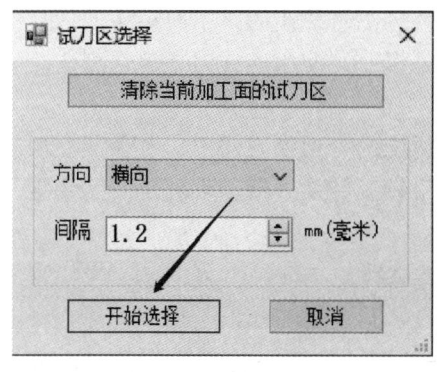

（a）试刀区选择

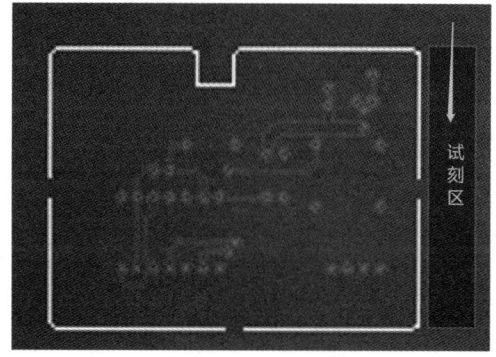

（b）设置好的试刻区

图 3-5-32 设置试刻区

注意：试刀区在图形左、右侧，图（a）中方向选择"横向"；若试刀区在图形上、下边，方向选择"纵向"；一个电路图形仅设置一个试刻区；可使用 清除当前加工面的试刀区 按钮清除当前试刻区。

（2）单击"操作"面板 ![btn] 按钮进行试刻，使用显微镜观测覆铜板上试刻出来的线。对于 0.2 mm 的万用铣刀，要求线宽≤0.2 mm；端铣刀试刻则需观察其试刻深度。修改停钻位，直至线宽或深度达到理想状态。

2. 打印

（1）试刻成功后，单击图 3-5-33 所示的"加工"面板上的 ![ALL-] 清除打印列表→选择待打印图形（整体或部分图形皆可）→单击 ![+] 将打印图形添加到打印列表→单击 ![开始] →确认刀具已更换后，在图 3-5-34 所示的弹窗上选择"继续加工"。

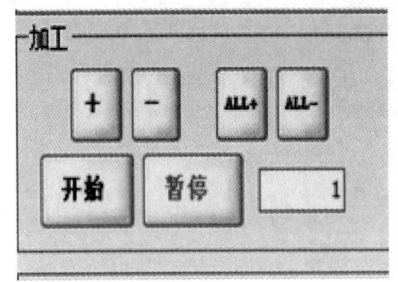

图 3-5-33　"加工"面板

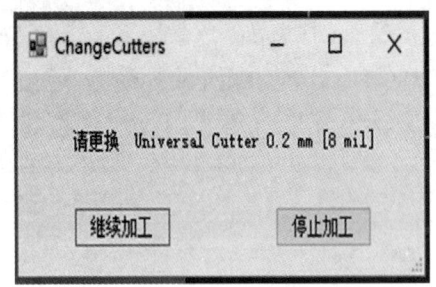

图 3-5-34　更换刀具

（2）选择"继续加工"后会弹出图 3-5-35 所示浮窗，如果已经试刻成功，则点击"否"；若尚未试刻，则选择"是"。

（3）打印过程中应点击图 3-5-33 所示的"加工"面板上的 ![暂停] 按钮，观察线条情况。若线宽发生变化，可通过调整停钻位和机头上的旋钮，及时进行修正。

(四) 装卸刀具

打印过程中要使用不同的刀具，比如"金属化孔"图层使用的是不同规格的钻刀；顶面图性和底面图形使用的是万用铣刀和端铣刀；"铣外形"则使用透铣刀来裁切边框。

我们通过装卸刀具来完成刀具的更换。

安装刀具时捏住刀柄，将刀头向下插入雕刻机所配的专用换刀器中，左手顶住加工头上的按钮，同时将换刀器刀柄向上，插入加工头并逆时针旋转换刀器，直到换刀器卡紧，松开按钮，竖直拿下换刀器即可完成上刀。

拆卸道具的方法同上刀，但旋转的时候须顺时针旋转，大约 3～5 圈即可。操作方法如图 3-5-36 所示。

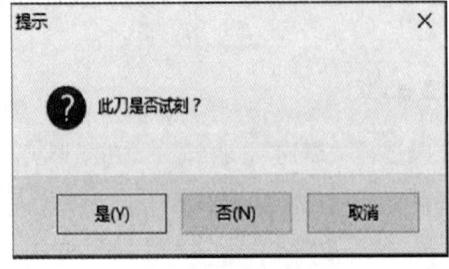

图 3-5-35　提示浮窗

图 3-5-36　换雕刻刀

(五) 关　机

加工完成后,检查刀头上是否还有未取下的刀具,确认取下刀具后,关闭吸尘器、计算机和雕刻机开关即可。

【安全操作规程及注意事项】

(1) 保持工作场所整洁干净。不整洁和混乱的工作场所会增加发生意外的可能性。

(2) 保证周围环境不会影响机器使用:不要离水源太近;环境湿度不能太大;照明良好;没有火灾和爆炸隐患等;让儿童远离工作区域。

(3) 机器工作时,不要同时进行其他操作或运行其他程序。

(4) 工作时盖好机罩。如果这时打开机器会继续执行完当前指令,然后停止运动。

(5) 机器运转时必须集中注意力,时刻关注运转情况,不要把手或工具伸进工作台区域。因为 X、Y 轴移动系统运动很快,这样做可能会造成机器损坏或人身伤害。

(6) 只能在铣/钻高速马达不旋转的状态下更换刀具,上刀时一定要把刀插到底,紧固好。刀具的默认参数可以修改,但不能随意加大转速和进给速度。保守的参数有助于延长刀具寿命。

(7) 本机器工作时不要在控制计算机上同时运行其他程序。

(8) 机器工作时一定要使用吸尘器,并定时更换过滤网兜。

(9) 紧急情况下,应立即断开计算机连接和切断雕刻机电源。再次使用时,计算机也要重新启动。

【预习要求及思考题】

一、课前预习要求

(1) 预习本工种的全部内容。
(2) 根据老师要求完成电路原理图、PCB 线路图及 GERBER 文件导出。

二、思考题

简述 PCB 电路设计、加工的流程以及各个流程需要注意的事项。

【阅读材料】

DM300 型雕刻机参数设置请扫描下面二维码了解。

DM300 型雕刻机参数设置

第四章 综合训练

通过对第一至三章相关实训项目的学习，同学们对加工制造的各个主要工种的特点、设备的结构与应用、基本加工工艺等有了直观的认识和了解，但对各个实训项目之间的内在联系与相互作用没有深刻的认识。这就需要在本章综合训练环节中去把这些分散的知识点串联起来，并有机地融合在一起。

综合训练中会运用到机械原理、机械设计、机械制造、工程材料、电工电子技术、控制技术等相关理论知识，并参与项目调研、方案设计、加工装配、调试改进等项目的全过程。通过综合训练实训，学生可以对已学的理论知识和已掌握的实践经验进行检验和应用，增强对理论和实践相结合的重要性的认知；同时增加学生的学习兴趣，促进学生进一步深入地学习理论知识。综合训练是多方面知识的融合，涉及工程项目的全过程体验，通过这个过程的锻炼，可以提高学生综合运用知识处理复杂问题的能力，也能提高学生的创新意识和创新能力，为后续其他创新活动打下坚实基础。

西南交通大学工程训练中心在综合训练实训教学中不断探索，针对不同专业开设了多个综合训练项目。比如，面向电气类和电子专业的学生开设了以足球机器人为载体的全过程综合训练；面向信息类和轨道交通控制等专业的学生开设了以巡线机器人为载体的全过程综合训练；面向人工智能与计算机专业的学生开设了多智能体小车综合实训，面向自动化专业大三学生开设了虚拟无人驾驶小车综合实训等。

本章以足球机器人和巡线机器人项目为案例，对学生进行综合训练。

综合训练一　足球机器人

【实训目的】

（1）了解机电一体化产品设计、制造所需的相关知识。
（2）熟悉具有控制功能的机电产品从设计、加工、装配到调试、改进的制作全过程。
（3）熟悉设计过程、规划、管理的内容，了解项目成本控制方法及对设计制造的影响。
（4）增强工程意识、创新意识和工程素养，提高设计能力、动手能力、工程实践能力、创新能力及综合运用知识处理复杂问题的能力。
（5）增强团队合作、组织管理、表达及沟通交流的综合能力。

【实训设备与教学方法】

（1）设备：工程训练中心用于实训的设备。
（2）教学方法：以学生为主体，利用课余时间自主调研、自行设计、自编工艺、自核成本，集中时间加工制作并调试完成一个具有控制功能的机电一体化产品，教师在各个环节进行技术指导。

【实训项目与组织形式】

通过项目训练的形式进行，每个班级分成多个训练项目组，每个项目组选出组长，由组长负责该训练项目的组织和协调。
（1）整个课程采取学生自主调研、设计、制作、调试，教师指导的教学方式，强化学生的实践能力和创新意识。
（2）学生利用课余时间完成综合训练项目的方案设计，指导教师在综合训练的全过程中对各个环节进行技术指导，包括在实践操作中进行机床操作及装配调试的指导。
（3）以项目组为单位，集中时间进行加工制作和装配调试，锻炼团队合作精神。
（4）每个项目组提交自行设计制作的机电一体化作品，并以对抗竞赛的方式检验其功能的实现，同时提交项目总结报告，报告包含设计说明书、市场需求调查、成本核算以及设计图纸等。

【实训步骤与要求】

一、分　组

每班分成 5~6 个项目组，同专业的班级可以合并分组，每组 5~6 人，选出组长，由组长负责训练项目的组织、协调及任务分工和记录，并根据完成工作的情况给每个组员打分。

二、实训过程

在设计机器人之前,应先做市场需求调查,完成报告(可以是虚拟的,A4纸1~2页)。

每组同学根据足球机器人比赛规则和工程训练中心提供的材料进行设计、绘图。每2~3个班安排1名方案指导老师负责答疑和方案指导,采取集中指导和分散答疑相结合的方式,原则上至少组织2次集中指导。设计方案应在统一安排的加工时间开始前确定。

制作和装配调试统一安排、集中时间进行。在此期间,工程训练中心开放钳工、金工坊、车削、铣削、激光加工等工种和实训场地,并安排相关老师指导加工和装配。

所有小组的机器人需要参加统一安排的对抗竞赛。竞赛的组织和实施由相关学生社团、各班班委等组成的团队负责。

注:在进行设计、制作和装配、调试的过程中,要以图片、视频来记录实训过程,作为最终资料的一部分。

足球机器人实训

三、作品结构分析与要求

机器人一般由驱动走行部、执行机构、连接底板、控制电路等组成,如图4-1-1所示。

驱动走行部由电机、驱动轮、万向轮、连接轴等组成。电机与驱动轮通过轮子轴、电机轴、轴承座及顶丝连接紧固,并由角铝和螺栓固定到底板上,如图4-1-2所示。万向轮通过螺栓固定在底板上。

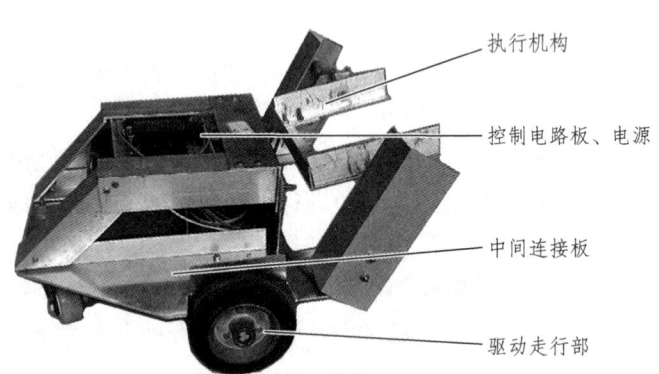

图4-1-1 足球机器人的结构

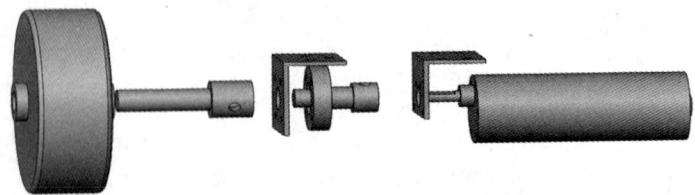

图4-1-2 驱动走行部的结构

执行机构一般由支架、电机、旋转轴、抓取机构、保持（护球）机构等组成。抓取机构、保持机构固定在旋转轴上，旋转轴和电机连接并固定在支架上，电机带动旋转轴旋转实现抓取机构、保持机构的设计动作，完成取球、护球、射门等功能。

控制部分由电路板、电池、连接线、遥控器等组成。

四、作品要求

作品尺寸控制在 400 mm×400 mm×400 mm 以内（比赛成绩相同的情况下，尺寸小的获胜）。

作品应保证结构完整，功能达到设计指标，费用可控。非标件材料费用应控制在人民币 200 元内。

在设计制作时鼓励创新和对原有结构做优化改进，尤其是执行机构，但需保证基本功能完整。能设计加工并装配调试出新装置的，给予 5 分的加分。

五、图纸要求

（1）图纸规范、清楚、正确，符合机械制图标准。

（2）画图要求：

① 需要加工的零件要画零件图，并由指导老师确认后才能到相应工种加工。

② 零件图：能表达清楚零件形状和结构，标注零件尺寸。

③ 装配图：能表达主要零部件的装配位置和装配关系，标注总体尺寸和关键装配尺寸。

六、训练完成后需提交的资料

（1）小组设计、加工、装配、调试完成的实际装置。

（2）完整的设计说明书。电子版为 Word 版本文件；纸质稿用 A4 纸打印，装订成一册。

（3）装配图和零件图一套，以 CAD 软件绘制并打印装订（其中装配图和部分零件图可用 A3 纸）；设计图的电子版源文件。

（4）报名表、市场需求调查、成本核算、小组工作分工及完成情况表等文本。

（5）作品的照片和小组成员集体照，加工制作过程的照片、视频等。

【安全操作规程及注意事项】

（1）遵守工程训练学生实训守则相关规定，遵守安全操作规程。

（2）训练中按设计需求领用材料，做到节约使用材料，控制材料成本。

（3）在零件设计阶段要求充分考虑自身的加工能力，所设计的零件应与自身所掌握的加工方式相匹配，即设计的零件自己要能加工。

（4）机器人走行部分支撑板件使用有机玻璃板或木板，不能全部使用角铝等型材搭接总体框架；能机床加工的零件尽量不采用钳工加工。

（5）连接方式应严谨，不能采用胶水粘、绳索绑等方式。

（6）电路板和电机等元件安装调试时按注意事项和要求进行操作，电池要充满电。调试时，如果电机不能正常转动或不能转动时不能强行通电使用，否则容易烧坏电机，要先检查找出原因，调整后再试。

（7）每天使用完实训场地和设备后，要做好清洁卫生，若某场地或设备连续两次未做好清洁则停止开放。

【考核办法】

采用100分制计分考核。

根据每组作品、项目总结报告及比赛排名情况进行综合考核评判。考核的重点在于机器人功能的实现情况和设计、工艺、制作的合理性、科学性、规范性及创新性，具体分数分配如表4-1-1所示。

表 4-1-1 评分标准

考核内容	评分标准
机器人成品及比赛排名进行加权	60%
设计说明书、图纸及其他资料	20%
加工与装配工艺	10%
出勤及日常考核	10%
总分	100%

注：在课程期间如有严重违反安全操作规程者，取消其训练成绩，成绩以零分计。

综合训练二　巡线机器人

【实训目的】

（1）了解智能机电一体化产品设计、制造、调试所需的相关知识。

（2）熟悉具有智能控制功能的机电产品从设计、加工、装配到调试、改进的制作全过程。

（3）熟悉设计过程、规划、管理的内容，了解项目成本控制方法及对设计制造的影响因素。

（4）增强工程意识、创新意识和工程素养，提高学生设计能力、动手能力、工程实践能力、创新能力及综合运用知识处理复杂问题的能力。

（5）增强团队合作、组织管理、表达及沟通交流的综合能力。

【实训设备与教学方法】

（1）设备：工程训练中心用于实训的设备。

（2）教学方法：以学生为主体，利用课余时间自主调研、自行设计、自编工艺、自核成本，集中时间加工制作并调试完成一个具有智能控制功能的机电一体化产品，教师在各个环节进行技术指导。

【实训项目与组织形式】

通过项目训练的形式进行。每个班级分成多个训练项目组，并选出组长，由组长负责该训练项目的组织和协调。

（1）整个课程采取学生自主调研、设计、制作、调试，教师指导的教学方式，强化学生的动手实践能力和创新意识。

（2）学生利用课余时间完成综合训练项目的方案设计，指导教师在综合训练的全过程中对各个环节进行技术指导，包括在实践操作中进行机床操作、装配及调试的指导。

（3）以项目组为单位，集中时间进行加工制作，锻炼团队合作精神。

（4）每个项目组提交自行设计制作的智能机电一体化作品，并以场地比赛的方式检验其功能的实现，同时提交项目总结报告，报告包含设计说明书、市场需求调查、成本核算及设计图纸。

【实训步骤与要求】

一、分　组

每班分成 5~7 个项目组，每组 4~5 人，选出组长，由组长负责训练项目的组织、协调及任务分工和记录，并根据完成工作的情况给每个组员打分。

二、实训过程

在设计方案之前,应先做市场需求调查,完成报告(可以是虚拟的,A4 纸 1~2 页)。

每组同学根据巡线机器人比赛规则、比赛场地和工程训练中心提供的材料进行设计、绘图。每 1~2 个班安排 1 名方案指导老师负责答疑和方案指导。采取集中指导和分散答疑相结合的方式,原则上至少组织 2 次集中指导。设计方案应在统一安排的加工时间开始前确定。

制作、装配和调试统一安排、集中时间进行。在此期间,工程训练中心开放钳工、电子制作、激光加工、3D 打印等工种和场地,并安排相关老师指导加工、装配和调试,尤其是调试期间需要加强指导。

所有小组的机器人需要参加统一安排的场地竞赛。竞赛的组织和实施由相关学生社团、各班班委等组成的团队负责。

注:在进行设计、制作和装配调试的过程中,要以图片、视频来记录实训过程,作为最终资料的一部分。

巡线机器人实训

三、作品结构分析与要求

巡线机器人由底盘、传感器、控制电路板、电池、导线、机械臂等部分组成,如图 4-2-1 所示。底盘由底板、TT 电机、电机支架、驱动轮等组成。传感器主要有巡线的灰度传感器、避障的超声波测距传感器或红外测距传感器。控制电路板包含主控板 Arduino Mega2560、电机驱动板、舵机驱动板等。机械臂的结构及各部件的位置自行设计,传感器的选用与数量、导线的布置等由每组根据设计方案确定。确定设计方案时应充分考虑比赛场地的情况,比赛场地如图 4-2-2 所示。

电控元件、电机与支架、驱动轮、导线等由工程训练中心统一提供,其他非标件根据方案自行设计加工。主要加工工种为 3D 打印、激光切割、钳工。

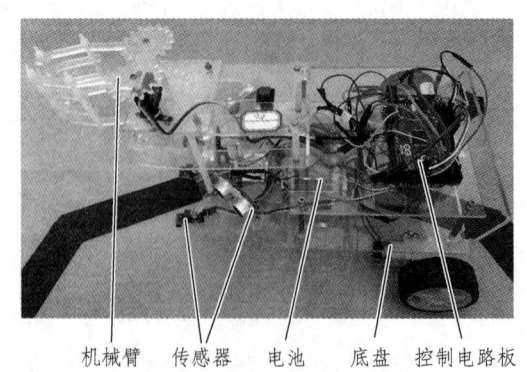

图 4-2-1 巡线机器人结构

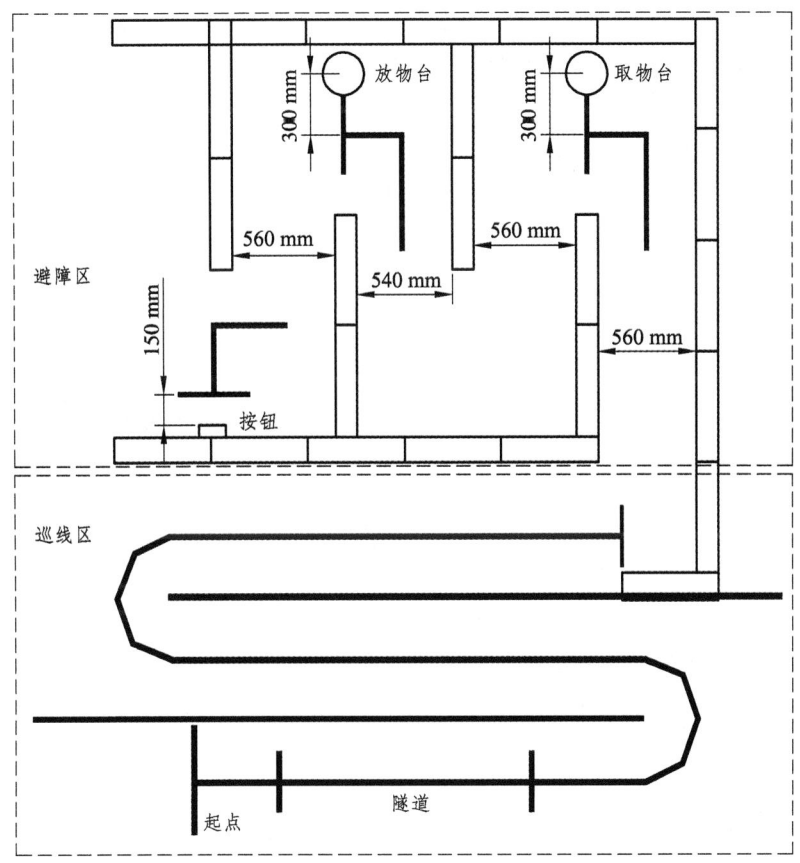

图 4-2-2 巡线机器人比赛场地

四、作品要求

作品尺寸控制在 300 mm × 300 mm × 300 mm 以内，超过尺寸的要扣 1~5 分。

作品应保证结构完整，功能达到设计指标，费用可控。非标件材料费用应控制在人民币 100 元内。

在设计制作时鼓励创新，但需保证基本功能完整。

五、图纸要求

（1）图纸规范、清楚、正确，符合机械制图标准。

（2）画图要求：

① 需要加工的主要零件要画零件图，并由指导老师确认后才能到相应工种加工。

② 零件图：能表达清楚零件的形状和结构，标注零件主要尺寸。

③ 装配图：能表达主要零部件的装配位置和装配关系，标注总体尺寸。

六、训练完成后需提交的资料

（1）小组设计、加工、装配、调试完成的实际装置。

（2）完整的设计说明书。说明书应包含作品功能、结构、主要零件加工工艺、电路程序流程图及说明、控制程序代码、作品的特色创新点等。纸质文档用 A4 纸打印，装订成一册。

（3）装配图和零件图一套，以 CAD 软件绘制并打印装订（其中装配图和部分零件图可用 A3 纸）；设计图的电子版源文件。

（4）报名表、市场需求调查、成本核算、小组工作分工及完成情况表等文本。

（5）作品的照片和小组成员集体照，加工制作过程的照片、视频等。

【安全操作规程及注意事项】

（1）遵守工程训练中心学生实训守则的相关规定，遵守安全操作规程。

（2）训练中按设计需求领用材料和电子元件，做到节约使用，控制成本。

（3）在焊接和使用元器件的过程中遵守用电规范和安全要求。

（4）零件连接方式应严谨，连接线布线应规范、美观。

（5）主控板、驱动板和电机等元件安装调试时按注意事项和要求进行操作，电池要充满电。调试时，如果电机不能正常转动或不能转动时不能强行通电使用，要先检查找出原因，调整后再试。

（6）机器人应尽早完成装配，留出足够的调试时间，一般不少于 2 天。

（7）每天使用完实习场地和设备后，要做好清洁卫生，若某场地或设备连续两次未做好清洁则停止开放。

【考核办法】

采用 100 分制计分考核。

根据每组作品、项目总结报告及场地比赛成绩进行综合考核评判。考核的重点在于机器人功能的实现情况和设计、工艺、制作的合理性、科学性、规范性及创新性，具体分数分配如表 4-2-1 所示。

表 4-2-1 评分标准

考核内容	评分标准
机器人成品及比赛成绩进行加权	60%
设计说明书、图纸及其他资料	20%
加工与装配工艺	10%
出勤及日常考核	10%
总分	100%

注：在综合训练期间如有严重违反安全操作规程者，取消其训练成绩，成绩以零分计。

第五章　创新实践

【创新实践的背景】

进入 21 世纪以来，人类在人工智能、大数据、机器人、物联网、新材料、新能源等领域取得了突飞猛进的进步，催生了新一轮技术革命和产业变革，推动人类社会进入了创新经济的时代。美国、德国等相继提出再工业化、工业 4.0 等战略，中国则提出中国制造 2025 的发展规划，并将创新驱动发展上升为国家发展战略。创新型经济发展需要大量创新型工程科技人才，因此，创新经济时代的竞争，人才培养最为关键。在这一趋势下，作为人才培养摇篮的高等教育界，为培养出符合创新经济发展需求的人才，通过推行创新创业教育、新工科、卓越工程师计划等，大力推进创新型人才培养教育改革，目标是培养一批具有创新创业能力、跨界整合能力、高素质的交叉复合型卓越工程科技人才。众多高校的实践经验表明，基于项目的创新实践暨通过鼓励学生深度参与创客项目、学科竞赛项目、校企合作项目等来加强工程实践和能力训练，能有效提升学生适应创新经济发展要求的能力，是培养创新型人才的重要途径。

【创客空间】

高校创客空间作为创客文化与实践教育相结合的产物，为高校开展创新实践提供了全要素的活动空间。创客空间本身具有开放性和挑战性、实践性和创造性、共享性和跨学科性等特点，在调动学生主动学习和接受挑战、为多学科交叉融合提供驱动力和训练场、促进教学与产业之间直接对接等方面都具有优势。

西南交通大学工程训练中心创新实践教学通过与创客教育相结合的方式，致力于培养具有创新意识、创新思维、创新能力和创新精神的创新型人才。创新实践教学的平台以交大创客空间为主，开展项目式的创新实践活动，践行"做中学"和"基于创造"的学习方法。创客空间秉承开放、分享、协作、创造的理念，为全校及地区创客提供自由、便利、高效、专业的创造环境，全力为学校乃至社会的创新助力。

交大创客空间为创新实践打造了不同功能的工坊，包括数字媒体工坊（人工智能联合实验室）、创客团队营地、木工坊、导师交流室、设计创意工坊、快速原型工坊、精密制造工坊、智能控制工坊。各工坊的主要设备及功能设计如下：

工坊名称	房间号	功能设计	主要设备
数字媒体工坊	401	人工智能、开源软硬件、数字交互媒体技术、虚拟现实技术等相关项目支持和技术研发	AI、VR 工作站，VR 头盔，Canvas 画图板，虚拟驾驶平台等
木工坊	405	木工加工	带锯机、压刨机、木旋车床、切割机、曲线锯、电木铣、木工工作台等
导师交流室	406	交流分享、小型工作坊	沙发、咖啡、图书、投影等
设计创意工坊	407	课程、会议、比赛等活动场地	多功能桌椅、投影、白板等
原型制造工坊	408	通过3D打印、激光切割等数字制造技术，使创意快速实现	3D 打印机、电子焊接调试台、激光切割机
精密制造工坊	409	金属加工和装配	钳工台、车床、数控铣床、台钻等
智能控制工坊	410	自动控制、无人驾驶项目研发	PCB 雕刻机、AI 计算/控制板、单片机、电子模块、元器件等

创客空间以会员制的方式开放，有项目开发需求的学生创客团队可申请入驻。创客空间定期举办创客培训工作坊，对新入会创客进行培训。此外，不定期开展创客夜校、创客 IOT、创客马拉松、创客训练营等活动，以及联合企业开办微课程。目的是培养学生对创客和创造的兴趣，引导学生进行创新实践。同学们可关注创客空间公众号了解更多内容，获取活动信息。

交大创客空间公众号

【学科竞赛】

学科竞赛项目的实践过程具有非常明显的自主学习、深度学习、项目制学习的特点，是能够将课堂知识运用到解决实际问题的最有效途径，对于培养创新型人才具有重要意义。近年来不仅获得了从教育主管部门到高校的大力支持和推广，也吸引了大量企业的参与，各类学科竞赛如雨后春笋般出现。

目前各高校和教育主管部门认可的具有较高水平和影响力的学科竞赛，是由中国高等教育学会"高校竞赛评估与管理体系"专家工作组研究发布的《全国普通高校学科竞赛排行榜》上的 56 个大赛（见本书附录，截止 2022 年的数据），该排行榜上的竞赛成绩评估也是检验高校创新人才培养质量的重要标准之一。

一、学科竞赛分类及特点

由于各项比赛赛事的创办背景、比赛初衷、目标设定等均不相同，众多赛事呈现出百花齐放的状态，极大丰富了学生的课外创新实践资源，成为课堂教学之外的重要教场。根据各项赛事的特点，大致可分为专业类、综合类两大类，而每种类型的比赛又存在组委会命题或者选手自由创作两种情况。

专业类竞赛跟学科专业紧密结合，比赛内容以学科专业知识的实际应用为主，多数专业类竞赛题目由组委会设定，一般要求参赛者具备较深厚的专业知识功底，存在较高的专业门槛，因此参赛者以该学科专业内学生为主。比如，ACM-ICPC 国际大学生程序设计竞赛，要求参赛选手在规定的时间内，选用 Java、C、C++、Python 中的任意一种语言，完成给定问题的解答，涉及数据结构、算法设计、图论、规划、人工智能、计算几何、计算机图形学、数论、离散数学、组合数学、操作系统、编译原理等计算机专业的各个相关知识，重点考察参赛选手的算法和程序设计能力。此外，中国大学生工程实践与创新能力大赛、全国大学生数学建模竞赛、全国大学生电子设计竞赛、全国大学生数学建模竞赛、全国大学生结构设计竞赛、全国大学生广告艺术大赛、全国大学生物理实验竞赛等均属于此类比赛。

综合类竞赛具有很明显的跨学科/专业特点，比赛的主题与人文关怀、行业背景、创新创业等结合比较紧密，要求参赛者运用人文、设计、工程、市场等知识打造参赛作品，作品往往以产品样机（demo）的形式呈现。此类赛事一般不设定题目，参赛团队自主设计和制作作品。参赛团队一般由来自不同专业背景的学生组成，每个同学负责作品的不同部分，由组长或领队负责协调团队的合作。典型的综合类竞赛为中国"互联网+"大学生创新创业大赛，该赛事为国内学科竞赛中水平最高、难度也最大的比赛。该项赛事重点考察和锻炼学生团队的创新创业能力，要求从产品创新、工艺流程创新、服务创新、商业模式创新等方面着手开展创新创业实践。从往届比赛的结果可以看出，能够在决赛中获奖的作品，均表现出创新程度高、商业模式可行性高、社会价值高的特点。除了中国"互联网+"大学生创新创业大赛，典型的综合类竞赛还包括"挑战杯"全国大学生课外学术科技作品竞赛、全国大学生创业计划大赛、中美青年创客大赛、中国大学生服务外包创新创业大赛等。

二、工程训练相关赛事介绍

按要求完成工程训练基础课程和综合训练项目的同学，初步掌握了从 0 到 1 打造项目作品的能力，已经具备了参加各类竞赛的基础。可结合所掌握的学科专业知识及发展规划、兴趣爱好等选择参加学科竞赛。本章重点推荐两项影响力较大、难度适中、适合绝大多数完成了工程训练课程的学生参加的赛事。

(一) 中国大学生工程实践与创新能力大赛

该项赛事前身为全国大学生工程训练综合能力竞赛，2021 年升级为中国大学生工程实践与创新能力大赛。赛事由教育部高等教育司主办，教育部高等学校工程训练教学指导委员会承办，分校级比赛、省级比赛、全国总决赛三个赛段进行比赛，需要注意的是，全国总决赛为两年举办一次，目前已完成了七届赛事举办，正在开展第八届比赛，第八届决赛将于 2023 年举办。

大赛所有比赛项目均为组委会命题，目前已发展出三大主题赛道共十一项竞赛项目，涵盖了工业制造基础、智能控制、虚拟仿真等技术领域，如图 5-1 所示。

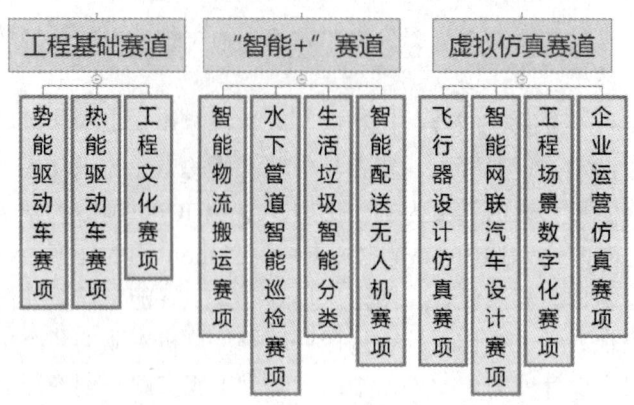

图 5-1 中国大学生工程实践与创新能力大赛赛道及项目

工程基础赛道的命题及评分规则等，参考大赛官网对应赛道解读文件（参见二维码内容"工程基础赛道"）。该赛道中的"势能驱动车赛项"和"热能驱动车赛项"两个项目，重点考查参赛选手两个方面的能力：一是机械设计能力，要求选手具备比较扎实的机械原理基础知识以及机械设计方法，能够根据题目要求和加工条件合理设计小车结构；二是机械加工、调试能力，要求选手能够熟练运用机床、激光切割机、3D 打印机等设备，加工出精度符合要求的零部件，并组装和调试出能够稳定运行的小车。合理的机械结构设计与加工出精度符合要求的零部件是取胜的关键。"工程文化赛项"主要考核选手对基础工程知识的掌握，以考试的形式开展，无实物项目制作要求。

"智能+"赛道命题及评分规则等，参考大赛官网对应赛道解读文件（参见二维码内容："智能+"赛道）。其中，"智能物流搬运赛项""水下管道智能巡检赛项""智能配送无人机赛项"三个项目，是机器人技术在不同情景下的应用，重点考查参赛选手的机器人设计与控制、传感器技术应用等能力，涉及机械设计与制造、自动控制、计算机等多个领域的学科知识。精准的控制和识别是取胜的关键，这就要求选手必须熟练掌握单片机、传感器、计算机视觉等技术的应用。相对于"智能+"赛道中的其他项目，"生活垃圾智能分类"项目不需要做复杂的运动控制，但是对计算机视觉（图像分类）要求比较高，一般都要训练卷积神经网络模型来实现对垃圾的识别和分类。这就要求参赛选手比较熟悉 Python 语言、Linux 系统和深度学习的应用，这对于本科生来说难度较大。不过现在市面上出现了一些基于深度学习的摄像头模块，这种模块的使用可省去环境配置和大部分程序设计的工作。

工程基础赛道

"智能+"赛道

虚拟仿真赛道借助数字化工具，将比赛场景虚拟化，不要求实物作品制作。"飞行器设计仿真赛项"和"智能网联汽车设计赛项"属于计算机辅助工程（CAE）技术的范畴。"飞行器设计仿真赛项"分平台类项目组（创意组、专业组）和体系类项目组（参见二维码内容"飞行器设计"）。创意组要求选手按比赛要求设计出飞行器的三维模型结构并借助 Unity 等引擎实现动画展示（或借助 VR 技术实现沉浸式体验），适合航空航天类专业和航空爱好者参与；

专业组要求参赛选手运用专业仿真分析软件，对所设计的飞行器的气动性能、飞行性能等进行分析，以及市场需求调研与能效评估等，适合航空航天类专业学生参与。"智能网联汽车设计赛项"的比赛内容为无人驾驶技术的控制决策算法仿真验证，分 ADAS 高级辅助驾驶组和无人驾驶组（参见二维码内容"智能网联车"）。ADAS 组侧重于车辆单项功能的控制实现（比如紧急制动、自动泊车等），无人驾驶组侧重于车辆根据综合路况信息进行决策，该项目适合具有计算机程序设计基础（C++/Python）以及机器人学、人工智能基础的学生参加。"工程场景数字化赛项"及"企业运营仿真赛项"类似于角色扮演类游戏，参赛选手在虚拟城市、工厂、企业等场景中扮演管理者进行决策和运营。"工程场景数字化赛项"要求参赛者具有游戏开发的能力，需要设计并制作游戏 demo，适合游戏开发爱好者参加（参见二维码内容"工程场景数字化"）；"企业运营仿真赛项"主要考察参赛团队的管理决策能力，适合对企业运行管理感兴趣的同学参加（参见二维码内容"企业运营仿真"）。

飞行器设计　　　智能网联车　　　工程场景数字化　　　企业运营仿真

（二）中美青年创客大赛

中美青年创客大赛来源于创客文化在全球范围内的兴起，作为中美人文交流的重要合作项目，于 2014 年由中华人民共和国教育部主办，已连续举办了九届。大赛以"共创未来"为主题，倡导青年创客从人类命运共同体理念出发，聚焦"气候变化和可持续发展"（每届比赛关注的问题可能会有变化）的共同挑战和机遇，结合未来思维和设计创新，以科技赋能创意，打造绿色、包容和可持续的优秀创客作品。大赛分区域赛和总决赛两个阶段，目前已发展至 14 个赛区（中国 13 个，美国 1 个）。有关大赛的更多介绍信息，可阅览大赛官网（扫描二维码登录"中美青年创客大赛官网"）。

中美青年创客大赛官网

中美青年创客大赛属于综合类自由创作型竞赛，与大赛主题契合并解决大赛聚焦问题的作品均可以参赛。参赛作品为具有一定创新功能的硬件或软件，要求作品原型必须基于开源软件、硬件技术来打造，作品可进行演示或展示。

大赛评委一般由教育领域专家、工程技术专家、设计师、资深创客、企业高管、投资人等组成，主要从作品的以下几个方面进行评分，综合得分高者胜出：

（1）创新创意优势。该项主要考查作品的创新程度，具体表现为针对问题（比如气候变化）提出的解决方案是否新颖，或有机会打造为颠覆性产品。作品为创客团队原创，而非公司、实验室、研究单位作品。

（2）作品的完整性。该项主要考查团队的动手能力和产品开发能力，具体表现为作品方案是否完整，思路是否清晰；作品原型（样机）是否实现了既定功能或服务，是否具有良好的用户体验。

（3）技术合理性。该项主要考核团队实现作品所选用技术方案的合理性，具体表现为技术方案是否满足作品功能的实现，以及在效率、功能、成本方面实现平衡。

（4）作品应用前景。该项主要考查作品商业化的潜力，具体表现为作品是否具备成为产品的可能性，是否具有一定的市场竞争力等。

我们以获得2022年中美青年创客大赛成都分赛区一等奖作品"一种应用于荒漠植树的集成化机器人"（见图5-2）作为案例，展示如何打造优秀的中美青年创客大赛作品。

图 5-2　一种应用于荒漠植树的集成化机器人

该作品定位于解决诸如我国西北等地区的土地荒漠化问题，提出采用集成化的机器人替代人工进行植树以提高效率、解放人力的解决方案。作品的主要创新点体现在合理利用机械设计和机器人控制技术，具备从存储树苗、挖坑、植入、填土的全自动化植树功能。从"创新创意优势"这项评分点来看，目前荒漠化地区植树造林主要还是依靠人力，无论从人文关怀还是从工作效率的角度看，采用机器人的方案是比较新颖的，该项目也是有机会成为颠覆荒漠化地区植树造林现状的产品。从"作品的完整性"这项评分点来看，该作品已经实现了预定功能——能够完整、流畅地实现植树过程。从"技术合理性"这项评分点来看，作品主要基于3D打印、开源硬件等技术实现，大量采用标准件构建作品结构，能以较低的成本，保证作品运行效果、生产和维护效率。最后从"作品应用前景"这项评分点来看，荒漠化地区的绿化改造工程在我国已经实施了几十年，未来还将持续改造（"绿水青山就是金山银山"已成为引领我国绿色发展的基本国策），对此类机器人存在明显的需求，该作品的商业化潜力是巨大的。而合理的设计、技术方案和较低的成本也使产品在市场上具有较强的竞争力。

(三) 参赛准备

1. 知己知彼

参赛者在决定参加学科竞赛前，首先要对各项赛事的特点及自身的情况做仔细分析，做到知己知彼才能取胜。现在大部分赛事都建有网站，可通过比赛官网获取赛事相关信息。报名参赛前重点了解比赛的内容（比什么？）、技术要求（作品如何实现？技术难度多大？）、专业背景（涉及哪些方面的知识？）、赛事流程（时间节点及跨度），结合自身性格特点、兴趣爱好、能力特长、可支配时间等选择适合的项目参加。

2. 团队组建

确定比赛项目后，寻找合适的人选组建团队。大部分项目的实施都会涉及技术、文案、设计、制作四个方面的工作，其中技术工作的主要内容为负责作品的技术方案、控制程序、软件开发等，该项工作需要技术能力或学习能力较强的同学负责，最好有项目实践经验；文案工作的主要内容为产品的创意和创新点的展示，团队和作品宣传片制作，在评审环节中负责向评委答辩等，适合表达能力较强、熟悉视频剪辑和平面设计的同学负责；设计工作的主要内容为作品概念绘制、外观设计、机械结构设计、建模仿真等工作，适合有手绘基础、熟悉三维建模工具的同学负责；制作工作的主要内容为利用数字制造工具，如 3D 打印机、激光切割机、机床等加工制作作品，适合动手能力强的同学负责。

3. 作品打造

组建好团队并完成项目分工后，根据比赛时间节点制订项目进度安排。团队通过讨论确定项目技术路线、加工工艺、材料、展示方式等。技术路线包括软硬件平台作品功能模块选型等，如选择控制器（Arduino、STM32、树莓派等）、软件平台（linux、Android、Tensorflow、Opencv 等）、语言（C、C++、Python 等）、模块（如显示、电机、传感器等）；加工工艺主要根据作品的功能要求和成本预算，选择合适的加工技术，如 3D 打印、注塑成型、激光切割、激光雕刻、数控铣削、数控雕刻、PCB 加工、焊接等。

附录 教育部认可的学科竞赛目录及大赛官网

序号	竞赛名称	大赛官网
1	中国"互联网+"大学生创新创业大赛	https://cy.ncss.cn/
2	"挑战杯"全国大学生课外学术科技作品竞赛	http://www.tiaozhanbei.net/
3	"挑战杯"中国大学生创业计划大赛	http://www.chuangqingchun.net/
4	ACM-ICPC国际大学生程序设计竞赛	http://acm.cumt.edu.cn/
5	全国大学生数学建模竞赛	http://www.mcm.edu.cn/
6	全国大学生电子设计竞赛	http://www.nuedcchina.com/
7	中国大学生医学技术技能大赛	http://www.kmmc.cn/list1779.aspx
8	全国大学生机械创新设计大赛	http://umic.ckcest.cn/
9	全国大学生结构设计竞赛	http://www.ccea.zju.edu.cn/structure/
10	全国大学生广告艺术大赛	http://www.sun-ada.net/
11	全国大学生智能汽车竞赛	https://smartcar.cdstm.cn/index
12	全国大学生交通科技大赛	https://smartcar.cdstm.cn/index
13	全国大学生电子商务"创新、创意及创业"挑战赛	http://www.3chuang.net/
14	全国大学生节能减排社会实践与科技竞赛	http://www.jienengjianpai.org/Default.asp
15	中国大学生工程实践与创新能力大赛	http://www.gcxl.edu.cn/
16	全国大学生物流设计大赛	http://47.103.191.18/html/competition/
17	外研社全国大学生英语系列赛——英语演讲、英语辩论、英语写作、英语阅读	http://uchallenge.unipus.cn/
18	全国职业院校技能大赛	http://www.chinaskills-jsw.org
19	两岸新锐设计竞赛"华灿奖"	http://www.huacanaward.org/2019/
20	全国大学生创新创业训练计划年会展示	http://gjcxcy.bjtu.edu.cn/Index.aspx
21	全国大学生化工设计竞赛	http://iche.zju.edu.cn/
22	全国大学生机器人大赛——RoboMaster、RoboCon、RoboTac	https://www.robomaster.com/zh-CN http://www.cnrobocon.net/
23	全国大学生市场调查与分析大赛	http://www.china-cssc.org/list-52-1.html
24	全国大学生先进成图技术与产品信息建模创新大赛	http://www.dxsgraphics.cn/Default.aspx
25	全国三维数字化创新设计大赛	https://3dds.3ddl.net/
26	世界技能大赛	http://wscrc.tute.edu.cn
27	世界技能大赛中国选拔赛	http://worldskillschina.mohrss.gov.cn/
28	"西门子杯"中国智能制造挑战赛	http://www.siemenscup-cimc.org.cn/
29	中国大学生服务外包创新创业大赛	http://www.fwwb.org.cn/

续表

序号	竞赛名称	大赛官网
30	中国大学生计算机设计大赛	http://jsjds.ruc.edu.cn/Index.asp
31	中国高校计算机大赛——大数据挑战赛、团体程序设计天梯赛、移动应用创新赛、网络技术挑战赛、人工智能创意赛	http://www.c4best.cn/
32	蓝桥杯全国软件和信息技术专业人才大赛	http://dasai.lanqiao.cn/
33	米兰设计周 中国高校设计学科师生优秀作品展	http://www.hie.edu.cn/announcement_12579/20190627/t20190627_994176.shtml
34	全国大学生地质技能竞赛	http://www.saikr.com/33669
35	全国大学生光电设计竞赛	http://opt.zju.edu.cn/gdjs/
36	全国大学生集成电路创新创业大赛	http://univ.ciciec.com/
37	全国大学生金相技能大赛	http://www.mse-cn.com/
38	全国大学生信息安全竞赛	http://www.ciscn.cn/
39	未来设计师 全国高校数字艺术设计大赛	http://www.ncda.org.cn/
40	全国周培源大学生力学竞赛	http://zpy.cstam.org.cn
41	中国大学生机械工程创新创意大赛——过程装备实践与创新赛、铸造工艺设计赛、材料热处理创新创业赛、起重机创意赛、智能制造大赛	http://cmes-imic.org.cn/
42	中国机器人大赛暨RoboCup机器人世界杯中国赛	http://crc.drct-caa.org.cn/index.php/race/view?id = 663
43	"中国软件杯"大学生软件设计大赛	http://www.cnsoftbei.com/
44	中美青年创客大赛	http://www.chinaus-maker.org.cn/
45	RoboCom机器人开发者大赛	https://www.robocom.com.cn/
46	"大唐杯"全国大学生移动通信5G技术大赛	http://dtmobile.yunxuetang.cn/login.htm
47	华为ICT大赛	https://e.huawei.com/cn/talent/#/ict/contest?compId = &navType = talentAlliance
48	全国大学生嵌入式芯片与系统设计竞赛	http://www.socchina.net/
49	全国大学生生命科学竞赛（CULSC）——生命科学竞赛、生命创新创业大赛	https://www.culsc.cn/
50	全国大学生物理实验竞赛	http://wlsycx.moocollege.com
51	全国高校BIM毕业设计创新大赛	http://gxbsxs.glodonedu.com/
52	全国高校商业精英挑战赛——品牌策划竞赛、会展专业创新创业实践竞赛、国际贸易竞赛、创新创业竞赛	http://www.ccpitedu.org/
53	"学创杯"全国大学生创业综合模拟大赛	http://cyds.monilab.com/
54	中国高校智能机器人创意大赛	http://www.robotcontest.cn/
55	中国好创意暨全国数字艺术设计大赛	http://www.cdec.org.cn/
56	中国机器人及人工智能大赛	http://www.caai.cn/

注：基本数据来自中国高等教育学会2022年2月22日微信公众号"2021全国普通高校大学生竞赛分析报告发布"（参见二维码内容"2021全国普通高校大学生竞赛分析报告发布"）

2021全国普通高校大学生竞赛分析报告发布

参考文献

[1] 张立红,尹显明. 工程训练教程[M]. 北京:科学出版社,2017.

[2] 肖晓华. 机械制造实训教程[M]. 成都:西南交通大学出版社,2010.

[3] 张艳蕊. 工程训练[M]. 北京:科学出版社,2013.

[4] 周梓荣. 金工实习[M]. 北京:高等教育出版社,2011.

[5] 张学政,李家枢. 金属工艺学实习教材[M]. 北京:高等教育出版社,2011.

[6] 牛永江. 金工实习教程[M]. 成都:西南交通大学出版社,2010.

[7] 朱民主. 金工实习[M]. 成都:西南交通大学出版社,2008.

[8] 周为民. 工程训练通识教程[M]. 北京:科学出版社,2013.

[9] 黄天佑. 材料加工工艺[M]. 北京:清华大学出版社,2004.

[10] 刘会霞. 金属工艺学[M]. 北京:机械工业出版社,2011.

[11] 方沂. 数控机床编程与操作[M]. 北京:国防工业出版社,2011.

[12] 何平. 数控加工中心操作与编程实训教程[M]. 北京:国防工业出版社,2013.

[13] 张云杰. CAXA 实体设计 2013[M]. 北京:清华大学出版社,2016.

[14] 胡仁喜,万金环. CAXA 制造工程师 2013——机械设计与加工[M]. 北京:文化发展出版社,2012.

[15] 陈宝玲,电机与电控实训[M]. 北京:北京师范大学出版社,2018.

[16] 高月宁,李萍萍. 机电一体化综合实训[M]. 北京:电子工业出版社,2014.

[17] 梅琼珍,黄贻培,詹星. 电子焊接技术教程[M]. 北京:北京大学出版社,2013.

[18] 陈吕洲. Arduino 程序设计基础[M]. 北京:北京航空航天大学出版社,2014.

[19] 萨德·B. 尼库. 机器人学导论[M]. 北京:电子工业出版社,2004.

[20] 顾佩华. 新工科建设发展与深化的思考[J]. 中国大学教学,2019,0(9):10-14.

[21] 林健. 面向未来的中国新工科建设[J]. 清华大学教育研究,2017,38(2):26-35.

[22] 钟小玉. 创客空间的内涵特征、教育价值与构建路径[J]. 新教育时代,2018(31):179-179.

普通高等教育融媒体立体化教材

工程训练
报告册

主　编　文小燕　周　丹　王　衡
副主编　杨志军　郑朝霞　熊先云
主　审　张祖涛

西南交通大学出版社
·成都·

图书在版编目（CIP）数据

工程训练：含报告册. 2，工程训练报告册 / 文小燕，周丹，王衡主编. —成都：西南交通大学出版社，2022.11
ISBN 978-7-5643-9038-9

Ⅰ. ①工… Ⅱ. ①文… ②周… ③王… Ⅲ. ①机械制造工艺－高等学校－教材 Ⅳ. ①TH16

中国版本图书馆 CIP 数据核字（2022）第 227087 号

工程训练实训安全责任承诺书

一、本人在实训期间,保证遵守国家的法律法规,严格按照学校和工程训练中心的有关规定,遵守实训纪律要求,听从指导教师安排,牢记实训安全教育内容,不做任何违纪违法、有损学校和工程训练中心形象的事情。

二、实训期间不擅自外出参与与实训教学无关、存在安全隐患的活动。若有急事、要事需外出办理,应向实训指导教师和工程训练中心教务办公室提交书面申请,经实训指导教师和工程训练中心教务办公室同意后,方可离开,否则视为旷课,并自行承担由此产生的一切后果。

三、在实训期间,保管好自己的钱、财、物等贵重物品,并对自身的安全负全部责任。同时,增强安全防范意识,采取必要的安全防护措施,保证自身的安全。

四、在实训中如遇到本人难以处理的事情,应及时向实训指导教师、工程训练中心教务办公室报告,以争取事情的妥善解决。

五、本人有特异体质或特定疾病,或有其他不宜参加实训活动的情况,应在实训开始前向实训指导教师和工程训练中心教务办公室提出书面说明,并经工程训练中心教务办公室确认同意,方可不参加本次实训活动;若无本人的事先书面说明,视为本人知晓并确认本人的身体、生理状况适合参加本次实训活动。

六、按照工训中心的要求穿戴好工作服、工作帽或其他防护用品,严格遵守各实训项目的安全操作规程,因违规操作实训设备而产生的安全事故,责任自负,如果出现设备损毁则照价赔偿。

目 录

第一章 传统制造技术 ··· 001
    实训一 铸 造 ··· 001
    实训二 焊 接 ··· 003
    实训三 热处理 ··· 005
    实训四 机械测量技术 ··· 006
    实训五 车削加工 ·· 008
    实训六 铣削加工 ·· 010
    实训七 钳 工 ··· 011

第二章 先进制造技术 ··· 013
    实训一 数控车削 ·· 013
    实训二 数控铣削 ·· 015
    实训三 数控线切割 ··· 017
    实训四 数控雕刻 ·· 019
    实训五 3D 打印 ··· 021
    实训六 激光加工 ·· 024

第三章 机电控制技术 ··· 025
    实训一 电气控制基础 ··· 025
    实训二 电子制作 ·· 026
    实训三 开源硬件编程 ··· 027
    实训四 模块化机器人 ··· 028
    实训五 PCB 加工 ··· 030

实训总结报告 ·· 033

第一章 传统制造技术

实训一 铸 造

一、判断题

1. 型砂的透气性是指气体通过铸型的能力。（   ）
2. 浇注系统的直浇道做成上大下小的圆锥形，可以保证金属液在直浇道中流动时不会吸入气体。（   ）
3. 造型时，舂砂舂得越紧越好。（   ）

二、填空题

1. 铸造方法主要分为_____铸造和_____铸造两大类，砂型铸造按造型方法可分为_____造型和_____造型两大类。
2. 铸造实习中，使用的手工造型工具有_____、_____、_____、_____、_____、_____、_____、_____等。

三、选择题

1. 砂型铸造的分型面应选择在（   ），以便于起模。
   A. 模样的中心线上　　　　B. 模样的上端面上　　　　C. 模样的最大截面上
2. 铸造用的模样应比零件大，在零件尺寸的基础上一般需加上（   ）。
   A. 机械加工余量　　　　　B. 铸件材料的收缩量
   C. 铸件材料的收缩量和机械加工余量
3. 为得到松紧程度均匀、轮廓清晰的型腔和减少舂砂的劳动强度，提高生产效率，要求型砂具有好的（   ）。
   A. 退让性　　　　　　　　B. 可塑性　　　　　　　　C. 透气性

四、简答题

请列举三个铸造缺陷及其产生原因。

实训二 焊 接

一、判断题

1. 选择焊条直径主要取决于焊件材料。（　　）
2. 手工电弧焊的引弧方法通常有两种：敲击引弧和摩擦引弧。（　　）

二、填空题

1. 通过＿＿＿＿＿或＿＿＿＿＿或两者并用，并且用或不用填充材料，使焊件达到＿＿＿＿＿的一种加工方法称为焊接。
2. 根据焊接过程的特点，焊接可分为＿＿＿、＿＿＿和＿＿＿三大类。
3. 焊接接头形式有＿＿＿、＿＿＿、＿＿＿、＿＿＿四种，坡口形状分为＿＿＿、＿＿＿、＿＿＿、＿＿＿四种，焊接空间位置有＿＿＿、＿＿＿、＿＿＿、＿＿＿四种。
4. 手工电弧焊是利用＿＿＿＿所产生的＿＿＿＿来熔化母材和焊条的一种手工操作的焊接方法。
5. 你在工程实践中所焊钢板厚度为＿＿＿mm，焊缝空间位置是＿＿＿，焊接接头形式是＿＿＿，坡口形式是＿＿＿。

三、选择题

1. 焊条规格的表示方法是（　　）。
   A. 焊芯直径　　　　B. 焊芯长度　　　　C. 焊芯加药皮的直径
2. 正常操作时，焊接电弧长度（　　）。
   A. 约等于焊条直径的两倍　B. 不超过焊条直径　C. 与焊件厚度相同

四、简答题

1. 按图示分析工字钢梁焊接时，在焊件不准翻动的情况下，1 至 5 焊缝分别属于何种接头形式和何种空间位置？

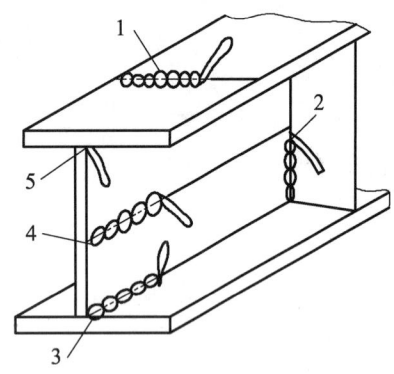

序号	接头形式	空间位置
1		
2		
3		
4		
5		

实训三　热处理

一、判断题

1. 热处理是机械制造中的重要工艺之一，在机械制造中应用很广。（　　）
2. 钢材经退火处理后硬度高。（　　）
3. 合金钢是在碳素钢的基础上，有意识地加入了一种或多种合金元素。（　　）

二、选择题

1. 表示金属材料表面抵抗硬物压入能力的指标是（　　）。
    A. 硬度　　　　　　　　B. 塑性　　　　　　　　C. 强度
2. 布氏硬度值用（　　）表示。
    A. HB　　　　　　　　　B. HV　　　　　　　　　C. HS
3. HRC 表示试验力为（　　）的洛氏硬度值。
    A. 60 kg　　　　　　　　B. 150 kg　　　　　　　C. 100 kg
4. 钢材牌号后面加 "A"，表示（　　）。
    A. 高级优质钢　　　　　B. 优质钢　　　　　　　C. 甲类钢
5. 下列热处理工艺中，硬度最高的是（　　）
    A. 退火　　　　　　　　B. 淬火　　　　　　　　C. 正火
6. GCr15 为滚动轴承钢，其 Cr 含量为（　　）。
    A. 1.5%　　　　　　　　B. 15%　　　　　　　　 C. 0.15%
7. 感应加热淬火属于（　　）。
    A. 整体热处理　　　　　B. 化学热处理　　　　　C. 表面淬火
8. 下列热处理工艺中，冷却速度最慢的是（　　）
    A. 淬火　　　　　　　　B. 退火　　　　　　　　C. 正火

三、简答题

30 钢和 T8 钢分别经淬火处理后，哪种硬度高？为什么？

实训四　机械测量技术

一、判断题

1. 精度是量具对测量所能显示出的最小读数的能力。（　　）
2. 轴和孔间隙配合时轴的直径可以大于孔的直径。（　　）
3. 游标卡尺要轻拿轻放，不可以摔、碰。（　　）
4. 三坐标测量机的使用温度范围是（20±2）℃。（　　）
5. 三坐标测量机导轨需要每天用无水酒精擦拭，擦拭后加导轨油润滑。（　　）
6. 三坐标测量机开机过程中先开主机电源，后开气源。（　　）
7. 通过旋转外径千分尺的测力装置来调节测量范围。（　　）
8. 百分表大指针顺时针旋转为松表状态。（　　）

二、选择题

1. 可以测量圆度的设备是（　　）。
   A. 三坐标测量机　　　　B. 圆度仪
   C. A 和 B　　　　　　　D. 硬度仪

2. 环境因素引起的误差是指测量时环境或场地不同而产生之误差，对精密测量结果影响较大，主要表现在（　　）。
   A. 操作环境的不稳定（如温度高低的影响）
   B. 测量仪器或被测件的突然振动（振动因素）
   C. A 和 B

3. 选择测量器具时应考虑与被测工件的（　　）相适应，所选测量器具的测量范围和精度应能满足这些要求，又要符合经济性的要求。
   A. 外形　　　　　　　　B. 位置
   C. 尺寸大小　　　　　　D. 尺寸公差
   E. ABCD

4. 轴与孔之间的配合方式不包含有（　　）。
   A. 过盈配合　　　　　　B. 修整配合
   C. 过渡配合　　　　　　D. 间隙配合

三、零件测绘

请绘制所测量零件的三视图（请将零件图纸附在本页）。

实训五　车削加工

一、判断题

1. 端面作为工件轴向的定位、测量基准，车削加工中一般都先将其车出。（　　）
2. 车台阶的关键是控制好外圆的尺寸。（　　）
3. 滚花以后，工件的直径大于滚花前的直径。（　　）
4. 在普通车床上钻孔，通常把钻头安装在尾座上，钻削时除了手动进给外，也可以自动进给。（　　）

二、填空题

1. 通过光杠或丝杠，将进给箱的运动传给_____箱，自动进给时用_____杠，车削螺纹时用_____杠。
2. 从用途来说，常用的车刀有_____、_____、_____、_____、_____、_____、_____、_____等。
3. 车刀由_____和_____两部分组成。其切削部分一般由____面、____刃和刀尖所组成。
4. 车刀从结构上分成三种，即_____式、_____式、_____式等。
5. 在车床上钻孔时_____为主运动，_____为进给运动。
6. 车床主要由_____、_____、_____、_____、_____、_____和_____等部分组成。
7. 车台阶实际上是_____和_____的组合加工。
8. 车床上安装工件的常用附件主要有_____、_____、_____、_____、_____和_____等。

三、选择题

1. 安装车刀时，车刀下面的垫片应尽可能用（　　）。
   A. 多的薄垫片　　　　B. 少量的厚垫片
2. 用车削方法加工端面，主要适用于（　　）。
   A. 轴、套、盘、环类零件的端面
   B. 窄长的平面
   C. 箱体零件的端面

3. 车削加工时如果需要变换主轴的转速，应（　　）。
   A. 先停车，后变速　　　B. 工件旋转时直接变速　　　C. 点动开关变速
4. 普通车床上加工的零件一般能达到的尺寸公差精度等级为（　　）。
   A. IT5～IT3　　　　　　B. IT7～IT6　　　　　　　C. IT11～IT6
5. 最后确定有公差要求的台阶长度时，应使用的量具是（　　）。
   A. 千分尺　　　　　　　B. 钢尺　　　　　　　　　C. 游标卡尺

四、简答题

中拖板手柄刻度盘每转一格，车刀横向移动 0.05 mm，试求把 $\phi75$ mm 的工件一次进刀车至 $\phi74_{-0.6}^{-0.3}$ mm，刻度盘应转过的最小和最大格数。

实训六　铣削加工

一、填空题

1. 常用铣床有_____和_____两种。它们的主要区别是_____。
2. 铣削的主运动为_____，进给运动为_____、_____和_____。
3. 铣床常用附件有_____、_____、_____和_____等。
4. 铣床上常用的工件装夹方法有_____、_____、_____、_____、_____等。
5. 铣削加工的公差等级一般可达_____，表面粗糙度为_____μm。
6. 在铣床上铣直齿轮，其齿形精度取决于_____，齿的等分性取决于_____。
7. 立式铣床主要由_____、_____、_____、_____、_____等组成。
8. 常用带柄铣刀有_____、_____、_____、_____、_____等。

二、选择题

1. 使用分度头时，如要将工件转10°，则分度头手柄应转（　　）。
   A. 10/9 转　　　B. 1/36 转　　　C. 1/4 转　　　D. 1 转
2. XQ6125B 中的 1 表示（　　）。
   A. 无极　　　B. 变速　　　C. 卧式　　　D. 万能
3. 铣床的工作灯使用电压为（　　）。
   A. 380 V　　　B. 220 V　　　C. 36 V
4. 铣刀将靠近工件待加工表面时，宜使用（　　）。
   A. 自动进刀　　　B. 手动进刀　　　C. 快速进刀
5. 在卧式铣床上安装带孔铣刀时应尽可能将铣刀安装在刀杆的（　　）。
   A. 靠近主轴孔或吊架处　　　B. 刀杆的中间位置
   C. 不影响切削工件的位置
6. 铣削平面可以采用的刀具是（　　）。
   A. T 形槽刀　　　B. 成型铣刀　　　C. 飞刀盘铣刀　　　D. 键槽铣刀
7. 加工齿轮时采用装夹的附件为（　　）。
   A. 平口钳　　　B. 回转工作台　　　C. 分度头
8. 铣削的加工范围是（　　）。（可多选）
   A. 斜面　　　B. 台阶　　　C. 平面　　　D. 齿轮

实训七 钳 工

一、判断题

1. 切不可用细齿锉刀作粗齿锉使用和锉软金属。（   ）
2. * 装配成组螺钉时，应逐个一次完全旋紧。（   ）
3. 用丝锥也可以加工出外螺纹。（   ）
4. 用手锯锯割时，一般往复长度不应少于锯条长度的 2/3。（   ）
5. 台式钻床钻孔直径一般在 13 mm 以下。（   ）

二、填空题（带*号为拓展内容）

1. 钳工的基本操作包括：_____、_____、_____、_____、_____、_____、_____、_____ 和 _____ 等。
2. 锯条按齿距大小可分为_____、_____ 和 _____ 3 种，锯削软金属通常采用_____锯条，锯削中等硬度钢通常采用_____锯条。
3. 用丝锥加工出内螺纹的方法叫_____，用板牙在圆柱上加工出外螺纹的方法叫_____。
4. 钻孔时经常将钻头退出，其目的是_____ 和 _____，以防止_____。
5. * 螺纹连接是一种常用的可拆卸连接形式，常用的连接零件有_____、_____、_____、_____ 及各种专用螺纹紧固件。

三、选择题

1. 手工起锯的适宜角度为（   ）。
   A. 0° B. 约 15° C. 约 30°
2. 安装手锯锯条时（   ）。
   A. 锯齿应向前 B. 锯齿应向后
3. 锉削余量较大的平面时，应采用（   ）。
   A. 顺向锉 B. 交叉锉 C. 推锉
4. 攻丝时每正转 0.5~1 圈后，应反转 1/4~1/2 圈，是为了（   ）。
   A. 减小摩擦 B. 便于切削碎断和排屑
   C. 提高螺纹精度 D. 降低丝锥温度

5. 钻 $\phi 30$ 的孔的较好方法是（　　）。
   A. 选用大钻头一次钻出
   B. 先钻小孔后用大钻头扩到所需直径
6. 螺钉和螺母连接加垫圈的作用是（　　）。
   A. 不易损坏螺母　　　　B. 不易损坏螺钉
   C. 提高贴合质量，不易松动

四、简答题

加工内螺纹时所需的底孔直径应如何计算？

第二章　先进制造技术

实训一　数控车削

一、判断题

1. 工件坐标系是以机床上固定的机床原点建立的坐标系。（　　）
2. 机床坐标系是以机床上固定的机床原点建立的坐标系。（　　）
3. 圆弧插补指令（G03）中的 R 表示圆弧半径。（　　）
4. 数控车床的刀具补偿功能有刀尖圆弧半径补偿和刀具长度补偿。（　　）
5. M30 表示主轴正转。（　　）
6. 零件的表面质量是指加工后零件表面的粗糙度及尺寸形状精度。（　　）

二、填空题

1. 数控机床主要由 _____、_____、_____，三大部分组成，核心部分是_____。
2. 数控机床适合加工的对象为_____。
3. 数控切削编程中的坐标可以使用_____编程，也可以使用_____编程，还可以使用_____坐标编程。
4. T0101 前两位 01 代表_____，后两位 01 代表_____。

三、选择题

1. 下面（　　）卡盘具有自定心作用。
   A. 三爪　　　　　　　　B. 四爪
2. 数控车床的四方刀架一次最多可以装（　　）把刀。
   A. 3　　　　　　　　　B. 4　　　　　　　　　C. 8
3. 数控车床系统的进给功能字 F 后面的数字表示（　　）。
   A. 每分钟进给量（mm/min）　　B. 每秒钟进给量（mm/s）
   C. 每转进给量（mm/r）　　　　D. 螺纹螺距（mm）

013

4. 数控机床有不同的类型。编程中要考虑工件与刀具相对运动关系，编写程序时采用（　　）的原则来进行编写。

  A. 刀具固定不动，工件移动   B. 由机床说明书指定

  C. 工件固定不动，刀具移动

5. 数控机床开机后的"回零"操作是指（　　）。

  A. 机床回到对刀点   B. 机床回到参考点

  C. 机床回到程序原点

6. 数控机床中，转速功能 S 可指定（　　）。

  A. mm/min   B. mm/r   C. r/min

实训二 数控铣削

一、判断题

1. M04 指令主要用于攻螺纹。（　　）
2. G00 指令可用于点定位，也可用于切削加工。（　　）
3. 在 CAXA 制造工程师中，用"相关线"功能来提取加工轮廓线时，相应的轮廓线只能提取一次，不能出现重合线。（　　）

二、填空题

1. 数控编程指令：I = ＿＿＿＿＿＿ － ＿＿＿＿＿＿
   　　　　　　　　J = ＿＿＿＿＿＿ － ＿＿＿＿＿＿
2. 手轮的开关是操作面板上的＿＿＿＿＿＿按键。
3. 对刀的目的是：＿＿＿＿＿＿＿＿＿＿＿＿＿＿＿＿＿＿＿＿＿＿
4. CAXA 3D 实体设计的零件模型在设计过程中会进入＿＿＿＿＿＿＿＿＿＿＿＿＿、＿＿＿＿＿＿＿＿＿＿＿＿＿、＿＿＿＿＿＿＿＿＿＿＿＿＿这三种编辑状态，以提供不同层次的修改和编辑。
5. CAXA 3D 实体设计中的＿＿＿＿＿＿被誉为"万能工具"，操作设计中 70% 以上的操作都可以借助它来实现。
6. CAXA 制造工程师提供的两种粗加工形式是＿＿＿＿＿＿和＿＿＿＿＿＿。
7. 自动编程时，可以通过＿＿＿＿＿＿检验加工轨迹是否合理。

三、选择题

1. 以下指令中主轴顺时针旋转是（　　）。
   A. M03　　　　　　　　B. M04　　　　　　　　C. M05
2. 顺时针铣削圆弧的正确格式是（　　）。
   A. G02 X__Y__I__J__R__F__ ;
   B. G02 X__Y__R__F__ ;
   C. G03 X__Y__I__J__F__ ;
   D. G03 X__Y__R__F__ ;
3. 用于机床开关指令的辅助功能的指令代码是（　　）。
   A. F 代码　　　　　　　B. M 代码　　　　　　　C. S 代码

4. 数控铣床操作面板中（　　）符号的意义为"复位"

　　A. DEL　　　　　　　B. COPY

　　C. RESET　　　　　　D. AuTo

5. CAXA 制造工程师中用于捕捉特殊点的快捷键是（　　）。

　　A. F2　　　　　　　　B. 空格键

　　C. F5　　　　　　　　D. 回车键

四、编程题

零件深 0.5 mm，请忽略刀具直径，以给出的工件坐标原点为编程原点来编写数控铣床程序。

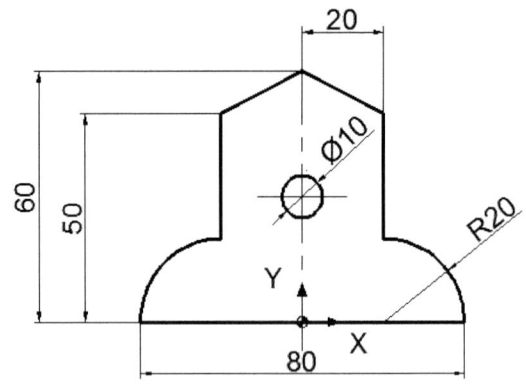

实训三　数控线切割

一、判断题

1. 电火花线切割可以加工任何硬、脆、软的材料和高熔点材料。　　　　　（　）
2. 电火花线切割可以加工各种型腔、通孔、平面形状的零件,但不能加工盲孔、台阶类、曲面类成型表面零件。　　　　　　　　　　　　　　　　　　　　　　（　）
3. 电火花线切割加工具有加工速度快、加工过程简便、加工效率高等特点。（　）
4. 电火花线切割加工在加工内封闭结构的工件时,可以直接切割进去。　（　）
5. 数控电火花线切割机床编程时可以用任何编程绘图软件进行编程。　　（　）
6. 电火花线切割机床加工用时所采用的冷却液是自来水。　　　　　　　（　）
7. 电火花线切割机床加工时工件厚度越厚,加工速度就越慢。　　　　　（　）
8. 电火花线切割机床最适宜加工非金属硬脆材料,如玻璃、玛瑙、宝石等。（　）

二、填空题

1. 电火花线切割机床主要由_____、_____、_____、_____和_____几部分组成。
2. 工作台主要由_____、_____、_____及齿轮箱等组成。
3. 线架包括立柱、上线架和_____等部分,其中上线架可以实现上下升降,从而调节_____间的距离,以适应加工不同厚度的工件需要。
4. 加工时,电极丝接脉冲电源_____,工件接_____。
5. 电火花线切割加工时使工作表面熔化,甚至气化,局部温度可达_____。
6. 电极丝的材料有_____、_____等。
7. 电极丝的直径为_____mm。
8. 电火花线切割加工工件时,电极丝与工件的放电间隙一般为_____mm。

三、选择题

1. 数控电火花线切割加工是利用_____带负极、工件带正极,通过电火花放电进行切割加工。
   A. 成型电极　　　　B. 钼丝　　　　C. 钢丝
2. 电火花线切割一般多用于二维平面的加工,也可以用于带_____的立体三维零件的切割。
   A. 锥度　　　　B. 角度　　　　C. 厚度

3. 工程训练中心数控电火花线切割机所采用的是_____绘图系统。

    A. CAD   B. HF   C. CAPP

4. 电火花线切割加工时，由于电极丝和被加工部件没有任何接触，所以在加工时不会产生工件_____问题。

    A. 受力变形   B. 受热变形   C. 弯曲

实训四 数控雕刻

一、判断题

1. JDPaint 仅仅是一种 CAD 软件。（　　）
2. CAM 是 Computer Aided Manufacturing（计算机辅助制造）的缩写。（　　）
3. 输出刀具路径就是输出 NC 代码。（　　）
4. 在生成刀具路径前，一定要先选择雕刻加工图形，否则就不能启动路径向导命令。（　　）

二、填空题

1. 在实训中使用的 CAD/CAM 软件是_____，在机床控制台上使用的雕刻控制软件是_____。
2. 若使用区域加工方法生成刀具路径时，加工深度设为 3.0 mm，吃刀深度设为 1 mm，每层加工的深度为_____mm。
3. 在手工控制机床运动时，要增加 Z 轴手工步长时键入_____，控制主轴电机在 Z 轴方向向下运动一个当前的 Z 轴手工步长时，应键入_____。
4. 精雕软件 JDPaint 的设计文件后缀名为_____，雕刻文件的后缀名为_____。

三、选择题

1. 在雕刻行业应用范围最广的刀是（　　）。
   A. 平底刀　　　　　B. 球头刀
   C. 锥度平底刀　　　D. 钻头
2. 手工控制机床时，要减小 Z 轴步长，按键盘上的（　　）。
   A. PageUp　　　　　B. Ctrl + PageDown
   C. Alt + D　　　　 D. PageDown
3. 下面的雕刻加工方法不属于平面雕刻方法的是（　　）。
   A. 单线切割　　　　B. 轮廓切割
   C. 投影雕刻　　　　D. 区域加工
4. 若加工的刀具为直径 2.0 的平底刀，采用区域雕刻的行切走刀方法，刀具的路径间距一般不可能是下面的哪一种？（　　）。
   A. 1.4　　　　　　 B. 2.5
   C. 1.5　　　　　　 D. 1.8

四、简答题

简述数控雕刻设计与加工的流程。

实训五　3D 打印

一、判断题

1. 为了缩短打印时间，可以将打印速度提高，减小填充率。　　　　　　　　（　　）
2. 三维模型的建模尺寸决定了打印尺寸，当在导出为 STL 后，就不能再更改打印尺寸了。　　　　　　　　　　　　　　　　　　　　　　　　　　　　　　　　　　　（　　）
3. 可以采用比 3D 打印材料的熔融温度高很多的温度来打印作品。　　　　　（　　）
4. 使用之前必须检查作为打印平台的亚克力板是否摆放正确，亚克力板必须放在打印平台的槽内，且向里靠拢。　　　　　　　　　　　　　　　　　　　　　　　　　（　　）
5. 三维模型设计中，应尽量避免悬空，若无法避免，选择添加辅助支撑。　　（　　）

二、填空题

1. 列出 3 种 3D 打印材料：＿＿＿＿＿＿、＿＿＿＿＿＿、＿＿＿＿＿＿。
2. 3D 建模后，导入切片软件中最常用的文件处理格式是：＿＿＿＿＿＿，切片软件经过进一步设计后输出给 3D 打印机的最常用文件处理格式是：＿＿＿＿＿＿。在本课程所使用的 3D 打印机品牌中，为了保护知识产权并设置成只在该品牌中使用，还需第三次将模型保存成格式＿＿＿＿＿＿，方可输出给 3D 打印机。
3. 本课程所使用的 3D 打印机成型极限尺寸是：＿＿＿＿＿＿＿＿＿＿。

三、选择题

1. 在本课程教学中，所使用的 3D 打印机属于（　　）成型工艺。

    A. SLA　　　　　　　　B. FDM
    C. LOM　　　　　　　　D. DMLS

2. 下面软件中，（　　）是 3D 打印切片软件。

    A. SKetchup　　　　　　B. 123D Design
    C. Cura　　　　　　　　D. 3D Max

3. FDM 类型的 3D 打印机，如果喷头孔径是 0.4 mm，那么下列（　　）数据的设定，作为外壳层厚是恰当的。

    A. 0.2　　　　　　　　B. 0.5
    C. 1.0　　　　　　　　D. 1.2

4. 一台 FDM 类型的 3D 打印机，如果打印温度是 200 ℃，则可以推测出使用的材料可能是（　　）。

    A. PLA　　　　　　　　B. ABS
    C. PP　　　　　　　　　D. PC

5. 下列（　　）成型工艺，需要用到光敏树脂液体材料。
   A. SLA　　　　　　　　B. FDM
   C. LOM　　　　　　　　D. DMLS

四、我的 3D 打印作品

1. 简要介绍你所设计的 3D 打印作品，应包括设计草图和基本尺寸。

2. 切片软件 Cura-WEEDO 的基本参数设置。
   层高（mm）：_____
   外壳层厚（mm）：_____
   开启丝料回抽
   底部/顶部厚度（mm）：_____
   填充密度（%）：_____
   细节填充
   打印速度（mm/s）：_____
   打印温度（°C）：_____
   流动率（%）：_____

实训六 激光加工

一、判断题

1. 作品设计、工艺设置、加工过程控制等都可以通过 RDworks 软件完成。　　（　）
2. 设定加工原点时在水平移动激光头的过程中，要确保激光头的移动路径上无任何阻碍物，移动过程中应逐步操作，不要连续按压方向键。　　（　）
3. 在升降工作台调节焦点前，应将焦距块从激光头下取出，避免激光头因撞上焦距块而损坏。　　（　）
4. 桌面型激光雕刻机 S6040 开机时，应先开水箱和主机电源开关，最后开激光电源开关。　　（　）
5. 可以直接通过 RDWorks 软件的控制面板启动加工，也可以将加工数据传至机床存储器，由机床控制面板启动加工。　　（　）
6. 在激光加工过程中，操作人员不得擅自离开，临时离开需托人代管。　　（　）
7. 设置非金属材料的加工工艺参数时，如果速度 100 mm/s 为刚好切透材料的数值，则速度数值一般设置略低一些，比如 95 mm/s。　　（　）

二、简答题

当发现需要切穿的轮廓没有切穿时，如何处理才能在原加工位置完成切穿加工？

第三章 机电控制技术

实训一 电气控制基础

一、填空题

1. 交流电的三要素是_____、_____和_____。
2. 常见的两种电气图有_____和_____。
3. 电气原理图一般分为_____和_____两部分。
4. 当接触器线圈通电时，可使接触器_____断开，而_____和_____闭合。
5. 低压断路器主要起_____作用，熔断器主要起_____作用，热继电器主要起_____作用。
6. 电气接线时，主电路的用线颜色配置为_____。

二、简答题

如何区分常开、常闭触点？（分别从概念、图形符号、声讯挡三个方面说明）

实训二　电子制作

一、判断题

1. 焊接装配过程中不用注意前后工序的衔接，只要操作者感到方便、省力和省时即可。
（　　）

2. 为了判断电烙铁是否工作，可以用手去触摸烙铁头。（　　）

二、填空题

1. 电阻器的标识方法有_____、_____和_____。

2. 万用表是电子电力部门不可或缺的测量仪表，一般以测量_____、_____和_____为主要目的。

3、五步焊接法是指_____。

三、简答题

实训中哪些元器件在焊接时需要注意安装方向？如何安装？

实训三 开源硬件编程

一、简答题

简述制作一个简易 Arduino 项目的流程。

二、思考题

复习液晶屏 Lcd1602I2C 和温湿度传感 DHT22 的 pins 接线，看懂如下两个程序：
（1）Arduino IDE>>文件\示例\DHTlib\dht22_test
（2）Arduino IDE>>文件\示例\Liquidcrystal I2C \Hello world
思考：如何修改整合上述两个程序，使能在液晶屏上显示温、湿度，并实现温、湿度报警，写出液晶屏显示温湿度的代码和温度大于 25 °C 或湿度大于 60% 报警的代码。

实训四　模块化机器人

一、判断题

1. 在 Mixly 软件中，用超声波测距模块采集到的距离值单位是毫米。（　　）
2. 可以通过改变输入无源蜂鸣器的信号频率，来改变蜂鸣器的音调。（　　）
3. 在 Mixly 软件中读取光电开关的信号时，采用的是"模拟输入"模块。（　　）
4. 光电开关能动态测量距离值。（　　）
5. Arduino 的源代码、PCB 设计图是开源的。（　　）

二、填空题

1. 用 Arduino 控制机器人，常用的程序编译软件有_____、_____等。
2. ETRobot 使用的超声波测距模块的型号是_____。
3. 在控制小车运行时，通过控制输入电机_____来控制电机的运转方向。
4. 根据驱动方式不同，蜂鸣器可以分为_____和_____两种。
5. 根据光路不同，光电开关的类型可分为_____、_____和_____三种，ETRobot 上使用的光电开关的类型是_____。

三、选择题

1. 模块化机器人的控制系统采用的是（　　）版本的开发板。
   A. Arduino UNO　　　　　　　　B. Arduino nano
   C. Arduino mega2560[atmega2560]　　D. Arduino mega2560[atmega1280]
2. 模块化机器人的显示屏选用的是（　　）。
   A. LCD1602　　　　　　　　　B. LED12864
   C. TFT7.0　　　　　　　　　　D. TFT10.4
3. 模块化机器人采用的是（　　）。
   A. 直流减速电机　　　　　　　B. 步进电机
   C. 伺服电机　　　　　　　　　D. 舵机
4. 中国机器人专家从应用环境出发，将机器人分为（　　）。
   A. 工业机器人和特种机器人
   B. 工业机器人、特种机器人和水下机器人
   C. 工业机器人、特种机器人、水下机器人和娱乐机器人
   D. 工业机器人、特种机器人、水下机器人、娱乐机器人、军用机器人

四、简答题

简述机器人的组成部分,并且描述每一部分的功能和作用。

实训五　PCB 加工

一、判断题

1. PCB 文件中的元件表示元件实际的大小。（　　）
2. 一个完整的电路板应当包括一些具有特定电气功能的元器件，以及建立起这些元器件电气连接的铜箔、焊盘及过孔等导电器件。（　　）
3. PCB 设计流程包括：新建 PCB 文件→规划电路板→装载网络表→元器件布局→连线→DRC 检查→打印输出。（　　）
4. 电路原理图文件就是 PCB 文件。（　　）
5. 元器件封装，是指元器件焊接到电路板上时，在电路板上所显示的外形和焊点位置的关系。（　　）

二、填空题

1. 立创 EDA 中常用的基础元件，一般位于 _____ 中，如果没有，就需要在 _____ 中寻找。
2. 立创 EDA 中进行 PCB 布线，在导线拐弯处，光标处于画线状态时，在键盘上按 _____ 键可以改变导线的转折方式。
3. _____ 会使传输线的线宽发生变化，造成阻抗不连续，是 PCB 走线方式中需要尽量要避免的。
4. PCB 印制板中的计量单位有两种，英制单位的 1 mil 约等于 _____ mm。
5. 实训中所用 PCB 的 CAD 设计软件是 _____，CAM 软件是 _____，PCB 雕刻机上的控制软件是 _____，桌面型 PCB 雕刻机的型号是 _____。

三、选择题

1. 下面说法错误的是（　　）。
    A. PCB 是英文 Printed Circuit Board 的简称
    B. 在绝缘材料上按预定设计，制成印制线路、印制元件或两者组合而成的导电图形称为印制电路
    C. 在绝缘基材上提供元器件之间电气连接的导电图形，称为印制线路
    D. PCB 生产任何一个环节出问题都会造成全线停产或大量报废的后果，不过印刷线路板如果报废是可以回收再利用的

2. 印制电路板中主要用于绘制元器件外形轮廓以及标识元器件标号的是（　　）。
   A. Silkscreen Layers   B. Multi Layer
   C. Mechanical Layers   D. KeepOut Layer
3. 原理图设计时我们经常需要旋转元器件。可使元器件旋转 90°的是（　　）。
   A. 空格键   B. X 键
   C. 回车键   D. Y 键
4. "电气工具"悬浮窗口和"PCB 工具"悬浮窗口都有"导线"工具，两者的区别是（　　）。
   A. 前者有电气关系，后者没有   B. 都没有电气关系
   C. 后者有电气关系，前者没有   D. 都有电气关系
5. 需要进行"试刻"的加工图层有（　　）。
   A. 金属化孔图层   B. 铣外形图层
   C. 顶面线路图层   D. 内槽图层

四、简答题

简述印制电路板的流程。

实训总结报告

1. 工程训练综述

2. 心得体会

3. 意见与建议